COMPAGNIE DES CHEMINS DE FER DE PARIS A LYON ET

CONGRÈS DU CARBO ... IAL

MÉTROPOLITAIN ET COLONIAL

et

EXPOSITION FORESTIÈRE

LYON 1929

SOUS LES HAUTS PATRONAGES DE

MM. LES MINISTRES de L'AGRICULTURE et des COLONIES

AVEC LA COLLABORATION

de la Direction Générale des EAUX et FORÊTS

ET SOUS LA PRÉSIDENCE DE **M. MATIGNON**

Membre de l'Institut - Professeur au Collège de France

COMPTES RENDUS

des Séances du Congrès tenues à l'Hôtel de Ville et au Palais de la Foire
de l'Excursion des Congressistes au Centre expérimental de Carbonisation de Cadarache (B.-du-R.)
les 10, 11 et 13 Novembre

et de l'Exposition Forestière
ouverte du 10 au 17 Novembre

PARIS

SERVICE AGRICOLE DE LA COMPAGNIE P.L.M.

20, BOULEVARD DIDEROT, 20

1930

COMPAGNIE DES CHEMINS DE FER DE PARIS A LYON ET A LA MÉDITERRANÉE

CONGRÈS DU CARBONE VÉGÉTAL

MÉTROPOLITAIN ET COLONIAL

ET

EXPOSITION FORESTIÈRE

LYON 1929

SOUS LES HAUTS PATRONAGES DE

MM. LES MINISTRES de L'AGRICULTURE et des COLONIES

AVEC LA COLLABORATION

de la Direction Générale des EAUX et FORÊTS

ET SOUS LA PRÉSIDENCE DE M. MATIGNON

Membre de l'Institut - Professeur au Collège de France

COMPTES RENDUS

des Séances du Congrès tenues à l'Hôtel de Ville et au Palais de la Foire
de l'Excursion des Congressistes au Centre expérimental de Carbonisation de Cadarache (B.-du-R.)
les 10, 11 et 13 Novembre

et de l'Exposition Forestière
ouverte du 10 au 17 Novembre

PARIS

SERVICE AGRICOLE DE LA COMPAGNIE P.L.M.

20, BOULEVARD DIDEROT, 20

1930

COMITÉ D'HONNEUR

MM. Le MAIRE de Lyon ;
VICTOR-BORET, Sénateur, ancien Ministre ;
BRETON, Sénateur, ancien Ministre ;
Fernand DAVID, Sénateur, ancien Ministre ;
DURAND, Sénateur, ancien Ministre ;
Léon PERRIER, Sénateur, ancien Ministre :
QUEUILLE, Député, ancien Ministre ;
MARIO-ROUSTAN, Sénateur, ancien Sous-Secrétaire d'État ;
Le Docteur CHAUVEAU, Sénateur ;
ROY, Sénateur ;
Maurice SARRAUT, Sénateur, Président du Groupe Viticole ;
Édouard BARTHE, Député, Questeur, Président de la Commission des
Boissons ;
LALANNE, Député, Président de la Commission d'Agriculture ;
de MONICAULT, député, Président du groupe de la Défense paysanne ;
DIAGNE, Député.

CARRIER, Directeur général des Eaux et Forêts ;
LESAGE, Directeur de l'Agriculture ;
GUINIER, Directeur de l'École Nationale des Eaux et Forêts.

Le Général MAURIN, Inspecteur général de l'Artillerie, Membre du
Conseil Supérieur de la Guerre ;
Le Général CLEREAU, Inspecteur général du Matériel Automobile ;
GUILLET, Membre de l'Institut, Directeur de l'École Centrale des Arts et
Manufactures.

REGISMANSET, Directeur des Affaires économiques, Ministère des Colonies.

FIGHIERA, Directeur des Affaires commerciales et industrielles au Ministère
du Commerce et de l'Industrie ;
PINEAU, Directeur de l'Office National des Combustibles liquides.

LABBE, Directeur de l'Enseignement Technique au Ministère de l'Instruction Publique et des Beaux-Arts.

Gabriel CORDIER, Président du Conseil d'Administration de la Compagnie P.L.M. ;
Le Marquis de VOGÜÉ, Membre de l'Académie d'Agriculture, Président de
la Société des Agriculteurs de France ;
Maurice MARGOT. Directeur général de la Compagnie P.L.M.

Le PRÉSIDENT du Touring-Club de France ;
Le PRÉSIDENT de l'Automobile-Club de France ;
Le PRÉSIDENT de la Société des Ingénieurs Civils.

Le PRÉFET du Rhône ;
Le GOUVERNEUR Militaire de Lyon ;
Le PRÉSIDENT de la Société de la Chambre de Commerce de Lyon ;
Le PRÉSIDENT de la Société de la Foire de Lyon ;
Le CONSERVATEUR des Eaux et Forêts de Lyon ;
Le DIRECTEUR des Services Agricoles de Lyon.

COMITÉ D'ORGANISATION

Président :

M. Eug. MUGNIOT, Ingénieur en Chef de l'Exploitation de la Compagnie P. L. M.

Vice-Présidents :

MM. CHAPLAIN, Inspecteur général des Eaux et Forêts;

GRAND-CLÉMENT, Président du groupe du Bois à la Foire de Lyon;

RAYBAUD, Inspecteur principal, Chef du Service Agricole de la Compagnie P. L. M.

Commissaire général :

M. F. LE MONNIER, Délégué du Comité Central de Culture Mécanique.

Secrétaire général :

M. CANCEL, Ingénieur agronome, Inspecteur du Service Agricole de la Compagnie P. L. M.

M. Camille MATIGNON

Membre de l'Institut,
Professeur au Collège de France,
Président du Congrès.

SÉANCE D'OUVERTURE

du

CONGRÈS DU CARBONE VÉGÉTAL

Dimanche 10 Novembre 1929

Salon de l'Hôtel de Ville de Lyon

La séance inaugurale du Congrès du Carbone végétal est ouverte le dimanche 10 Novembre 1929, à 11 heures 30, dans le grand salon de l'Hôtel de Ville de Lyon.

Après avoir souhaité la bienvenue aux congressistes en les remerciant d'avoir choisi Lyon pour cette importante manifestation économique, M. le Président HERRIOT, Maire de Lyon, rend hommage à l'esprit d'initiative de la Compagnie P.L.M. qui ne se contente pas de transporter les richesses créées par les autres, mais s'efforce également d'enrichir la région qu'elle exploite.

Voulant traduire à M. Gabriel CORDIER, Président du Conseil d'Administration de la Compagnie P.L.M., toute sa reconnaissance pour l'effort accompli par ce réseau en faveur de l'Agriculture, il le pria de prendre la présidence de cette première séance du congrès.

ALLOCUTION

de M. Gabriel CORDIER

Président du Conseil d'Administration de la Compagnie P.L.M.

Monsieur le Maire,

Messieurs,

Le geste que M. le Maire de Lyon vient d'accomplir à mon égard me touche profondément et c'est avec beaucoup d'émotion que je l'en remercie. Notre Compagnie ne peut trouver, en effet, qu'un précieux encouragement dans les paroles d'un homme dont la hauteur d'esprit est universellement reconnue.

Depuis plusieurs années que nous offrons notre collaboration à la Société de la Foire de Lyon, nous avons toujours trouvé auprès d'elle le plus aimable accueil et ce m'est un très agréable devoir de lui renouveler les remerciements de la Compagnie. C'est grâce notamment à la généreuse hospitalité de la Foire que le P.L.M. peut chaque automne présenter une exposition des produits agricoles de son Réseau, consécration en quelque sorte des efforts accomplis par les Services. Mais d'excellents résultats, sans cesse plus encourageants, firent apparaître que le cadre de l'Exposition Agricole n'était pas à l'échelle, si j'ose dire, de la Foire de Lyon. Il fallait faire davantage, et c'est ainsi qu'avec le concours bienveillant de l'Administration des Eaux et Forêts nous avons conçu l'organisation de cette Exposition Forestière qui est, cette année, sans nul doute, le principal attrait de notre manifestation automnale.

Tout Français garde et doit garder au fond du cœur le culte des arbres, dont notre pays possède une si étonnante variété. Or, voici, je crois, la première fois, qu'à côté des plaines et des jardins de France, on nous restitue la forêt, notre forêt métropolitaine et coloniale, avec toutes ses essences, depuis les grands chênes jusqu'aux humbles taillis. Autour d'elle se trouvent groupées, par une idée ingénieuse, les industries du bois, grandes et petites ; puis l'artisanat forestier nous montre le détail de ses innombrables appareils, et nous donne le secret de ses fabrications. C'est un raccourci instructif qui nous révèle comment, tranche par tranche, se débite, pour ainsi dire, l'incomparable richesse nationale.

Une autre innovation, Messieurs, du plus grand intérêt : le Congrès que nous ouvrons ce matin. Il n'est guère de question qui soit plus à l'ordre du jour que celle du carbone végétal, puisqu'elle est susceptible d'apporter, dans un avenir prochain, de profondes transformations dans l'économie européenne. Le carburant national est un des grands espoirs actuels, un des moins chimériques peut-être, puisque ce sont des hommes de science qui travaillent à sa réalisation pratique. Le P.L.M. est heureux d'avoir pris l'initiative d'un tel Congrès et remercie tous ceux qui l'ont encouragé, notamment le Ministère de l'Agriculture et le Ministère des Colonies.

En ouvrant ce Congrès, je tiens à saluer particulièrement M. MATIGNON, Membre de l'Institut, Professeur au Collège de France, qui a bien voulu nous faire l'honneur d'accepter la présidence de notre manifestation.

Je donne la parole à M. MUGNIOT, Ingénieur en Chef de l'Exploitation des Chemins de fer P.L.M., Président du Comité d'organisation du Congrès.

ALLOCUTION
de M. Eugène MUGNIOT

*Ingénieur en Chef de l'Exploitation des Chemins de Fer P.L.M.,
Président du Comité d'Organisation du Congrès.*

Monsieur le Président,
Messieurs,

Vous venez de visiter l'Exposition Forestière, métropolitaine et coloniale, image vivante des questions techniques qui vont être traitées au Congrès que nous inaugurons aujourd'hui.

La Compagnie P.L.M. a voulu :

— par son Exposition, montrer l'effort considérable déjà accompli, dans l'utilisation des produits de la forêt ;

— par le Congrès qui s'ouvre, tenter de faire préciser certains points importants concernant l'avenir du Carbone Végétal, « Le Carburant National ».

Je dis « Carburant National » sans préciser davantage, car on emploiera tantôt du gaz de forêt ou gaz pauvre, tantôt l'alcool ou ses dérivés, quand ce ne sera pas la matière grasse qui servira à l'alimentation des moteurs. Dans tous les cas, il s'agira du « Carburant National », c'est-à-dire de celui que nous pouvons trouver, soit dans la métropole, soit dans nos colonies, sans alourdir notre balance commerciale.

Nous ne doutons pas, pour notre part, qu'à la faveur des recherches entreprises par nos Savants et grâce aux initiatives combinées de l'industrie privée, l'idée du Carburant National qui s'appuie sur l'importance des ressources forestières françaises, métropolitaine et coloniale et sur d'impérieuses nécessités d'avenir, ne fasse son chemin et n'ouvre la voie à de sérieux progrès.

Depuis l'Armistice, la question n'a cessé d'être à l'ordre du jour et chaque année déjà ont eu lieu d'importantes Manifestations — Congrès ou Expositions — se rattachant au même objet. Provoquées ou encouragées par le Ministère de la Guerre, l'Administration des Eaux et Forêts, le Comité Central de Culture mécanique, l'Office National des Carburants, l'Office des Recherches et Inventions, *etc., secondées par les Compagnies de Chemins de fer, elles ont eu, pour effet, sinon de faire pénétrer l'idée dans la masse, du moins de la rendre intéressante aux yeux de ceux qui sont appelés à en bénéficier.*

Je ne saurais oublier, en effet, les rallyes de propagande organisés avec tant de succès par l'Automobile-Club de France, et l'intérêt qu'attache tout particulièrement à cette question le puissant groupement des Ingénieurs Civils de France.

Il m'est particulièrement agréable de signaler également les initiatives de nos Amis Belges et Italiens qui suivent, avec la foi qui nous anime, une voie parallèle à la nôtre. Aussi bien m'en voudrais-je de ne pas saisir l'occasion qui m'est offerte de les féliciter en la personne de M. le Comte GOBELET D'ALVIELLA, *Président de la Société Forestière de Belgique et en celle de* M. MERENDI, *Président du Touring-Club Italien, qui ont bien voulu, tous deux, honorer de leur présence le Congrès d'aujourd'hui.*

En organisant ce Congrès, nous avons voulu préciser l'œuvre déjà accomplie, lui donner une large publicité, et mettre en évidence les progrès les plus récents résultant de l'initiative officielle ou privée.

Et c'est pour rendre tout cela plus vivant, pour commencer à le vulgariser, que l'idée nous est venue d'allier au Congrès une Exposition, comprenant des sections de l'enseignement forestier, de l'industrialisation forestière, de l'utilisation des sous-produits, de l'artisanat, des outils et machines à bois, et des dérivés du bois.

Grâce à l'active et précieuse collaboration des services techniques du Ministère des Colonies, des Offices Nationaux Economiques, et des Associations, une large place a été réservée à la forêt coloniale.

Il était nécessaire aussi de montrer les résultats obtenus dans la transformation du Carbone végétal en énergie motrice ; c'est pourquoi nous avons amené à Lyon de nombreux moteurs à gazogène et à huile lourde, représentant l'effort combiné de l'industrie française et du Service de Motorisation de l'Armée.

Et pour rendre notre Exposition plus riante, plus instructive aussi, nous avons chargé un ami des arbres, M. LACARELLE, de grouper en d'agréables massifs les différentes essences constituant la Forêt française.

Il me reste, Messieurs, un devoir agréable à remplir, celui de remercier, au nom de la Compagnie P.L.M., M. MATIGNON, Professeur au Collège de France, Membre de l'Institut, qui, malgré ses nombreuses occupations, a bien voulu nous faire l'honneur d'accepter la présidence de ce Congrès.

Je ne doute pas que la présence à nos réunions d'un savant aussi averti ne soit pour notre Congrès un gage certain de succès.

Mon optimisme est d'autant plus grand qu'il nous a été permis, pour la présentation des rapports, de compter par ailleurs sur le concours de techniciens et d'ingénieurs dont les travaux sont connus dans le monde entier.

Mon rôle se bornera à leur exprimer toute ma gratitude et à leur dire combien nous sommes flattés et honorés de les compter parmi nos collaborateurs.

Je tiens également à saluer M. CARRIER, Directeur Général des Eaux et Forêts, qui a tenu à assister personnellement à cette séance d'inauguration, et à lui dire combien nous lui sommes reconnaissants d'avoir été pour nous, en la circonstance, un guide bienveillant, qui nous a doté sans compter du précieux concours de ses services.

Mes remerciements vont aussi, et très sincèrement, à tous nos exposants, grandes firmes et petits artisans, qui, en répondant à notre appel et en nous faisant confiance, nous ont permis d'étoffer agréablement notre Exposition.

Je manquerais certainement à mon devoir, si je ne vantais ici la collaboration si efficace que nous ont prêtée comme toujours les Services de la Foire de Lyon, et si j'omettais de signaler l'effort effectué par la Presse Technique du Bois, qui nous a si aimablement et si largement ouvert les colonnes de ses périodiques.

J'aurais enfin à remercier longuement notre Commissaire Général, M. LE MONNIER, s'il ne savait déjà les sentiments qui nous animent à son égard.

Qu'il me soit permis, en terminant, d'exprimer l'espoir que ce

Congrès contribuera dans la plus large mesure, au succès sans cesse grandissant de la Manifestation Agricole qui nous entoure, la véritable « Foire Agricole Française Annuelle », à laquelle participent aujourd'hui tous les grands Réseaux français sous les auspices de la Société et du Comité de la Foire de Lyon.

Vue d'une partie des Stands Centraux consacrés aux Initiatives officielles et privées

DISCOURS

de **M.** Camille **MATIGNON**

Membre de l'Institut, Professeur au Collège de France. Président du Congrès.

MESSIEURS,

En ouvrant le Congrès du Carbone Végétal Métropolitain et Colonial, organisé par la Compagnie des Chemins de fer de Paris à Lyon et à la Méditerranée, j'ai le devoir d'exprimer à cette Compagnie, en la personne de ses éminents représentants, toutes les félicitations des Congressistes, et d'y joindre leurs remerciements, pour avoir pris l'initiative d'organiser à Lyon ce Congrès et de l'avoir complété par une Exposition Forestière Métropolitaine et Coloniale, mettant bien ainsi en évidence que la science des réalisations ne peut s'étayer que sur les réalisations elles-mêmes.

La Compagnie des Chemins de fer de Paris à Lyon est d'ailleurs coutumière de semblables initiatives : en 1924, c'était à Lyon une Exposition Agricole avec conférences scientifiques appropriées ; en 1926, un Congrès tenu dans la même ville pour la lutte contre les ennemis des cultures ; en 1927, à Montpellier, un Congrès du reboisement.

Qu'une société privée, indépendante, mette ainsi à la disposition du pays tout son crédit et ses puissants moyens d'action, en vue de coopérer à l'enrichissement de la nation par une amélioration de sa production et par une meilleure valorisation de ses produits, c'est un fait qui mérite d'être souligné et qui est bien caractéristique de notre époque d'après guerre.

Grâces soient donc rendues à la Compagnie P.L.M. pour avoir orienté toutes ses initiatives bienfaisantes vers l'Agriculture, la Viticulture, la Sylviculture, c'est-à-dire vers les domaines où le champ d'action est à la fois le plus divisé, par conséquent le plus perfectible et le plus étendu, par suite celui où le moindre progrès se traduit par d'importants résultats.

Ce n'est pas tout. Dans ces Congrès où la Compagnie s'est pro- posée de mettre au point l'état actuel des problèmes intéressant la prospérité nationale, elle a fait appel à la compétence à la fois des techniciens et des savants, réalisant ainsi une union nécessaire et rationnelle, indispensable à la marche du progrès.

Qu'il me soit permis d'exprimer également notre gratitude à tous les rapporteurs qui ont bien voulu contribuer à solutionner le problème du carbone végétal en y apportant le fruit de leur expé- rience et l'appui de leur haute autorité, toutes deux acquises au cours des nombreuses années d'essais et de recherches. Les noms de ces rapporteurs nous sont garants de l'intérêt que va présenter le Congrès du Carbone.

Laissez-moi dire aussi ma gratitude à la Compagnie P.L.M., qui m'a grandement honoré en me confiant la présidence de ce Congrès.

C'est pendant l'été de 1922 que la possibilité de l'emploi du gaz pauvre comme succédané de l'essence dans le moteur d'automo- bile fut mise en lumière. Grâce à l'initiative de l'Office National des Recherches et Inventions, un concours de gazogènes transportables avec des épreuves extrêmement sérieuses démontra nettement cette possibilité.

Ce fut une révélation.

Le problème de l'utilisation du bois directement, ou indirecte- ment par l'intermédiaire du charbon, en reçut une vive impulsion, et rapidement les appareils se perfectionnèrent. On ne peut nier aujourd'hui que le problème ne soit techniquement résolu et que plusieurs procédés n'aient manifesté leur bon fonctionnement au cours des diverses épreuves officielles auxquelles ont été soumis, dans ces dernières années, les camions à gazogènes.

La forêt doit donc apporter sa contribution à l'élaboration des carburants d'origine indigène, susceptibles de satisfaire à nos be- soins nationaux à la fois pendant la paix et pendant la guerre.

Évidemment, en cas de conflit, nos forêts seraient appelées à satisfaire à bien des besoins; non seulement elles devraient approvi- sionner le front, en bois, comme elles l'ont fait pendant la dernière guerre, mais encore fournir la matière première pour la fabrication de nos poudres, la cellulose de bois devant se substituer à la cellulose de coton qui pourrait éventuellement nous manquer par suite de notre isolement. Cette fabrication exigerait une importante consommation de bois de qualité.

Ce sont donc surtout les déchets provenant du bois des tranchées et du bois pour cellulose qu'il conviendrait alors de mettre en œuvre pour la production de carburants.

En temps de paix, la forêt pourrait fournir une quantité considérable de ces carburants.

D'après M. COLOMB, la France produit annuellement vingt millions de stères de charbonnette ; à raison de soixante kilogs de charbon par stère, il serait possible d'en retirer un million deux cent mille tonnes de charbon ; en y ajoutant tous les rameaux et déchets qui actuellement sont abandonnés ou incinérés sur le terrain, le chiffre précédent pourrait passer à un million cinq cent mille tonnes, équivalent au point de vue énergétique à un million de tonnes d'essence.

Mais si, au lieu d'opérer la carbonisation par les méthodes habituelles, on préparait, comme nous le verrons tout à l'heure, un charbon roux emmagasinant une quantité d'énergie double de celle du charbon ordinaire, cette équivalence pourrait augmenter jusqu'à deux millions de tonnes d'essence, tonnage dont on saisira toute l'importance si on le compare aux douze cent cinquante mille tonnes de notre consommation actuelle en essence.

Certes, je me place ici dans l'hypothèse extrême où le bois de moulé, serait seul réservé au chauffage, et où toute la charbonnette serait carbonisée. Sans atteindre cette limite maxima de production du charbon, nous pourrions obtenir l'équivalent de un million de tonnes d'essence en ne carbonisant que la moitié de la charbonnette. Nous disposons donc d'une marge très grande pour la production du charbon et nous sommes assurés de pouvoir garantir à nos véhicules de poids lourd le carburant dont ils ont besoin.

Examinons rapidement, en nous plaçant uniquement sur le terrain chimique et en laissant de côté tous les problèmes physico-mécaniques posés par l'emploi du gazogène, les voies dans lesquelles il faudrait s'engager, semble-t-il, pour obtenir le maximum de rendement mécanique effectif, à partir de l'énergie contenue dans le bois.

Le bois et le charbon fini constituent les deux types extrêmes de carburants produits par nos forêts sans intervention chimique proprement dite ; à tous deux correspondent des avantages et des inconvénients qui s'opposent le plus souvent quand on passe de l'un à l'autre, de telle sorte qu'à priori, il paraît légitime de chercher dans un terme intermédiaire, en vertu du principe de continuité, la forme la plus avantageuse d'utilisation du bois.

C'est là une idée qui a été envisagée et qui a conduit à l'emploi de bois carbonisé à des températures relativement basses. M. Du- PONT, *le distingué directeur de l'Institut du Pin, s'est attaché, avec le concours dévoué de l'Office National des Combustibles, à soumettre ce problème à une étude scientifique méthodique et rationnelle. De ces études en cours se dégage déjà ce point intéressant, c'est qu'on obtient le maximum de rendement énergétique du bois en l'utilisant sous la forme d'un de ces charbons roux étudiés autrefois en vue de la préparation des poudres noires améliorées, celui qu'on obtient par une simple torréfaction du bois à 275°.*

Non seulement le rendement énergétique du bois est alors maximum, le double de celui qui correspond à l'utilisation du charbon ordinaire, mais ce qui est capital au point de vue de l'application, c'est que ce charbon roux fournit théoriquement le gaz de pouvoir calorique le plus élevé et, pour un même volume de carburant, le volume gazeux le plus grand.

Il y a donc là un terme de la carbonisation d'un intérêt primordial, puisqu'il correspond à la fois à la meilleure récupération de l'énergie captée au soleil par la forêt, et à cette récupération dans les meilleures conditions de fonctionnement du gazogène.

Telles sont les conséquences très importantes qui paraissent déjà se dégager nettement des premiers résultats obtenus à l'Institut du Pin et que des essais expérimentaux approfondis viendront confirmer, sans doute, en accord avec les prévisions de la théorie.

Allons plus loin et envisageons, toujours du point de vue chimique, la transformation subie par le bois lors d'une carbonisation effectuée à une température déterminée. La cornue de distillation est le siège, comme dans toutes les opérations pyrogénées, de multiples réactions chimiques subies par les divers constituants du bois; ces réactions effectuées dans les mêmes conditions conduiront toujours au même résultat : obtention d'une proportion sensiblement fixe d'un charbon déterminé, dégagement d'un gaz entraînant avec lui des produits condensables, le pyroligneux et le goudron, le tout en proportions et avec une composition sensiblement constante.

Au lieu d'abandonner le système initial, le bois, à son évolution chimique spontanée, toujours la même dans les mêmes conditions, le chimiste a le moyen d'agir, par des catalyseurs, pour modifier l'évolution du système en changeant les vitesses relatives des diverses réactions. C'est donc à lui à chercher, par tâtonnements, le catalyseur le mieux approprié pour obtenir un nouveau type de charbon, conservant la plus grande fraction de l'énergie interne du bois initial, et en même temps satisfaisant, dans les meilleures conditions possibles, à la bonne marche du gazogène et du moteur.

C'est encore à l'Institut du Pin que des travaux sont commencés dans cette direction. Permettez-moi en passant, de féliciter l'Office National des Combustibles, qui a eu le mérite de provoquer ces belles recherches en les subventionnant.

Dans quelle mesure le catalyseur pourra-t-il améliorer le charbon ? C'est une question à laquelle il est difficile de répondre à priori, contentons-nous de souhaiter que cette amélioration soit suffisante pour correspondre à des buts pratiques.

Il est encore un mode d'utilisation du bois sur lequel je voudrais appeler votre attention, parce qu'il n'est pas à l'ordre du jour de notre Congrès.

Vous connaissez tous les procédés de saccharification et de transformation du bois en alcool. J'ai suivi de très près pendant la guerre, et depuis la guerre, le procédé Prodor, imaginé et développé à Genève par MM. TERRISSE et LÉVY. Si le traitement du bois par l'acide chlorhydrique produit une excellente hydrolyse de la cellulose et fournit un rendement régulier de 23 litres d'alcool pur par 100 kilogs de sciure de bois sèche, par contre il présente des difficultés dans son application par suite de l'attaque des récipients par ce corps éminemment actif qu'est l'acide chlorhydrique.

On parle beaucoup en ce moment, en Allemagne, d'un nouveau procédé d'hydrolyse qui échapperait à ce grave inconvénient. L'attaque du bois se fait sous pression par une solution sulfurique au millième, dans une série de récipients où circule méthodiquement, en contre-courant, la solution acide diluée. Le prix de revient, paraît-il, serait très bas; on emploierait comme matière première uniquement les déchets de bois, et le gouvernement allemand, qui lui aussi a le monopole de l'alcool, aurait autorisé la fabrication annuelle de 35.000 hectolitres d'alcool d'après le nouveau procédé.

Si les rendements étaient aussi bons que ceux obtenus dans l'attaque avec l'acide chlorhydrique, on pourrait retirer par tonne de bois environ 150 litres d'alcool absolu. Il y a là des perspectives pleines d'avenir, si la marche de l'usine en voie d'installation vient confirmer les résultats annoncés. Vous voudrez bien m'excuser, Messieurs, d'avoir cherché à dégager, parmi les travaux scientifiques les plus récents, les directives qui me paraissent devoir conduire logiquement à l'élaboration d'un carburant dérivé du bois, le mieux adapté aux besoins de la motorisation et de meilleur rendement énergétique.

A la phase empirique, caractérisée par la réalisation rapide de solutions pratiques apportées par d'ingénieux inventeurs, doit succéder une phase de perfectionnements pendant laquelle, concurremment avec les essais de l'inventeur, doivent intervenir les recherches scientifiques, pour aborder en profondeur et dans leur ensemble tous les problèmes posés pour l'utilisation du gaz pauvre comme succédané de l'essence. Certes, ces recherches sont longues et coûteuses, les résultats n'en peuvent devenir pratiques qu'à plus ou moins longue échéance, mais elles sont le complément nécessaire des essais d'adaptation rapide guidés par le flair et le génie des inventeurs.

La Vérité Scientifique, Messieurs, ne sort pas spontanément du puits où elle se maintient cachée, ce n'est que par des efforts prolongés, tenaces, qu'on parvient à l'arracher de l'ombre et à la produire en pleine lumière.

Je termine en souhaitant que le Congrès du Carbone végétal marque une nouvelle et féconde étape de progrès dans l'utilisation de nos recherches forestières.

COMPTE RENDU

des

TRAVAUX DU CONGRÈS

Lundi 11 Novembre

Salle des Congrès du Palais de la Foire de Lyon

SÉANCE DU MATIN

La première séance du Congrès est ouverte, le lundi 11 novembre 1929, à 8 h. 45, sous la présidence de M. MATIGNON, Membre de l'Institut, Professeur au Collège de France.

M. le Ministre de l'Agriculture avait bien voulu se faire représenter par M. CARRIER, Directeur général des Eaux et Forèts.

M. le Ministre des Colonies avait bien voulu se faire représenter par M. ETESSE, Inspecteur général des Services d'Agriculture aux Colonies.

Des délégués des Gouvernements Etrangers, de Hautes Personnalités du Monde Administratif, Agricole, Commercial et Industriel, des Représentants des Grandes Compagnies de chemins de fer français et de nombreux Congressistes ont assisté à cette première séance et ont suivi tous les travaux du Congrès.

ALLOCUTION
de M. MATIGNON
Président du Congrès

MESSIEURS,

En ouvrant la séance, permettez-moi de vous souhaiter la bienvenue à tous et de vous remercier d'être venus si nombreux témoigner, par votre présence, de l'intérêt que vous prenez à la question du Carbone végétal.

Je salue tout particulièrement M. le Délégué belge, M. le Comte GOBLET D'ALVIELLA, Président de la Société Forestière de Belgique, qui m'a demandé, très modestement, de vouloir bien lui donner la parole dans notre Congrès National, pour nous mettre au courant des efforts accomplis en Belgique en faveur du carburant national.

Monsieur le Comte GOBLET D'ALVIELLA, soyez assuré que nous sommes extrêmement honorés que vous nous apportiez ici des renseignements sur la question de la carbonisation telle qu'elle se présente en Belgique. D'ailleurs, si notre Congrès est national, il ne sera pas dénationalisé, parce que vous y prendrez la parole. Nous savons que, depuis la guerre, les relations entre la France et la Belgique sont devenues encore plus intimes, à tel point que la frontière morale tout au moins s'est beaucoup effritée. Soyez donc rassuré et agréez nos remerciements pour la collaboration précieuse que vous voulez bien apporter à notre Congrès.

Messieurs, nous avons un ordre du jour extrêmement chargé ; aussi vous demanderai-je de ne pas dépasser, autant que possible, quinze minutes pour exposer vos communications ou vos rapports; il n'y aura à cela aucun inconvénient, puisque les rapports ont été imprimés, distribués et que, par conséquent, vous avez pu en prendre connaissance. Je prierai donc les rapporteurs de les résumer en en dégageant les idées principales, idées principales qui pourront faire ensuite l'objet d'une discussion.

Messieurs, je donne la parole à M. GRAND-CLÉMENT, Président du Groupe du Bois à la Foire de Lyon, pour nous parler de l'Artisanat forestier.

Le Bois et l'Artisanat de la Forêt

Rapport de M. GRAND-CLÉMENT

Président du Groupe du Bois à la Foire de Lyon

Bien qu'on ait appelé notre siècle celui « du fer et du ciment armé », le Bois, à quelque essence qu'il appartienne, continue comme par le passé à être utilisé dans les industries les plus diverses.

Son emploi, loin de diminuer, s'est même accru dans de notables proportions ces dernières années. Il constitue, ainsi que nous allons le voir, une matière première indispensable à tous nos besoins.

Déjà au XVIᵉ siècle, et avant qu'il n'eût découvert l'art de la céramique qui devait le rendre célèbre, Bernard Palissy qui exerçait alors le métier d'arpenteur-géomètre et à ce titre avait eu l'occasion de parcourir plusieurs de nos provinces, écrivait dans un de ses ouvrages :

« Quand je considère la valeur des moindres gittes des arbres ou espines, je suis tout émerveillé de la grande ignorance des hommes, lesquels il semble qu'aujourd'hui ils ne s'estudient qu'à rompre les belles forêts que leurs prédécesseurs avoyent si précieusement gardées. Je ne trouveroy pas mauvais qu'ils coupassent les forêts, pourvu qu'ils en plantassent après quelques parties; mails ils ne se soucient aucunement du temps à venir ne considérant point le dommage qu'ils font à leurs enfants et à l'advenir. Je ne puis assez détester une telle chose et ne la puis appeler faute, mais malédiction et un malheur à toute la France, parce qu'après que les bois seront coupés, il faut que tous les arts cessent.

« J'ai voulu quelquefois mettre par estats, ceux qui cesseroyent alors qu'il n'y aurait plus de bois, mais quand j'en eus escript le plus grand nombre je n'en seus trouver la suite à mon esprit et ayant tout considéré, je trouvay qu'il n'y en avait pas un seul qui se peut exercer sans bois. »

Depuis Palissy, une grande partie des vastes et belles forêts qui couvraient notre pays, ont disparu, absorbées par les besoins de la civilisation. On a donc cherché à remplacer le bois dans ses principales applications, mais, malgré tout son génie, l'homme n'est pas parvenu à en réduire sensiblement l'emploi. Pour le chauffage seulement, on peut dire que la houille l'a complètement détrôné, mais pour toutes les autres utilisations, il a conservé sa place. Regardons autour de nous, en laissant de côté les industries qui utilisent exclusivement cette matière, comme la Menuiserie, l'Ebénisterie, la Charpente, et examinons celles où le Bois ne paraît pas avoir à jouer un rôle bien important : la Fonderie, par exemple, qui, on le sait, fut pourtant jusqu'au xviii° siècle, une industrie consommant une quantité considérable de bois, pour le chauffage de ses « fours et de ses fourneaux » à tel point qu'en Bourgogne, province essentiellement boisée, le Parlement de Dijon, vers 1535, puis plus tard les Etats Généraux, prescrivent la démolition des forges proches des grandes agglomérations, ou encore présentèrent des requêtes afin d'interdire toute construction de « forges ou fourneaux, à moins de deux lieues des villes », car, par leur consommation en bois de chauffage, elles constituaient un danger pour l'approvisionnement des habitants (1).

Or, de nos jours, où le chauffage des fours est obtenu à l'aide de la houille, quelle peut bien être l'utilité du bois dans cette industrie ? Eh bien, tout simplement il est employé à établir le modèle de pièce métallique que l'on veut obtenir. On sait, en effet, que pour « fondre » une pièce mécanique, il faut au préalable établir un modèle en bois, destiné à donner au sable l'empreinte de la pièce à couler. Puisque nous venons de parler de la houille qui a remplacé le bois de chauffage, voulez-vous me dire comment nous pourrions extraire le charbon des entrailles de la terre, sans le bois qui sert à l'étayage des galeries de mines, et préserve les mineurs des éboulements ?

Comment nos entrepreneurs de travaux publics parviendraient-ils à édifier ces audacieuses constructions en ciment armé, sans de solides coffrages et étayages faits avec des planches et des étais en bois ?

Ne voyons-nous pas, même dans les charpentes dites métalliques, des « fourrures » en bois s'encastrant dans les fers ?

Les rails de nos chemins de fer ne sont-ils pas fixés sur des traverses en bois ? Et les fils métalliques qui courent le long de nos voies de communications et portent au loin notre pensée et notre parole, ne sont-ils pas également soutenus par des poteaux en bois ?

Les wagons eux-mêmes, les tramways de nos villes, les bateaux, les automobiles n'ont-ils pas une partie de leur structure, de leur aménagement ou de leur carrosserie, où le bois tient une place importante ?

Enfin, le bois n'est-il pas nécessaire au pavage des rues de nos cités, à la fabrication du papier, dont nous faisons une si grande consommation, à celle des produits à base de cellulose, et particulièrement de la soie artificielle ? N'en tire-t-on pas des résines, de l'essence de térébenthine, des extraits tannants, et aussi toute la gamme des produits de la distillation ?

Alors que, par suite du développement de l'automobile, la consommation de l'essence de pétrole s'accroît dans d'énormes proportions, et que d'autre part les réserves de naphte diminuent, le charbon de bois n'est-il pas en train de devenir un carburant capable de remplacer l'essence pour nos moteurs fixes ou d'automobiles ?

Par quoi remplacerions-nous le bois nécessaire à la fabrication des crosses de fusils, des douelles, des merrains, de nos fûts qui transportent dans le monde entier nos grands crus de France, et comment expédirions-nous les différents produits de nos usines, si nous n'avions pas le bois pour faire des caisses ?

---

(1) *Le Commerce des Bois en Bourgogne*, par Marlio.

Arrêtons là cette énumération, que nous pourrions prolonger longtemps encore. Le bois, nous en avons la preuve, est indispensable à tous nos besoins, et même lorsque parvenus au terme de notre existence, nous nous endormons pour l'éternité, c'est toujours entre quatre planches de chêne ou de sapin, et ça, c'est encore du bois!

Nous venons de voir, que loin de diminuer, la consommation du bois, dans les emplois industriels, tend à s'accroître de plus en plus. Malheureusement, depuis longtemps, notre consommation en matière ligneuse dépasse de beaucoup notre production nationale. Pour combler le déficit, nous devons donc faire appel à la production étrangère, mais cette dernière n'est pas inépuisable et a tendance, comme la nôtre, à se raréfier.

En ce qui concerne notre pays, M. Carrier, directeur général des Eaux et Forêts, a, dans un remarquable rapport, montré le danger du déboisement intensif, et indiqué les remèdes à apporter pour protéger notre domaine forestier et pour faciliter le reboisement des landes et terrains incultes, qui couvrent en France une superficie de 4.714.100 hectares.

Déjà, depuis quelques années, des sociétés ou groupements, comme l'Association Nationale et Industrielle du Bois, la Société Forestière de Franche-Comté, par exemple, des Administrations comme celles de ce corps d'élite des Eaux et Forêts, des Compagnies de Chemin de Fer, ont déjà fait de gros efforts dans cette voie du reboisement; ainsi, elles travaillent à maintenir à la France ce privilège de beauté, et cette merveilleuse richesse qu'est la Forêt.

Les Compagnies de Chemin de Fer ont compris que les produits de l'Agriculture représentaient pour les grands réseaux un trafic très important, aussi ont-elles été amenées à créer une branche spéciale de leur service commercial, pour intensifier cette partie de l'activité nationale. La Compagnie P.L.M. a créé un service agricole, où la sylviculture tient une place importante. Son chef, M. Raybaud, inspecteur principal à cette Compagnie, ne s'est pas contenté, pour montrer l'utilité et la facilité du reboisement, des moyens de propagande employés habituellement : tracts, conférences, etc.., il a prêché d'exemple, et pour que ce dernier soit plus frappant, il a choisi pour débuter un sol pauvre, aride : les Garrigues-Nîmoises. L'expérience a été concluante, et depuis cette époque les services agricoles du P.L.M. ont effectué de nombreuses plantations dans l'Ardèche, dans la région de Montpellier, mais ce n'est là qu'un début.

Le reboisement aura une portée économique et sociale considérable pour notre pays. La reforestation de certaines de nos régions montagneuses, dénudées et ravinées, ramènera au bercail natal une population qui avait dû émigrer, chassée par la misère et la ruine.

S'il est vrai que dans quelques régions des Alpes « le dernier arbre ait chassé le dernier homme », il paraît non moins certain que dans d'autres, le développement de l'outillage mécanique des industries du bois, installées près des villes, a porté un coup décisif aux petits artisanats, qui s'exerçaient avec des moyens plus rudimentaires, dans la plupart de nos centres forestiers. Aujourd'hui cependant, grâce à la fée Electricité, qui a fait son apparition dans les hameaux les plus éloignés des grands centres, grâce au moteur à essence, grâce aussi à ce gaz des forêts, qui permet à l'aide de quelques brindilles de bois ou de charbon de bois, d'obtenir la force motrice à un prix extrêmement réduit, grâce enfin à de nombreuses petites machines à bois multiples, faciles à manœuvrer, ces artisans réinstallés à proximité de la forêt, connaîtront une prospérité qu'ils ont ignorée jusqu'alors.

Avant de passer en revue les principaux petits métiers de la forêt, disons quelques mots d'une profession qui dans notre pays a tendance à disparaître : celle de bûcheron. Il est, comme nous allons le voir, indispensable qu'une propagande soit faite afin d'attirer l'attention des habitants de nos campagnes sur ce métier, rude certainement, mais auquel nos vieux bûcherons montagnards d'autrefois étaient si attachés, moins peut-être pour le profit qu'ils en tiraient, que parce qu'ils se considéraient comme les plus heureux et les plus libres des ouvriers de la campagne.

Dans son ouvrage « Les Forêts », Lesbazeilles, après avoir décrit les joies, les satisfactions et aussi les dangers de cette profession, ajoutait : « En forêt, le bûcheron travaille généralement à la tâche et non à la journée; il peut donc ne pas négliger ce qu'il trouve avantageux à faire chez lui; il dispose de son temps comme il lui plaît. Cette vie active en plein air dans la solitude des bois, ce travail qui ne sépare pas la famille, mais au contraire l'unit et la resserre en l'isolant, l'éloignement des mauvais exemples et des tentations dangereuses, font des bûcherons une des classes rurales les plus saines, les plus honnêtes. »

Or, actuellement, parmi les nombreux ouvriers employés à l'abatage des arbres, on ne compte plus qu'un petit nombre de Français. Alors qu'autrefois dans presque tous nos centres forestiers et particulièrement dans le Puy-de-Dôme, le Cantal, la Nièvre, la Côte-d'Or, la Savoie, le Jura, les Vosges, les Pyrénées, on trouvait facilement des bûcherons, des charbonniers parmi les habitants des villages proches des exploitations, aujourd'hui, la plupart de ces régions (sauf peut-être quelques-unes comme la Nièvre, la Côte-d'Or), doivent demander à l'étranger, et particulièremest à l'Italie, à l'Espagne, à la Tchécoslovaquie, la main-d'œuvre nécessaire pour effectuer les exploitations. Il est vrai qu'avant la guerre le métier n'était pas très rémunérateur et s'exerçait, tout au moins en ce qui concerne les bûcherons de la montagne, dans des conditions matérielles de vie très rudimentaires.

Au Congrès National du Bois et de ses dérivés, qui s'est tenu à Lyon en 1928, M. Perret, Chef du Service Régional de la main-d'œuvre, a appelé l'attention des propriétaires et exploitants forestiers sur le danger de leur dépendance trop étroite à l'égard de cette main-d'œuvre étrangère. « Les exploitants forestiers, dit-il dans son rapport, sont prisonniers en quelque sorte des volontés extérieures, qui peuvent devenir de plus en plus rigoureuses ou même inflexibles, par suite des difficultés pouvant surgir entre les pays d'émigration et le nôtre. »

Cette profession, qui dans beaucoup de régions peut être exercée toute l'année, est surtout saisonnière du fait que les ouvriers étrangers spécialisés (bûcherons, câbleurs) retournent dans leur pays aussitôt après les coupes et la descente des bois, pour n'en revenir qu'à la saison suivante.

« Les conditions de la vie des ouvriers bûcherons, ajoute d'autre part
M. Perret, sont nécessairement rustiques. Ils sont logés dans des fermes, dans des
chalets, quelquefois dans des baraquements qu'ils établissent près des coupes,
quand celles-ci sont trop éloignées des villages. Cette vie rustique n'est nullement
malsaine; il s'en faut, et les salaires varient de 900 à 1.000 francs par mois
environ en espèces, plus le logement. Souvent, ces ouvriers travaillent à la tâche
et gagnent des salaires beaucoup plus élevés. »

En apportant un peu plus de confortable dans la construction des baraquements
et en facilitant le ravitaillement des ouvriers éloignés des centres, il est certain
que nous pourrions trouver cette main-d'œuvre parmi nos populations montagnardes.

L'ABATAGE

Le bûcheron exerce son métier en se servant de la serpe, de la hache et du
« passe-partout » (longue scie manœuvrée par deux hommes), selon la grosseur des

Essais de coupe mécanique d'un baliveau.

bois à abattre, mais ces outils maniés à la main peuvent être remplacés quelquefois
par des « scies abatteuses », mues mécaniquement. Ces dernières, actionnées par
un petit moteur de 4 à 5 HP, généralement à essence, sont montées sur un
brancard, ou sur un petit chariot à une ou deux roues, de façon que l'appareil
soit facilement transportable, ou déplaçable d'un arbre à l'autre. Il en existe

de différents modèles, soit qu'on utilise la lame droite du passe-partout, la scie circulaire, ou encore une chaîne sans fin métallique dont les maillons comportent des dents affûtées. Cette chaîne tourne à grande vitesse sur deux galets placés à chacune de ses extrémités. Un dispositif muni d'un levier poussé à la main, fait pénétrer dans l'arbre les maillons dentés de cette chaîne, au fur et à mesure du sciage.

La position, soit des lames de scie, soit de la chaîne, dans ces divers genres d'abatteuses, peut être modifiée au moyen d'une transmission articulée, qui permet de passer de la position horizontale. pour l'abatage, à la position verticale pour effectuer le tronçonnage, ou le billonnage des arbres couchés sur le parterre de la coupe.

LE BOIS A BRULER

Puisque nous parlons des « abatteuses-tronçonneuses », nous signalerons également les « moto-scies sur chariots », destinées au sciage du bois de feu. Ces petites machines, actionnées également par un moteur à essence ou électrique, sont appelées à rendre de grands services, non seulement sur la coupe elle-même mais aussi dans nos villages.

Déjà, dans plusieurs régions, et particulièrement dans les villages du Doubs et du Jura, où le chauffage des habitations se fait exclusivement au bois, de petites entreprises de sciage et de « refente » du bois à brûler, se sont créées.

Pendant l'été, ces entreprises parcourent les villages avec une de ces petites scies placée sur une voiture, et tronçonnent les bûches de chêne ou de fayard amenées de la forêt. Certains ont adjoint à cette scie un « coin » mû mécaniquement, qui refend dans le sens longitudinal, les sections des bûches tombées de la scie. Le bois est ensuite rentré dans les « bûchers », où il séchera en attendant l'hiver.

Ces deux opérations de sciage et de refente, que chaque habitant devait effectuer lui-même à la maison, ou faire exécuter par autrui, étaient longues et pénibles, et alors qu'il fallait à chacun quatre ou cinq journées pleines pour préparer la provision d'hiver, celle-ci est obtenue en quelques heures, grâce à ce moyen mécanique.

LE CHARBON DE BOIS

La fabrication du charbon de bois, qui n'a jamais été une industrie très rémunératrice pour celui qui l'exerce, est en voie de connaître un avenir meilleur depuis l'utilisation des gazogènes destinés à produire le carburant nécessaire à l'alimentation des moteurs automobiles de poids lourds.

Jusqu'à ces dernières années, cette industrie demandait une main-d'œuvre spécialisée, qui, chaque année, devenait en France de plus en plus rare. Cette profession exige, en effet, un apprentissage assez long, et dans beaucoup de régions il n'est plus possible de trouver des charbonnniers capables de mener à bien la carbonisation d'une « meule ».

De 1914 à 1918, alors qu'il était nécessaire pour les fabrications de guerre d'obtenir d'assez grosses quantités de charbon de bois, on a cherché un procédé plus rapide et plus facile que celui par meule.

A cet effet, on a utilisé des appareils portatifs, sortes de grandes cuves cylindriques en tôle, dans lesquelles on dispose le bois destiné à être carbonisé.

Ces appareils sont généralement constitués par des panneaux assemblés, qui peuvent être facilement démontés pour en permettre le transport.

Les uns, sont uniquement destinés à la carbonisation seule; d'autres, permettent en outre de récupérer du goudron, lorsqu'on pratique la carbonisation de résineux.

En résumé, ce nouveau procédé de carbonisation permet, ainsi que le fait remarquer M. le Conservateur MAGNEIN, « d'abaisser le prix du charbon de bois par une réduction des frais de main-d'œuvre et une augmentation de rendement ».

Et nous ne saurions mieux terminer ce chapitre, qu'en rappelant la conclusion de l'étude de M. Magnien, dans laquelle, après avoir constaté la pénurie de main-d'œuvre, il déclare : « Pourquoi ne verrait-on pas des entrepreneurs d'exploitations forestières possédant un matériel complet d'abatage, de façonnage, de transport et de carbonisation travaillant pour le compte des marchands de bois, comme on voit dans les campagnes des entrepreneurs de battage, transportant leur matériel de ferme en ferme, chez les petits cultivateurs. Il existe déjà en Normandie, des entrepreneurs de transports forestiers possédant tracteurs et camions. L'avenir montrera sans doute des entrepreneurs munis d'un outillage mécanique, grâce à quoi les travaux seront exécutés dans le minimum de temps, avec le minimum de main-d'œuvre. »

(cliché Écho Forestier.

Le four Magnein à carboniser

LES MÉTIERS DE LA FORÊT
et
L'UTILISATION DES PETITS BOIS

On n'a guère cherché, en dehors de la charbonnette ou du bois d'allumage (fagots, margotins, cotrets, etc...), à utiliser ces menus bois. Tous ces débris de l'exploitation, trouvaient encore il y a quelques années un débouché facile, particulièrement dans les Compagnies de Chemins de Fer pour l'allumage des locomotives et chez les Tuiliers, Boulangers, etc..., pour le chauffage des fours. Mais, chez ces derniers, depuis l'emploi du charbon et du mazout, les bois de feu sont

Commissionnaire en vaisselle de Gérardmer emportant dans sa hotte les menus objets fabriqués en forêt.

d'une vente moins courante. En ce qui concerne l'industrie boulangère, nous pouvons déclarer, sans crainte d'être démenti, que si elle a réalisé un progrès dans un sens par la facilité et la rapidité du chauffage des fours, le pain par contre n'y a rien gagné, ni comme qualité, ni comme saveur.

Or, beaucoup de ces petits bois, qui actuellement restent souvent abandonnés par l'exploitant, pourraient être employés à divers usages suivant les essences : cannes, manches, échelons, tuteurs, par exemple. M. Mathey, inspecteur des Eaux et Forêts, auteur d'un important « Traité sur l'exploitation commerciale des Bois », a passé en revue les nombreux petits métiers qui s'exerçaient autrefois à proximité ou dans la coupe même et qui, depuis quelques années, tendent à disparaître.

L'industrie du cerclage, par exemple, qui a diminué d'importance par suite de l'emploi des cercles de tonneaux en fer. Dans les exploitations où il se trouvait des châtaigniers, des frênes, des bouleaux, etc..., les bûcherons mettaient de côté les perches propres à faire des cercles. Ces perches coupées hors sève, afin que l'écorce reste adhérente au bois, étaient livrées au fabricant de cercles à un prix généralement au 1.000 pièces, prix qui variait, suivant l'essence et la longueur des perches ou « lances ».

A l'aide d'une serpe et d'un outil à lame plate appelé « piochon », l'ouvrier cercleur après avoir débarrassé la perche de ses aspérités, la fendait longitudinalement, suivant le fil du bois. Après avoir enfoncé la lame du piochon à l'extrémité de la perche, il agissait par pression sur le manche de cet outil. La partie de la perche où l'outil venait d'être engagé était maintenue sur une sorte de « banc », constitué par une pièce de bois ronde, reposant d'un côté sur le sol, et de l'autre sur un chevalet fixé à terre. Cette pièce de bois, longue de 5 mètres environ, était percée en son milieu d'une ouverture, dans laquelle l'ouvrier introduisait l'extrémité de la perche qu'il était en train de fendre. Etant parvenu à ce résultat, il refendait ensuite en 3 ou 4 parties, les morceaux qu'il venait d'obtenir à la suite de la première passe.

Après quoi, à l'aide d'une « plane », il leur donnait une épaisseur à peu près régulière, puis enfin les courbait, en se servant d'un petit instrument appelé « billard ». Pour maintenir aux cercles cette courbure qu'il venait de leur donner, il plaçait ces derniers à l'intérieur du « parquet », sorte d'aire circulaire, formée par des piquets plantés en terre, et maintenus entre eux à leur partie supérieure, par des liens. Placés à l'intérieur de cette sorte de cage ronde, les cercles étaient attachés par bottes, et prêts à être expédiés aux tonneliers.

Les « cerches » servant de bordure aux mesures de capacité, aux tamis, aux tambours, étaient également obtenus par la fente. Les petites billes de chêne ou de hêtre, étaient tout d'abord fendues en 4. On enlevait le cœur de ces morceaux, puis on les refendait transversalement cette fois, selon les largeurs des cerches à obtenir. Ces nouvelles petites sections étaient à leur tour tranchées dans le sens des rayons, en petites lamelles, après quoi, chacune d'elles, dressée à la plane, étaient disposées autour d'un feu vif, pour en faciliter le cintrage.

On est arrivé, avec la scie mécanique, à obtenir plus rapidement et plus économiquement ces cerches, mais l'outil coupant les fibres du bois, le cintrage est rendu souvent plus difficile, et la qualité reste bien inférieure aux cerches fendues à la main.

Dans certaines régions montagneuses du Doubs, du Jura, des Vosges, à proximité des sapins, on fabriquait dans les chaumières, durant les longues soirées d'hiver, des « bardeaux » ou « tavaillons », sortes de planchettes minces, de 0 m. 10 à 0 m. 15 de large sur 0 m. 20 à 0 m. 30 de long. Ces petites planchettes étaient destinées à garnir les murs des maisons, et à les isoler du contact de la neige. Ces « tavaillons » étaient également obtenus par la fente à la main de rondins bien de fil et sans nœuds.

Les échalas ou « paisseaux », sont obtenus également par la fente de rondins de petits diamètres de châtaignier, sorbier, chêne, acacia, orme et mélèze, etc...

Ce chapitre ne concernant que l'utilisation des petits bois, nous signalerons, sans nous y étendre davantage, une autre branche de l'industrie de la fente : les « merrains », car ces derniers exigent pour leur fabrication des arbres d'une circonférence d'au moins un mètre au fin bout. On sait que les merrains sont destinés à la fabrication des tonneaux devant contenir soit des liquides, soit des produits alimentaires, soit des matières pulvérulentes. On utilise à cet effet, le chêne, le châtaignier, le cerisier, l'alisier, le frêne, pour les tonneaux de vin, bière, cidre, eaux-de-vie, kirsh; le hêtre pour les matières grasses ou sèches, et quelquefois même pour les vins, en faisant subir à ces merrains une préparation spéciale; le sapin, le mélèze, le pin, etc..., pour certaines matières pulvérulentes. Signalons encore que cette fabrication des merrains se pratiquait en général autrefois sur le parterre même des coupes. C'est une industrie qui tend à disparaître, par suite de la rareté des ouvriers fendeurs.

Malgré les nombreuses tonnelleries mécaniques qui sont pour la plupart dans l'obligation de fabriquer elles-mêmes leurs merrains, il y a là une industrie, qu'on pourrait faire renaître en France, car il est reconnu, nous dit encore à ce sujet M. MATHEY, que le travail en forêt offre de gros avantages sur le débit dans les usines, la fente se faisant beaucoup mieux avec les bois saignants, qu'avec les bois mi-secs.

Avant l'emploi des outils mécaniques, beaucoup d'autres objets en bois étaient également obtenus avec le simple outillage du « fendeur ». On peut citer notamment : les attelles, les colliers, les bâts, les jougs à bœufs, et autres articles de bourrellerie, les pelles à four pour boulangers, les soufffets, etc...

Il en était de même pour les objets, que d'autres artisans avec un outillage différent mais aussi rudimentaire, tiraient des déchets de grumes ou des grosses branches de buis, comme les couverts à salade, les salières, les jattes, les égrugeoirs à sel, les sébiles, les robinets, etc...

D'autres petits métiers s'exerçaient encore dans la forêt même, ou dans les villages avoisinants, celui de sabotier par exemple, dans lequel l'artisan expérimenté arrivait à fabriquer à lui seul 5 paires de sabots dans sa journée. Il commençait par tronçonner les bûches, selon la longueur des sabots à fabriquer, refendait les tronçons ainsi obtenus, les ébauchait à la hache, puis à l'aide de grosses vrilles et de cuillers (sorte de tarières) de différentes grosseurs, creusait l'intérieur du sabot. Il donnait ensuite à ce dernier la forme extérieure définitive, en se servant du « paroir » (sorte de grande plane droite, qu'il manœuvrait par une de ses extrémités, l'autre étant fixée par un crochet à une boucle métallique vissée sur un billot

Fabricants de sabots

servant d'établi. Cet accrochage permettait à la plane, que l'ouvrier actionnait de la main droite par l'extrémité restée libre, d'avoir non seulement un mouvement de bas en haut, mais aussi un mouvement latéral de l'outil, grâce auquel il pouvait engager plus ou moins profondément le tranchant du paroir sur le sabot qu'il maintenait verticalement sur le billot, à l'aide de sa main gauche).

Par des passes successives, il amincissait, ou rectifiait certaines parties de ce sabot, puis enfin, en se servant de crochets tranchants appelés « rouanne », « boutoir », « racloir », il enlevait, soit à l'intérieur, soit à l'extérieur les rugosités laissées par les outils précédents, principalement par les cuillers.

Jusqu'à la fin du xixᵉ siècle, cette petite industrie était très répandue et faisait vivre de très nombreuses familles. Elle a depuis perdu de son importance. Le goût du luxe s'est introduit dans nos campagnes. Les jeunes ne veulent plus porter cette chaussure d'un autre âge. Il en est résulté une diminution dans la consommation de cet article, aggravée encore par l'exode vers les villes, des habitants de nos communes rurales.

D'autre part, cette fabrication à la main, a peu à peu été remplacée par la machine, et aujourd'hui, bien que l'artisan sabotier n'ait pas encore entièrement disparu de nos villages, la fabrication des sabots et des semelles de galoches, est surtout devenue une industrie annexe pour les scieries installées dans les régions où se trouvent surtout : le noyer, le pin sylvestre, le hêtre, le bouleau, l'orme et le vergne.

On fabriquait encore en forêt, les manches de pelles et de pioches. Les manches droits étaient tirés généralement de petites perches, de saule, d'érable, de cornouiller ou de charmille. Ces bois étaient laissés en pile dans un endroit sec durant 3 ou 4 mois, après quoi ils étaient arrondis à l'aide de la plane et du rabot, puis polis au racloir. Actuellement, ainsi que nous le verrons par la suite, les manches de pelles, de pioches, de balais, de pinceaux, sont fabriqués le plus souvent mécaniquement dans les usines à l'aide du « Tour à lunettes ».

Les manches courbes de pelles, eux, sont choisis parmi des brins présentant une courbure. Ils exigent pour leur fabrication, l'emploi d'une petite chaudière, car ils doivent être préalablement soumis à l'action de la vapeur, avant de passer dans la « presse à courber » qui sert à leur donner la forme définitive qu'ils conserveront par la suite.

Les fourches en bois, à deux ou trois dents, utilisées pour les moissons sont choisies dans des tiges de coudrier, d'érable ou de tilleul présentant deux ou trois ramifications. Ces dernières sont passées au-dessus d'un feu vif, puis serrées dans le « métier » (petit rectangle en bois, composé de traverses fixes et d'une mobile maintenue par des chevilles, à l'aide de laquelle on peut obtenir sur les dents de la fourche, une certaine pression, destinée à donner à ces dernières la courbure voulue).

La fourche et le métier sont placés dans un four un peu chaud pendant une dizaine d'heures, après quoi il ne reste plus qu'à couper les dents à une même longueur, et à les appointir.

Nous signalerons pour mémoire, les perches à houblon, à tabac, celles destinées aux teinturiers, qui se font en mélèze, épicéa, tilleul, pin, cerisier, et les différents « bois de mines » queues, bigues, étais, etc..., qui sont triés dans les exploitations de sapins, pins ou chênes.

L'ARTISANAT FORESTIER

Au moyen âge, et jusqu'au milieu du XIXe siècle, dans la plupart de nos régions forestières, les bûcherons et leur famille ne vivaient pas uniquement de la coupe des bois sur pied, de l'exploitation des taillis, de la fabrication du charbon de bois, du transport des fagots et du bois de feu, ils avaient su, comme nous venons de le voir, améliorer leur existence par la création de petits métiers, qui occupaient leurs loisirs, et dont ils tiraient également un profit supplémentaire.

De tous temps les forestiers, ont été plus ou moins agriculteurs, et la culture des clairières souvent éloignées de l'orée des bois, permettait à ces bûcherons (que l'amour de la liberté et aussi la difficulté des communications, cantonnaient dans leurs forêts) de nourrir un bétail le plus souvent chétif, mais suffisant pour apporter un peu de bien-être, à leur rude existence.

De nombreux auteurs, notamment FRANK, MATHIEU et BOYER, dans leurs ouvrages sur « les Vosges », sur « la Forêt et la vie Rurale », sur « les populations forestières », nous ont cité de nombreux exemples de ce vieil artisanat forestier, qui tend de plus en plus à disparaître de nos jours.

Dans un album publié en 1896 par L. RISLER, on trouve réunis dans une suite de vues et de scènes, tous les aspects de la vie forestière dans les Vosges.

A cette époque la scierie mobile n'avait pas encore remplacé les bras; l'abatage, le tronçonnage des grumes, étaient pratiqués exclusivement à la main, le sciage des billons en épaisseur, était effectué par « des scieurs de long » qui pour la plupart étaient des bûcherons. Ils opéraient en outre le transport ou « schlittage » des bois de feu (c'est ainsi qu'on appelle la descente des bûches ou rondins, sur des traîneaux spéciaux glissant sur le sol des pentes).

Le fagotage des branches, la recherche des harts, la fabrication des balais de brindilles, leur mise en paquets par douzaines étaient l'apanage des faibles :

La fabrication des balais

vieillards, femmes, enfants. Tous ces menus travaux, occupaient sur les contreforts de la forêt Vosgienne, une population exclusivement forestière. Payés à la tâche, on doit les considérer comme des pratiques artisanes.

D'autre part, les ateliers de sabotiers, la confection des lattes de plâtriers ou « brandons » fendues suivant le fil du bois, la fabrication des « bardeaux » pour toitures, le forage des tuyaux de fontaines, donnaient lieu à cette époque à un trafic extrêmement actif, qui faisait vivre également de nombreuses familles.

Mais il n'y avait pas que les arbres, capables d'occuper la population forestière, c'est ainsi que dans les Vosges, le sous-sol forestier donnait aux carriers le grès qui sert à confectionner les meules, et le plus souvent encore le tailleur de meules était en même temps bûcheron.

La récolte de la fougère pour litière était aussi l'une des ressources des forestiers dans leurs moments perdus.

Les artisaneries forestières, avaient une qualité dont manquent beaucoup d'artisanats, elles étaient intimement liées avec l'exploitation de la Sylve ; loin d'en éloigner la main-d'œuvre, elle l'y maintenait. Il faut avoir le courage de le dire, l'artisanat qu'il soit rural ou forestier, peut devenir une arme à deux tranchants. C'est ainsi que la fabrication des boutons de nacre dans le pays picard, à l'époque où cette industrie bien rémunérée, n'avait pas à supporter la concurrence japonaise, éloignait plutôt qu'elle ne rapprochait de la terre, la main-d'œuvre villageoise. Le même inconvénient s'est présenté lorsque l'artisanat bonnetier est venu apporter dans nos campagnes la pratique des petits métiers à tricoter : bien des jeunes filles se mirent à dédaigner les travaux de la ferme et des champs.

Mais, par la suite, les artisaneries forestières allaient bientôt subir la concurrence des usines hydrauliques ou électriques, principalement pour le sciage, la fente et le tournage. Les perfectionnements successifs, apportés dans les machines à travailler le bois, allaient permettre de produire beaucoup plus facilement et plus rapidement les différents objets, obtenus jusqu'alors avec l'outillage primitif de l'artisan, et cela fut une des causes principales de la disparition de tous ces petits métiers de la forêt.

Un exemple assez curieux nous est fourni par l'industrie de la pipe qui autrefois était fabriquée par nombre de petits artisans de la région Saint-Claudienne avec les essences de bois de la région.

L'utilisation de la racine de bruyère venant du Var, des Pyrénées, d'Algérie, de Corse et d'Espagne, porta un préjudice sérieux à ces petits artisans, mais il faut reconnaître, par contre, qu'elle fut la cause de l'essor de cette industrie.

M. M. Salvat a relaté l'histoire de la fabrication de la pipe qui occupe à Saint-Claude la moitié de la population.

« Comment, écrit-il, cette industrie s'est-elle implantée dans une région si éloignée des régions où pousse la bruyère? C'est la question que se pose tout étranger visitant une usine de pipes.

« Enfermés dans leurs habitations durant les longs et rigoureux hivers de cette région, les habitants, depuis les temps les plus reculés de l'ancienne Abbaye ont dû se procurer par leur ingéniosité les ressources que leur refusait un sol ingrat.

« Les montagnes environnantes couvertes de forêts à essences variées, les ont incité à tourner le bois; aussi depuis plusieurs siècles, l'article de Saint-Claude est connu du monde entier.

« Lors de l'apparition du tabac, les tourneurs furent amenés tout naturellement à façonner les premières pipes. Il fallait un bois dur, résistant au feu. On
utilisa d'abord les racines de buis, puis d'alizier, abondants dans la région. Les
premiers essais réussirent, la fabrication de la pipe à Saint-Claude était créée.

« La vulgarisation du tabac fut rapide, la production de l'engin de consommation du tabac dut suivre, et à l'ouvrier travaillant chez lui sur un tour au
marchepied, succéda la fabrique mue par la force hydraulique.

« Dès 1860, le long des deux rivières qui arrosent Saint-Claude de nombreuses
usines se construisirent. Les procédés de fabrication s'améliorent rapidement ; les
demandes augmentent, on perfectionne les machines, on série le travail, et petit à
petit on arrive aux méthodes actuelles. Déjà de nombreuses variétés de bois avaient
été essayées, bois exotiques principalement, mais aucune de ces essences ne possé-
dait les propriétés exceptionnelles de la bruyère ; facile à travailler, ne fendant pas,
résistant à la chaleur produite par la combustion du tabac, et de plus d'un aspect
et d'un parfum agréables. »

On pourrait citer beaucoup d'autres exemples pour illustrer l'histoire du désen-
chantement des cultivateurs et des petits artisans de nos villages, et l'exode de ces
travailleurs vers les usines des villes.

Cependant, dans certaines régions françaises, la population forestière n'avait
cessé d'augmenter pendant plusieurs siècles. Cette prospérité de la natalité avait
pour cause l'existence d'une organisation sociale particulière : la famille patriarcale,
dont on trouve une description détaillée dans les enquêtes sociales publiées en 1907
par BAYER DEMOULINS, le comte de DAMAS et P. DESCAMPS. Au temps de Le Play, dans
le Morvan, il existait encore quelques familles mi-pastorales, mi-bûcheronnes.

Elles vivaient, l'hiver, de l'exploitation des bois ; l'été, du travail des champs
sur les terres voisines de la forêt. De là le nom de « Bordiers » qu'on donnait à ces
cultivateurs-bûcherons.

Ces familles patriarcales avaient vécu jusqu'alors dans un étroit communisme ;
elles se composaient d'un clan gouverné par un chef de famille, qui distribuait
le travail, en touchait les produits et distribuait les bénéfices, presque toujours
en nature, rarement en argent. Les veuves, les vieillards étaient entretenus aux
frais de la communauté, les enfants étaient élevés par le clan. Les mariages se
faisaient entre clans voisins, ce qui diminuait les risques de la consanguinité.

Tant que les communications restèrent difficiles, la stricte tradition de ces clans
les maintinrent prospères ; si tant est qu'on puisse appeler prospérité la dure vie de
ces rudes hommes. Mais le bonheur est chose relative ; n'ayant jamais connu
d'autres joies que celles de leur clan, les familles patriarcales du Morvan coulaient
une vie exempte de soucis, puisqu'en réalité toutes les responsabilités s'accumu-
laient sur la tête du Chef.

Naturellement l'artisanat y était en grand honneur ; à part les travaux forestiers,
on y filait la laine et le chanvre, on y fabriquait des sabots et des vêtements en
tricot ; des tisserands, à l'aide d'un petit métier forain, fabriquaient des étoffes.

En réalité, on vendait presque tout ce qu'on produisait, on n'achetait presque rien. C'est ainsi qu'autrefois certaines familles patriarcales étaient devenues propriétaires, et que des villages entiers s'étaient rendus indépendants des Seigneurs et des Bourgeois.

Mais, durant la longue gestation de la démocratie au xixᵉ siècle, des besoins d'indépendance naquirent parmi les habitants des clans. Certains même osèrent demander le partage des biens à la mort du patriarche.

Ce fut la fin de ces anciennes familles patriarcales, véritables associations d'artisans forestiers.

Dans les forêts des Landes, on peut dire que chaque métairie forestière est encore de nos jours un centre d'artisanat. C'est que, dans ces régions, la récolte de la gemme, le dessouchage des vieux troncs coupés à blanc étoc, véritables mines de résine, se pratique au beau temps. Il en résulte une harmonie de l'exploitation forestière qui, en supprimant presque complètement les mortes-saisons, maintient facilement la main-d'œuvre sur place, occupée qu'elle est continuellement, soit à l'abatage, à l'ébranchage, à la fabrication des poteaux de mine et des traverses, soit au gemmage des pins.

Nous avons tenu à donner cet aperçu rétrospectif de l'artisanat forestier, pour asseoir nos idées d'Avenir sur l'enseignement du Passé.

Pratiquement, l'artisanat forestier a presque complètement disparu de nos jours. Comment peut-on le faire revivre ; dans quelles conditions peut-on le développer, afin d'assurer à la population sédentaire de nos forêts une vie assez prospère et indépendante, pour la maintenir sur place ?

M. Le Monnier, membre du Comité Central de culture mécanique, qui organisa, il y a quatre ans, les essais d'Industrialisation forestière de Labouheyre, avait à cette époque proposé la création de métairies pare-feu.

Il pensait que la forêt deviendrait plus vivante, si on sacrifiait de place en place, dans des endroits convenablement choisis, c'est-à-dire cultivables, une certaine surface de terrain 20 à 30 hectares, où seraient installés des petits villages entourés de terre arable, sur lesquels les forestiers et leurs familles pourraient produire eux-mêmes une bonne partie de leur nourriture.

Les cinq ou six familles de forestiers, convenablement logées au centre même de la surface défrichée, y trouveraient le bien-être et la sécurité.

Ces villages, pourraient être essaimés dans nos grandes forêts à trois ou quatre kilomètres les uns des autres, et réunis par des pare-feu de cinq à dix mètres de largeur, véritables pistes forestières maintenues gazonnées, à l'aide de débroussailleuses, empêchant les empiètements des morts-bois.

Ces pistes pourraient être bordées d'un cordon d'essences maintenues en taillis, résistant facilement au feu. Combien de fois un bouquet de châtaigniers, n'a-t-il pas, dans nos forêts du Midi, arrêté l'incendie d'une pineraie.

Les pistes constitueraient des pâtures pour le bétail des forestiers et serviraient aussi de chemins pour leurs voitures légères. Elles serviraient à rompre l'isolement des villages, et permettraient aux habitants de se rendre rapidement les uns chez les autres.

TOURNAGE

Pour le tournage par exemple, les petits tours automatiques destinés à produire soit des bâtons ronds (manches pour balais, pinceaux, etc...), soit différents objets (manches pour outils, blaireaux, sébiles, protège-flacons, coquetiers, bouts pour parapluies, poires électriques, grains pour chapelets, pions pour jeux divers, bobines, bondes, toupies d'enfants, etc...), ne demandent guère qu'un à deux chevaux de force.

Sur le touret à arbre creux du « tour à bâtons » on visse une « lunette tournante » munie de couteaux ébaucheurs et finisseurs. Il suffit donc d'introduire à

Artisan s'apprêtant à tourner un manche d'outil

l'extrémité libre du touret, le bâton de bois carré. Ce dernier, automatiquement prend un mouvement de translation, grâce à 3 galets presseurs disposés à la sortie des couteaux d'ébauche, et avant le passage sur les couteaux finisseurs. Le bâton sort de lui-même de l'appareil parfaitement tourné et calibré.

En ce qui concerne le petit tour automatique pour la fabrication des divers objets énumérés plus haut, le principe est le même que celui employé pour le décolletage des barres métalliques. Les différents outils, sortes de couteaux attaquant le bois tangentiellement à la circonférence, oscillent et se déplacent sur des barres métalliques fixées sur le tour.

SABOTS ET GALOCHES

La fabrication entièrement mécanique des sabots et des galoches, exige un certain nombre de machines dont le prix est assez élevé. Une semblable installation

C'est tout un aménagement forestier à créer, dont le coût d'établissement sera probablement compensé par la diminution des dégâts causés par les incendies, si fréquents maintenant dans les forêts françaises.

Ces petits villages forestiers, qui trouveraient dans la loi Loucheur les éléments de premier établissement, deviendraient autant de centres « d'artisanats appropriés ».

Nous disons « artisanats appropriés », parce qu'il nous semble indispensable, pour que l'artisanat soit bienfaisant, qu'il tende à fixer les populations forestières dans le milieu où elles doivent vivre.

Ce serait ainsi la résurrection des anciennes « borderies du Morvan », mais dans une forme moderne.

Quels sont les petits métiers qui semblent les plus adéquats à la vie sylvestre ?

En dehors de la culture du sol, qui maintiendrait durant les beaux jours les forestiers sur leurs terres familiales, nous trouvons dans différentes foires et particulièrement à celle de Lyon, de nombreux exemples de petites fabrications, capables d'occuper leurs loisirs durant les longues soirées d'hiver, et les périodes d'intempéries.

Il suffirait pour que ces petites fabrications soient suffisamment rémunératrices, que chaque village forestier possédât la force motrice nécessaire pour faire tourner les petites machines indispensables à la production des objets ouvrés.

Nous ne voulons pas dire qu'il serait nécessaire pour y parvenir d'électrifier le cœur de la Forêt. Ce serait une œuvre financière désastreuse, étant donné la faible consommation des villages forestiers.

Mais, il serait possible de munir, sans grands frais, chaque village forestier d'un gazogène au bois, et d'actionner à l'aide de ce gaz, né de la forêt, un moteur à gaz pauvre. Ce gazogène, à l'aide de déchets forestiers, serait la source des 20 ou 30 chevaux de force mécanique, nécessaire à l'éclairage et aux différents outils installés dans chaque maison, et cela à un prix de la force extrêmement bas, puisque ces déchets forestiers sont actuellement sans valeur.

D'autre part, depuis la réalisation du projet de l'électrification des campagnes, il existe déjà de nombreux petits villages ou hameaux proches des forêts, et dans lesquels de petites artisaneries pourraient se créer et produire une quantité d'articles en bois, dont elles trouveraient l'écoulement dans la région même, soit directement, soit par l'intermédiaire d'une organisation corporative, qui se chargerait de la vente des produits fabriqués.

Presque tous les objets faits à la main par les anciens artisans, et dont nous avons donné l'énumération assez succincte dans un chapitre précédent, peuvent être obtenus aujourd'hui à l'aide d'un outillage mécanique assez simple.

La construction mécanique française, en ce qui concerne les machines à travailler le bois, a fait ces dernières années d'importants progrès, et à l'heure actuelle, ces petits outils, soit machines automatiques, soit machines combinées à plusieurs usages, n'exigeant que peu de force, d'un prix assez modique, d'une conduite et d'un entretien les mettant à la portée de tous, sont on peut le dire un facteur d'économie et de production.

ne peut être envisagée que pour une usine, et non pour un petit atelier d'artisan. Cependant le sabotier peut augmenter sa production en utilisant seulement, pour les sabots, par exemple, une de ces machines, soit pour tourner l'extérieur du sabot, soit pour creuser la partie couverte ou les talons, le reste de la fabrication s'exécutant à la main.

MENUISERIE, BOISSELLERIE, BIMBELOTERIE

Avec une petite machine combinée, c'est-à-dire réunissant sur le même bâti les divers outils permettant de scier, de percer, de mortaiser, de raboter ou de toupiller, le tout, actionné alternativement par le même moteur, l'artisan pourra confectionner une série d'objets, et notamment de petits jouets d'enfants (brouettes, charrettes, animaux découpés, des pinces à linge, des porte-habits pour garde-robes, de petites boîtes pour bijoutiers, cageots pour fruits, etc...) en utilisant surtout les chutes ou déchets de hêtre, de frêne, d'épicéa, de peuplier, qu'ils se procurera facilement dans les scieries voisines. Ces petites machines combinées sont destinées à rendre également de grands services aux petits menuisiers, charrons ou ébénistes de nos campagnes.

UTILISATION DES SCIURES ET DÉCHETS

Pour les scieries hydrauliques, ou celles où la chaudière à vapeur a été remplacée par le moteur électrique, la sciure est devenue d'un écoulement difficile. La plupart du temps, l'industriel n'a pas d'autre moyen de s'en débarrasser, qu'en la brûlant dans un four spécial, à quelques pas de la scierie.

Cependant cette matière mélangée avec des agglutinants (colle, sang, chaux éteinte ou caseine) et comprimée ensuite dans des moules chauffés, peut servir à produire une foule d'objets, susceptibles d'être travaillés et polis, comme le bois lui-même.

La sciure agglutinée avec du goudron, de la résine, et un peu d'argile, moulée en forme de briquettes, séchées ensuite à l'air libre à l'abri de l'humidité, constitue un excellent combustible pour le chauffage domestique.

En remplacement de la sciure, la bruyère, la fougère, découpées dans un hache-herbes, de petites brindilles de bois, des aiguilles de pin désséchées, agglomérées dans des moules avec du goudron ou de la résine, font également de très bonnes briquettes de chauffage.

Les petits déchets de bois tendre ou résineux, peuvent être fendus à la main et réunis en paquets à l'aide d'une petite « lieuse » manœuvrée au pied. Dans certaines régions ces paquets sont trempés dans un bain de résine : ils constituent ainsi d'excellents allume-feux.

LAINE DE BOIS

Les déchets, dosses de scieries ou d'exploitations forestières, en sapin, pin, épicéa, peuvent être utilisés pour fabriquer de la laine de bois servant principalement à l'emballage des fruits, primeurs ou objets délicats. Cette fabrication nécessite une petite scie circulaire, une machine à défibrer et une presse analogue à la

« presse à fourrage » pour tasser et réunir en bottes ces petits copeaux. Les machines à défibrer peuvent être à simple, double, triple ou quadruple effet, selon qu'elles comportent 1, 2, 3 ou 4 couteaux, et travaillent soit à l'aller, soit à l'aller et retour du chariot. Malheureusement, ces machines exigent de 6 à 12 chevaux de force et sont encore d'un prix relativement trop élevé pour trouver place à l'heure actuelle dans l'atelier de l'artisan. Nous n'avons pas voulu, cependant, les passer sous silence, car l'emploi de la laine de bois est devenu très important et constitue une grande utilisation des rondins et déchets.

.·.

A toutes ces petites artisaneries, tirant leur matière première de la forêt, ou utilisant les déchets des scieries voisines, on pourrait adjoindre : l'élevage des animaux à fourrure, la sécherie des champignons, ou des plantes médicinales, par exemple. Le champ est vaste, mais si nous voulons que la vie humaine prenne une nouvelle extension à l'intérieur ou aux abords de nos forêts, il faut y rendre l'existence plus facile, sans quoi l'exode continuera congestionnant les villes, et paralysant l'avenir de nos campagnes.

« C'est tout d'abord les instituteurs de l'école primaire, qui ainsi que l'écrivait M. Labbé, Directeur de l'Enseignement Technique, peuvent donner à l'enfant la curiosité et le goût du travail manuel, lui en indiquer les principales formes, et l'incliner à en désirer un qui corresponde à ses aptitudes. L'enseignement technique vient ensuite. »

Il ne faut pas se faire d'illusions, cette question de l'Artisanat Forestier sera une œuvre de longue haleine. Dans ces quelques pages nous avons tenu à démontrer que grâce à l'électrification des campagnes, au moteur actionné par le bois ou le charbon de bois, et enfin à certains outils modernes, il était possible d'envisager pour l'avenir un retour à la Forêt. Mais pour obtenir ce résultat, il importe de fournir aux futurs artisans les moyens d'action nécessaires. C'est donc aux Pouvoirs Publics à envisager, dès à présent, la création d'organismes, de caisses de prêts, qui permettront à ces artisans d'avoir à leur disposition les outils et machines indispensables à leurs professions.

En attendant, nous formons le vœu que l'Enseignement Technique, qui s'est intéressé déjà à de nombreux artisanats, ajoute à son programe : « l'Artisanat Forestier ». En le faisant, il contribuera à ramener à la Forêt cette main-d'œuvre qui l'a quittée parce qu'elle ne trouvait plus à y vivre.

DISCUSSION

M. le Président. — *Je remercie M. Grand-Clément de son intéressant rapport, que j'ai lu avec beaucoup d'intérêt. Deux conclusions, il me semble, doivent en être tirées ; il faut émettre deux vœux : l'un en faveur de l'Artisanat forestier,*

l'autre en faveur du reboisement. Je voudrais que ce vœu en faveur du reboise-
ment soit en conformité de celui adopté au dernier Congrès tenu à Lyon.

Je vous propose donc les vœux suivants :

1° Que c'est à l'école qu'on doit inculquer à l'enfant l'amour de l'arbre, lui
montrer son rôle utile et les nombreuses et désastreuses répercussions du déboi-
sement et les incendies de forêts sur l'économie du Pays ;

2° Que l'Administration des Eaux et Forêts intensifie encore, avec les concours
de tous les amis de la forêt, son action de propagande et d'encouragement sous
forme de subventions en graines et plants, de création de pépinières départemen-
tales, communales, scolaires et d'organisation de cours de sylviculture dans les
établissements d'enseignement, notamment dans les écoles normales.

(Ces vœux sont adoptés à l'unanimité.)

Je donne la parole à M. Charles COLOMB, Conservateur des Eaux et Forêts

---

Métairie forestière en forêt des Landes

A gauche un pin gommé. — A droite un chêne-liège
Au centre la maison dans une clairière

Les Ressources de la Forêt française

en Bois de carbonisation

Rapport de **M. Charles COLOMB**

Conservateur des Eaux et Forêts au Ministère de l'Agriculture

A une époque où les pays non pétrolifères se préoccupent de leur ravitaillement en essence et s'efforcent de trouver dans les produits de leur sol des carburants de remplacement (benzol, alcool, pétrole synthétique, gaz d'éclairage, etc..., et charbon de bois), il n'est pas sans intérêt de connaître la production actuelle de la forêt française en charbon de bois ainsi que les possibilités d'accroissement de cette production.

PRODUCTION ACTUELLE

Il n'existe aucune statistique de la production et de la consommation du charbon de bois en France. On estime, toutefois, et c'est notamment l'avis de M. Arnould, Conservateur des Eaux et Forêts, que la consommation intérieure peut être évaluée approximativement à 200.000 tonnes. D'autre part, les renseignements officiels, relatifs aux importations et aux exportations du charbon de bois, montrent que nous sommes largement exportateurs de ce produit et que nos exportations sont en progression constante. Elles sont passées de 32.000 tonnes, en 1923, à 119.500 tonnes, en 1928, alors que nos importations restent stables aux environs de 1.200 tonnes et portent en grande partie sur du charbon industriel épuré, d'un prix fort élevé.

Nos principaux acheteurs de charbon de bois sont l'Espagne et l'Italie; c'est ainsi que sur les 119.500 tonnes exportées en 1928, 68.000 ont été dirigées sur l'Espagne et 47.000 sur l'Italie. Si, aux 119.500 tonnes exportées, on ajoute les 200.000 tonnes consommées en France, on arrive à une production annuelle oscillant autour de 300.000 tonnes.

A raison de 60 kilogrammes de charbon par stère de charbonnette, cette production correspond à une carbonisation annuelle d'environ 5.000.000 de stères.

POSSIBILITÉ D'ACCROISSEMENT DE CETTE PRODUCTION

On admet que la production annuelle normale du bois de chauffage, pour l'ensemble des forêts françaises, est voisine de 30 millions de stères, dont la répartition peut être fixée approximativement de la façon suivante :

Bois de moulée : 10 millions de stères ;

Charbonnette : 20 millions de stères.

Le bois de moulée, dont la vente est rémunératrice, ne saurait pratiquement être employé à faire du charbon, mais les 20 millions de stères de charbonnette peuvent fournir, à raison de 60 kilogrammes de charbon par stère de bois, 1.200.000 tonnes de charbon de bois.

A cette charbonnette, il faut ajouter les « rémanents », constitués par les ramelles et déchets divers abandonnés généralement ou incinérés sur place et qui peuvent, grâce aux fours mobiles de carbonisation, être transformés en charbon de faibles dimensions, utilisable dans les gazogènes.

L'importance de ces résidus est loin d'être négligeable; dans les forêts de la région des Landes, on estime à une tonne par hectare le poids des rémanents ; ces forêts pourraient donc en fournir à elles seules près de 1 million de tonnes; il ne paraît pas excessif, dans ces conditions, d'évaluer à environ 3 millions de tonnes l'ensemble des rémanents de toutes les forêts françaises. Avec un rendement réduit de 10 % de charbon utilisable on peut tirer des rémanents 300.000 tonnes de charbon.

L'utilisation des menus bois, jusqu'à présent sans valeur, pourrait être très précieuse pour les forêts françaises en rendant aux taillis la valeur qu'ils ont perdue et en incitant les propriétaires à effectuer en temps utile les opérations culturales, telles que nettoiements et éclaircies, ainsi que le débroussaillement contre l'incendie, que la non-valeur des produits fait trop souvent ajourner. Mais pour arriver à un tel résultat, il importe que l'exploitation et le transport en forêt soient industrialisés, que l'utilisation du charbon de bois comme carburant prenne de l'extension, que la carbonisation en forêt à l'aide de fours mobiles se généralise et enfin, que les constructeurs de gazogènes, de fours, de machines à exploiter, aient la certitude que la matière première, à savoir le bois de carbonisation, ne fera pas défaut.

Cette certitude doit naître des chiffres et des faits suivants :

Si aux 1.200.000 tonnes de charbon que peut produire annuellement la charbonnette, on ajoute les 300.000 tonnes qu'on peut tirer des rémanents, on arrive à une production annuelle possible de 1.500.000 tonnes, cinq fois plus forte que la production annuelle de 300.000 tonnes.

La marge est donc très grande et le développement de la production ne saurait être entravé par le défaut de la matière première, pratiquement surabondante.

Le seul obstacle pourrait être le manque de charbonniers de profession connaissant bien leur métier, si l'emploi des fours mobiles de carbonisation, qui permettent d'utiliser une main-d'œuvre moins spécialisée, ne se généralisait pas au fur et à mesure de l'ouverture de débouchés nouveaux pour le charbon de bois.

C'est pourquoi l'Administration des Eaux et Forêts s'efforce d'encourager la construction et d'améliorer le rendement des fours mobiles, par des épreuves et des concours de carbonisation en forêt, qu'elle dote de prix importants et qu'elle organise tantôt seule, tantôt avec la collaboration de l'Office National des Inventions et des Ministères du Commerce et de la Guerre; c'est également dans ce but qu'elle a créé dans les Bouches-du-Rhône, à Cadarache, une station de carbonisation, dont elle a confié l'organisation et la direction à M. le Conservateur des Eaux et Forêts MAGNEIN, spécialiste des questions de carbonisation et inventeur d'un four mobile plusieurs fois primé.

Les concours de carbonisation, et notamment celui qui a eu lieu, en 1928, dans le bois des Gonards, à l'occasion de l'Exposition forestière de Versailles, ont donné des résultats forts intéressants; mais, pour être vraiment utiles, ces manifestations techniques doivent être complétées par de fréquentes expositions, destinées à faire connaître aux propriétaires forestiers, aux exploitants et à un nombreux public, les perfectionnements apportés aux fours mobiles ainsi que les progrès accomplis dans les procédés de carbonisation.

Il faut donc savoir gré à la Compagnie des Chemins de fer de Paris à Lyon et à la Méditerranée d'avoir organisé à Lyon, avec le concours de l'Administration des Eaux et Forêts et de la Foire de Lyon, une exposition agricole d'automne, dans laquelle une place très importante a été réservée à la section forestière.

De telles initiatives sont à signaler et à encourager; tout pays tributaire de l'étranger pour l'essence, doit, en effet, tâcher de s'affranchir d'une dépendance, que le développement incessant de la traction automobile rend chaque jour plus onéreuse et dont la dernière guerre a démontré tout le danger.

DISCUSSION

M. LE PRÉSIDENT. — *Dans quelle mesure pensez-vous que l'on pourrait augmenter la consommation du charbon de bois ?*

M. COLOMB. — *Cela dépend surtout du développement de l'emploi du charbon de bois comme carburant, ce développement étant lié à celui des fours mobiles et des gazogènes. Le jour où les fours mobiles multiplieront, nous sommes prêts, au point de vue des matières premières, à les alimenter.*

M. AUCLAIR. — *Des expériences ont-elles été faites pour déterminer le coût du ramassage des « rémanents » ?*

M. COLOMB. — *Je ne le crois pas. Les seules expériences faites, à ma connaissance, l'ont été par M. MAGNEIN, Conservateur des Eaux et Forêts. Elles avaient pour but de rechercher la quantité de rémanents, qui pouvaient être utilisés dans une coupe de taillis, de la région parisienne. M. MAGNEIN est arrivé à un résultat intéressant, qui correspond à 100 kilos de rémanents par stère de bois façonné. Dans des exploitations de futaie de l'Ouest, on cite le chiffre de 60 kilos par mètre cube de bois façonné.*

Dans les forêts de montagne, où il est en général difficile de grouper des quantités importantes de rémanents, il est vraisemblable que les frais de main-d'œuvre ne permettraient pas de les carboniser d'une façon pratique. Mais aucune expérience, à ma connaissance, n'a eu lieu.

M. Auclair. — *Pour tout ce qui est relatif aux combustibles, la question des frais est capitale.*

Il est bien évident que si le charbon de bois coûtait, par exemple, 200 francs la tonne, il y aurait beaucoup plus de gazogènes.

M. Colomb. — *Dans la note que j'ai rédigée, il est indiqué que l'utilisation des menus bois reste fonction de l'industrialisation de leur façonnage et de leur ramassage.*

C'est une question très importante, dont je ne méconnais pas l'intérêt ; mais qui, je crois, n'a pas été étudiée et sur laquelle, en tout cas, je ne connais pas d'expérience concluante.

M. Auclair. — *Il y aurait donc le plus grand intérêt à ce que le Congrès mette à l'ordre du jour la question du ramassage du bois, de son débitage et de son utilisation au point de vue économique.*

M. le Président. — *Nous vous remercions beaucoup de votre suggestion et nous en tiendrons compte pour le prochain Congrès. C'est une question très importante.*

M. Guiselin. — *Le prix des rémanents dépendra de l'endroit où on les ramassera et des moyens de transport.*

Il y a eu, vers 1800, une crise forestière. Quels étaient les produits qu'on laissait alors pourrir dans la forêt ? C'étaient précisément les troncs d'arbres. Les paysans enlevaient les branches et les ramilles, pour laisser pourrir les arbres.

Il faut chercher aujourd'hui à utiliser les rémanents. Quand le prix de revient sera trop cher, eh bien, on ne les emploiera pas ; mais quand il sera bon marché, on les utilisera, c'est là la conclusion à tirer de cette question.

M. le Président. — *Je donne la parole à M. Guiselin, pour la lecture de son rapport sur les carbures d'hydrogène liquides.*

Production des Carbures d'hydrogène liquides
et emploi direct du Carbone
dans les Moteurs à combustion interne

Rapport de M. GUISELIN

Membre du Conseil National Economique

Je m'excuse de n'avoir pu me plier à la discipline du Congrès. Des circonstances indépendantes de ma volonté ne m'ont pas permis d'effectuer les essais que je m'étais promis d'entreprendre et je m'excuse auprès des Congressistes de n'avoir pu rédiger mon rapport en temps voulu. Je ne vous présenterai donc qu'un ensemble d'observations sur le rôle de la Catalyse dont la plupart ont trait à la transformation du Carbone végétal.

Les suggestions que je désire présenter sont tellement nouvelles qu'elles auraient eu besoin d'être appuyées par certains essais, même incomplets, dont les résultats auraient au moins indiqué les voies dans lesquelles je trouve intéressant de se lancer pour faire progresser cette nouvelle technique de la Catalyse.

Pour rendre mon exposé compréhensible, je me suis proposé de passer rapidement en revue les suggestions antérieures que j'avais indiquées dans des Congrès précédents et dont certaines ont reçu des applications pratiques démontrant ainsi l'intérêt que peut présenter pour un Congrès le développement d'anticipations scientifiques pleines de bon sens.

Je rappellerai, tout d'abord, les conclusions qui m'ont amené dans mon rapport au *Conseil National Economique* sur les Combustibles liquides, fait conjointement avec M. DE PEYERIMHOFF, à préconiser la plus extrême prudence dans les investissements de capitaux destinés à financer les entreprises de fabrication de combustibles synthétiques, ou de matériels destinés à produire une énergie mécanique qu'on obtiendra un jour en utilisant directement le Carbone dans des générateurs d'énergie à combustion dite interne. — Avant ou après que ce dit carbone aura peut-être été délaissé pour d'autres sources naturelles d'énergie.

Je rappelle d'ailleurs à ce sujet que j'ai publié en janvier 1929, dans « *Chaleur et Industrie* » et à l'occasion du deuxième « *Congrès international de Pittsburg* » une étude intitulée : « *Les Carburants morts-nés dits de synthèse* ».

Cette étude, publiée, après accord avec de hautes notabilités du monde industriel, m'a valu de sérieuses critiques et de nombreux désagréments parce qu'elle concluait à :

« La nécessité de ne plus se lancer dans les aléas, techniques et financiers de la Catalyse et de la synthèse, puisqu'on avait entre les mains la possibilité de brûler isolément, dans les mêmes moteurs à essence, les éléments naturels comme le carbone et l'hydrogène, que la mystérieuse catalyse n'arrivera jamais à combiner *gratuitement.* »

Et j'ajoutais :

« Que dans ces conditions, il convenait, non plus de chercher à liquéfier les houilles, les lignites, mais de leur donner des propriétés réactives par des méthodes appropriées de carbonisation...

C'était évidemment se placer en travers de certains projets grandioses et même de réalisations industrielles amorcées à grands frais et sur le dos de pauvres actionnaires impénitents.

Or, les événements m'ont donné raison. Non seulement, de grands industriels français se sont montrés prudents au point de retarder leurs entreprises ; mais voici que de nouvelles alarmantes nous arrivent d'Allemagne, ou la grande presse clame des précisions sur les aléas que rencontre la kolossale I.G. *Iarben Industrie* dans l'exploitation financière raisonnable de son compartiment des Carburants Synthétiques tirés des lignites allemands abondants et bon marché :

« C'est un secret de polichinelle, écrit le *Berliner Tageblatt* que les installa-
« tions pour la fabrication de l'essence sont non seulement très coûteuses ; mais
« qu'elles nécessitent déjà de longues transformations dont les frais ne se laissent
« pas évaluer par les profanes, mais nécessitent d'importants amortissements pen-
« dant de longues années. »

Pourtant, il serait faux de me croire irréductible sur ce chapitre des pétroles de synthèse. Il est bien évident que cette industrie, qui repose sur l'utilisation d'une matière indigène le « Lignite » se défend d'elle-même comme industrie de Défense nationale.

Elle n'en reste pas moins inopportune, considérée comme industrie de Paix, quand les plus grands propriétaires de gisements de pétrole se réunissent pour s'entendre sur la fermeture des robinets de leurs sources et quand on ouvre une discussion à propos de l'emplacement d'une pipe-line qui doit nous apporter le pétrole de la Terre promise.

*
* *

Si les Allemands ont lancé le « *pétrole de synthèse* », c'est qu'ils avaient le lignite en abondance. — Or, nous Français nous n'en avons que fort peu ; et celui que nous possédons est si chargé en impuretés qu'il empoisonne les catalyseurs.

Que faire dans ces conditions pour nous mettre sur le même pied que les Allemands en considérant les carburants liquides de synthèse comme des carburants militaires, ou comme les produits améliorés de carburants très impurs, comme ceux que peuvent produire les carbonisations de combustibles minéraux à basse température, infectés de phénols ?

Mon opinion est qu'il faudrait bien mieux employer le bois que nous avons, surtout les menus bois et les déchets industriels de bois.

Pourquoi après tout, le *Bois* ne se prêterait-il pas mieux que la *Houille*, mieux que le *Lignite*, aux opérations enveloppées dans l'appellation de catalyse.

Vers 1921, dans une conférence faite à la Société de Chimie Industrielle, alors que l'on balbutiait sur les procédés *Bergius* et *Fischer*, j'ai fait la proposition d'entreprendre des essais industriels d'hydrogénation en France, en les orientant du côté de la matière première lignite. Et pour cela, je m'appuyais sur certaines considérations, empruntées à la structure physique des lignites les rapprochant plus du bois que de la houille. Le bois avait déjà attiré mon attention.

Et ma suggestion, qui ne fut l'objet d'aucune attention spéciale de la part de mes compatriotes, me valut deux jours après la visite d'un ambassadeur de M. Hugo Stinnes. Celui-ci me transmit des propositions si sérieuses que je crus devoir en informer le *Conseil Supérieur de la Défense Nationale* et demander l'autorisation d'entretenir des relations avec cet ancien ennemi.

Malgré l'autorisation de cet organisme, n'ayant pu intéresser les Français à leurs lignites, M. Hugo Stinnes se retourna sur son propre pays et nous connaissons tous les résultats désormais acquis.

Le lignite était donc bien plus facilement attaquable que la houille par les gaz chimiques hydrogène, oxygène, oxyde de carbone, acide carbonique comme je l'avais prévu.

Et c'est ce résultat qui m'incita à poursuivre dans ce sens et à examiner l'éventualité de l'emploi du *Bois* en substitution à la *Houille* et aux *Lignites*.

Bien des fois, j'ai eu à me préoccuper dans les Congrès d'une expérience dont était venu m'entretenir un vieux chimiste alsacien M. Berg, vers 1919.

Ce chimiste prétendait qu'on pouvait améliorer simultanément les produits résultats de la carbonisation des bois verts et de la distillation des huiles lourdes de pétrole, en les distillant simultanément dans une chaudière appropriée.

D'une part, les rendements en produits pyroligneux étaient augmentés, d'autre part l'huile de pétrole donnait des essences. Enfin, le carbone-charbon de bois acquérait une cohésion exceptionnelle.

A cette époque, il n'était pas encore question des automobiles à gazogènes et cette dernière considération ne m'avait pas encore frappé.

Mais la situation est depuis renversée, — et c'est pourquoi, après avoir long-temps protesté contre l'indifférence générale envers ces procédés, j'avais résolu de reprendre à mon compte ces expériences, au moins en laboratoire.

Les circonstances ne m'ont pas laissé le temps nécessaire de chiffrer tous ces avantages, quoique certaines distillations, effectuées avec des pétroles de Gabian, sur du bois vert imprégné de divers oxydes métalliques vulgaires, ne m'ont laissé aucun doute sur la valeur de l'indication de M. Berg.

Cette indication serait d'ailleurs confirmée par les communications des Anglais, de M. Lessing, en particulier, au Congrès du Chauffage industriel de 1928, et par de nombreuses prises de brevets d'inventeurs de mélanges de charbons de terre et d'oxydes, en vue d'une augmentation des rendements ou goudrons et essences légères lors de leur carbonisation.

J'invite les Congressistes à poursuivre des essais dans cette voie de l'utilisation du bois pour produire : — soit des charbons plus compacts — soit même pour hydrogéner le bois —- soit enfin pour le prendre et comme support de catalyseur et comme catalyseur proprement dit dans l'hydrogénation des huiles lourdes de Houilles et de Pétroles.

Dans ce but, je tiens à rappeler certaines considérations déjà anciennes que j'avais exposées depuis 1921 sur le mécanisme possible de la catalyse.

*
* *

A mon point de vue, il faut tout d'abord dégager les deux sortes de phénomènes qu'on englobe généralement sous le nom de catalyse — soit qu'il s'agisse d'un corps liquide ajouté à un autre liquide et aidant aux réactions qu'on recherche — soit qu'il s'agisse de corps solides, mais poreux, agissant sur des mélanges de gaz, de liquides ou de gaz et de liquides.

Dans le premier cas, on peut, dans une certaine mesure, faire appel à certaines affinités chimiques du ressort de la chimie.

Dans le second cas, les affinités chimiques ne me semblent pas jouer un rôle primordial. Ce sont plutôt, à mon avis, des phénomènes d'attraction d'allure électrique, magnétique, calorifique qui aident à déchirer les molécules mises en présence, en laissant ouvertes ces fameuses liaisons qui s'offrent à d'autres également préparés par les mêmes moyens physiques.

Ce fut un temps où ce mystère de la catalyse devait tellement impressionner les masses qu'on ne signalait, comme catalyseur que des métaux précieux. La catalyse semblait l'apanage des métaux rares et de grande valeur économique ! !

Puis le nickel vint et aussi le cobalt et enfin le fer dont Naquet dans son livre I de Chimie dénonçait déjà en 1867, les propriétés catalytiques à l'état de rouille dans laquelle il avait trouvé très fréquemment de l'ammoniaque synthétique ! !

Puis on s'aperçut que d'autres oxydes avaient des propriétés identiques, mais que toutes ces propriétés résidaient souvent dans leur mode de préparation et donc de leur constitution physique intraparcellaire.

C'est à cette époque que, dans le Congrès du Carburant National, organisé par le *Comité Central de Culture mécanique*, je signalai, et l'importance de cette condition, et aussi les avantages que pourraient avoir les mélanges d'oxydes de métaux, qui, réduits, pouvaient former des infinités de petits couples électriques ou magnétiques.

Suggestion dont on retrouve désormais les nombreuses applications dans les nombreux brevets pris pour garantir les mélanges d'oxydes de métaux les plus imprévus.

C'est également à ce Congrès et dans une conférence faite quelques mois plus tard devant la Société des Ingénieurs civils de France que je défendis cette thèse de l'influence de la forme et des dimensions des pores de catalyseurs dont on ne peut véritablement invoquer les affinités chimiques comme les gels de silice, les Bauxites et les Argiles.

Mais, aujourd'hui, je fais appel à de nouvelles notions sur la constitution de la matière, en particulier, des hydrocarbures servant au graissage.

Je rappelle que MM. Woog et Trillat ont démontré expérimentalement et par des moyens d'investigation ingénieux, l'influence de l'arrangement des molécules d'huiles dans leurs propriétés lubrifiantes et adhérentes ou adhésives.

Dans cette voie, M. Trillat aurait démontré que l'adhérence des huiles minérales aux métaux pouvait être augmentée par l'addition de substances présentant aux surfaces à lubrifier d'autres surfaces garnies de radicaux CH^3 sur lesquelles les autres molécules glisseraient plus aisément ; en donnant naissance à des couches stratifiées de molécules glissant à leur tour les uns sur les autres.

Il serait donc possible, par le seul frottement, de changer, de modifier l'arrangement des molécules et par celà même leurs activités réciproques.

Bien plus, le frottement ne donne-t-il pas naissance et à de la chaleur et à de l'électricité statique et la puissance absorbante de certains corps poreux, capables d'emmagasiner d'énormes volumes de gaz, ne laisse-t-elle pas la porte ouverte à toutes les hypothèques sur la catalyse par chauffage, pression, électrification.

Les théories modernes sur la constitution des atomes nous les représentent comme des petits systèmes planétaires où les astres, qui tournent autour d'un soleil sont remplacés par des particules électriques en nombre variable animées de vitesses très variables. — Pourquoi, dans ces conditions, ces particules ne pourraient-elles pas être gênées dans leurs mouvements par leurs contacts avec les parois atomiques de certains catalyseurs. — Pourquoi les particules électriques constituant les atomes ne verraient-elles pas leurs mouvements modifiés par cette électricité radiée dans des sens donnés, par les parois des pores atomiques moléculaires.

Évidemment, toutes ces conceptions du monde de l'infiniment petit ne sont que des hypothèses ; mais les moyens d'investigation mis à la disposition des chercheurs par la Science ont fait de tels progrès, qu'il ne paraît nullement impossible de les vérifier expérimentalement.

Les méthodes imaginées par Trillat et par Woog pour assurer leurs hypothèses sur des faits expérimentaux en sont la preuve.

Ceux qui ont été mis au point dans certains services scientifiques de répression des fraudes ou de surveillance légale judiciaire, à propos de faux chèques, de faux tableaux, de fausses céramiques, d'écritures surchargées, ont conduit à des précisions si inattendues qu'on est en droit de supposer que les savants sont en mesure de scruter ce qui se passe dans les molécules et dans les pores moléculaires.

Cette position de la question m'amène à de nouvelles hypothèses puisées cette fois dans le grand livre de la Nature. Si nous nous rappelons la vieille expérience de la combinaison du chlore et de l'hydrogène sous l'action nécessaire des rayons solaires nous sommes amenés à supposer que les radiations lumineuses peuvent influencer certaines réactions et certaines catalyses. Cette supposition toute gratuite que je fis en 1924, dans un Congrès de motoculture est devenue une réalité puisqu'elle a fait l'objet de brevets allemands utilisant les radiations lumineuses développées par des métaux plongés dans des flammes, dans l'obtention de carburants de synthèse.

Dans ces conditions, pourquoi les savants ne regarderaient-ils pas ce qui se passe dans le monde végétal où la catalyse règne en maîtresse sous les rayons du soleil et des astres, lumière dont certains végétaux font provision pour devenir phosphorescents pendant la nuit.

Le bois, les feuilles qui forment les végétaux ne sont-ils pas des catalyseurs par excellence. — Et ne sont-ils pas essentiellement constitués par des assemblages cellulaires de substances mères identiques, mais de formes rigoureusement déterminées quoique infiniment variées suivant la race et la famille des plantes. — Ce n'est pas en cherchant d'une façon plus ou moins méthodique les résultats catalytiques que l'on peut obtenir avec des substances du règne minéral choisies un peu au hasard que l'on arrivera à faire de la catalyse un outil maniable et dirigeable.

C'est seulement en pénétrant le mystère de l'action des pores atomiques ou moléculaires qu'on saura quelque chose sur le mécanisme de la catalyse et sur les moyens de modifier ce mécanisme pour s'en servir dans une direction donnée.

La plante merveilleusement organisée peut et doit servir d'Ecole aux amateurs de catalyseurs si l'on en excepte les réactions mutuelles entre liquides et gaz qui doivent rester dans le domaine propre de la chimie.

Et pour appuyer mon hypothèse, je citerai le cas en effet très impressionnant des résultats que l'on peut obtenir avec la greffe végétale.

Comment imaginer, qu'un cognassier sur lequel on aura greffé des rameaux de pommier, de poirier et même d'arbres à noyaux puisse donner à la fois ces diverses qualités de feuilles, de fleurs, de fruits si la greffe a été bien faite et réussie.

Le sujet greffé, qui puise les substances que contient la terre, au moyen des racines, distribue également la même sève aux rameaux qu'il supporte. — Ces rameaux sont placés dans la même atmosphère gazeuse, soumis aux mêmes influences atmosphériques lumineuses, électriques, magnétiques. Alors, pourquoi en résulte-t-il des fruits différents ? Cela ne peut être un mystère, la nature n'est pas faite de mystères mais de réalités et de réalités simples.

Si les fruits sont différents, il faut chercher dans la chaîne des opérations successives qui conduisent du sol au fruit les facteurs qui peuvent les faire différer.

Or, le premier chaînon qui diffère, en allant dans le sens racine-fruit, est le bois qui constitue le rameau sur lequel croîtront des feuilles garnies de ce catalyseur qu'est la chlorophyle, substance définie.

Or, il est de toute évidence que les bois, les tissus cellulosiques qui constituent les diverses branches de pommier, de poirier, de cerisier, greffées sont de structures différentes.

Et s'il en est ainsi, cela ne peut être que cette seule différence de constitution cellulaire et moléculaire qui puisse agir initialement et se poursuivre dans la constitution des feuilles, des fleurs et finalement des fruits.

Je me demande si les méthodes d'investigations scientifiques auxquelles j'ai fait allusion précédemment ne peuvent pas s'appliquer à l'inspection du mécanisme des infiniment petits dans les plantes.

Pourquoi ne relèverait-on pas grâce au cinéma microscopique ce qui se passe dans les tiges comme on l'a fait pour les micro-organismes. Pourquoi n'userait-on pas de ces rayons X, de ces méthodes électriques, chimiques, non pour percer le mystère de la plante, il n'y a pas de mystère dans la nature, mais pour voir et mesurer ce que fait la matière végétale quand elle catalyse la sève dans l'atmosphère terrestre.

C'est avec cette conviction que le bois dans sa structure intime peut jouer le rôle de catalyseur, voire même de support pour substances catalytiques, que j'avais pensé entreprendre des essais où j'aurais précisément fait agir le bois, seul ou imprégné de matériaux à réputation catalysante sur certaines substances comme les huiles minérales, lourdes, les résidus, en faisant intervenir si possible des atmosphères gazeuses et des pressions et des températures croissantes.

Les circonstances ne m'ont pas permis de trouver le temps nécessaire pour procéder à ces essais, mais d'autres peuvent s'engager dans cette voie que je livre au domaine public.

Ce que je puis dire, c'est que les quelques essais, fort incomplets auxquels j'ai procédé, m'ont démontré qu'il pouvait fort bien y avoir quelque chose de vrai dans les hypothèses que je m'étais proposé de vérifier pour le Congrès.

Récemment, au cours d'un voyage que je fis en Europe centrale, j'ai surpris que la qualité d'une bière à réputation mondiale provenait, peut-être, de ce que la germination de l'orge qui sert à la confection du malt se faisait après humidification avec une eau chargée abondamment de sels ferreux. Et les faibles connaissances que je possède en matière agricole m'ont conduit en effet à constater que les matières minérales utilisées incidemment comme engrais étaient souvent les mêmes que celles qu'on utilise dans l'industrie chimique.

— C'est parce que toutes ses vues de prospection sur la catalyse et son mécanisme convergent dans le domaine agricole que j'avais pensé pouvoir transformer le titre primitif de ma communication en celui de « propos d'un jardinier sur la Catalyse ». Ce titre aurait pu effrayer certains esprits inquiets ou timorés, je pense maintenant les avoir rassurés.

Je termine en m'excusant encore une fois de n'avoir pu remplir entièrement la promesse que j'avais faite aux organisateurs du Congrès, MM. CANCEL et LEMONNIER, mais j'espère, dans un temps prochain, me faire pardonner.

Avant de quitter la tribune, et à l'appui d'une allusion aux charbons roux faite le matin à l'Hôtel de Ville, par M. MATIGNON, membre de l'Institut, je tiens à signaler la publication récente d'un travail publié par trois chimistes polonais MM. S. WICTOSLAWSKI, R. ROGA, et M. CHORAZY.

Ces chimistes ont démontré expérimentalement que le point d'inflammabilité des charbons dépendait essentiellement de la température à laquelle les bois avaient été carbonisés. Du charbon qui a été carbonisé à 400°, s'enflamme entre 138° et 145°, ce qui le rangerait presque dans les corps pyrophoriques.

De plus, les auteurs polonais ont signalé le fait que des charbons fabriqués à 400°, portés à 800°, deviennent ininflammables.

Il y a là des applications pratiques à tenter dans le domaine où s'est engagé M. Charles Roux, de la production de charbons composites très réactifs. Mais ce fait ne démontre-t-il pas également que le charbon fabriqué à cette température était plus près du bois que celui carbonisé à 800°, qui ne s'enflamme plus qu'à 350°, il est plus sensible à l'opération de la catalyse ou de l'oxydation qui n'est qu'une forme de catalyse. — Et il a rapproché ce fait de celui qu'il avait signalé tout au début à propos des lignites plus facilement hydrogénables que les houilles et que les anthracites.

Il a même ajouté que l'action de la température de carbonisation sur les tourbes devrait faire l'objet d'études analogues à celles entreprises par les chimistes polonais sur le bois.

DISCUSSION

M. le Président. — *Je remercie beaucoup M. Guiselin, pour les idées originales qu'il vient d'émettre dans sa communication.*

M. Guiselin, vous avez parlé, tout à l'heure, de la grande usine de Leuna que j'ai visitée l'an dernier ; c'est une usine qui couvre une superficie de près d'un kilomètre carré. Toute la fabrication est basée, sur l'existence dans le voisinage de gisements de lignite dont l'extraction est extrêmement économique. De plus ces lignites à 50 0/0 d'eau, soumis à la distillation à basse température après dessiccation fournissent une huile particulièrement intéressante et qui paraît caractéristique de ces lignites de la Saxe.

J'ai l'impression néanmoins que cette usine qui produit maintenant 100.000 tonnes de produits liquides est surtout une usine de défense nationale.

Les Allemands ont souffert pendant la guerre du manque de carburant et de lubrifiant et ils se sont certainement préoccupés de ne pas se retrouver, le cas échéant, dans une situation semblable.

Le procédé d'hydrogénation sous pression, avec emploi de catalyseur est appliqué aux huiles lourdes de goudron, primaire ou secondaire, de goudron de lignites de pétroles ainsi qu'a la transformation même du lignite.

En ce qui concerne la catalyse, nous pourrions consacrer toute une journée à la discussion de ce phénomène, aussi vaut-il mieux ne pas l'aborder ici, étant donné le peu de temps dont nous disposons.

Vous nous avez parlé des travaux fort intéressants de M. Swietoslawski, j'ai visité récemment à Varsovie, l'Institut du Professeur Moscoski, où ces recherches ont été effectuées. M. Swietowslasky me disait qu'il avait établi des relations fort nettes entre la température d'inflammation d'un charbon et ses divers états antérieurs ; avec un coke, par exemple, on peut retrouver la température de cokéfaction.

Je vous remercie donc d'avoir appelé l'attention du Congrès sur les travaux de ce savant et de ses collaborateurs.

M. Girard. — *Au sujet de la catalyse, je suis bien de l'avis de M. Guiselin. Il nous a parlé de la catalyse du charbon. Je ne crois pas que le carbone par lui-même soit un catalyseur.*

M. Matignon. — *C'est au contraire, un catalyseur qui a des fonctions catalysatrices variées, c'est un catalyseur à fonctions multiples, mais à activité généralement assez faible.*

M. Girard. — *Il passe pour être un catalyseur incomplet.*

M. Charles Roux. — *Je me permets d'intervenir au sujet de ce qu'on vient d'affirmer avec énergie. J'ai expérimenté moi-même, à maintes reprises, le charbon comme catalyseur et je crois être d'accord avec M. Dupont à ce point de vue-là, car il a lui aussi employé le charbon de bois comme catalyseur dans ses essais de distillation des goudrons.*

Les produits que j'ai obtenus dans la distillation, en me servant du charbon de tourbe, ont été complètement différents de ceux obtenus sans intervention du charbon, ce qui prouve bien que le charbon est un catalyseur. Je vous donne un fait précis : quand nous distillons en présence de granules de charbon de tourbe, le produit sortant des appareils de distillation est absolument différent.

M. le Président. — *Les propriétés catalytiques du charbon sont en relation avec les propriétés absorbantes*

M. Girard. — *Il s'agit du carbone qui ne contient aucune trace de matière étrangère.*

M. le Président. — *J'ai fait des expériences avec un charbon préparé aussi pur que possible, bien que ce soit un problème des plus difficiles que celui de faire du charbon pur.*

Je l'ai traité par l'acide chlorhydrique, pour détruire tous les oxydes solubles dans cet acide, et ensuite, dans un courant de chlore à haute température, parce que nous tombons dans la réaction d'OErsted, d'après laquelle tous les oxydes inattaquables par l'acide chlorhydrique en présence du charbon et du chlore, sont transformés en chlorures volatils. J'ai donc fait du charbon aussi pur que possible et j'ai constaté toujours des propriétés catalytiques.

M. Dupont. — *Au sujet des réalisations pratiques de M. Guiselin, je dirai qu'à l'Institut du Pin, nous avons déjà fait quelques essais un peu dans ce sens.*

A propos des charbons roux dont M. le Président a parlé hier, je signale que, dans l'emploi de ces charbons dans notre gazogène, déjà les produits de la distillation du bois subissent une catalyse très nette par leur passage au rouge. Nous avons essayé, comme réalisation pratique, pour fabriquer des charbons roux, de plonger le bois coupé en copeaux à la température de 275°, dans un liquide non volatil, en principe, dans le mazout. Nous avons là une distillation du bois dans le mazout et un entraînement partiel de ce mazout par les produits volatils, mais qui peuvent être condensés. Le charbon roux ainsi obtenu retient une certaine quantité, de l'ordre de 5 à 10 0/0. de mazout, et le mazout intervient dans le gazogène même. Ainsi, nous avons en même temps une utilisation du mazout dans le moteur.

C'est une réalisation des plus intéressantes des idées de M. GUISELIN. *Actuellement, je n'ai pas les moyens de la réaliser industriellement ; je l'ai seulement expérimentée au laboratoire ; mais c'est une idée très intéressante à utiliser dans la pratique.*

M. GUISELIN. — *Vous avez dû remarquer que ce bois a une cohésion plus forte, plus dure. Le charbon obtenu de cette façon n'a plus ce défaut qu'on lui reproche d'être friable. Il est beaucoup plus solide.*

M. DUPONT. — *Mon charbon roux ainsi traité à une température un peu inférieure à la température hydrothermique, je conserve dans le bois tous les éléments autres que l'eau, et la grande partie du gaz carbonique est chassée pendant la première partie de la distillation.*

M. LE PRÉSIDENT. — *Je donne la parole à* M. DUPONT, *Directeur de l'Institut du Pin.*

Les Emplois des Goudrons de Bois

Rapport de M. DUPONT

Professeur à la Facu'té des Sciences de Bordeaux,

Directeur de l'Institut du Pin.

GÉNÉRALITÉS

Le goudron de bois est, jusqu'à ce jour, au moins en ce qui concerne les bois durs, le parent pauvre parmi les produits de distillation. La menace que font peser sur les autres dérivés : acide acétique et méthylène, les produits de synthèse, incite à chercher dans une utilisation plus rationnelle des goudrons de bois une compensation au moins partielle, à la réduction de revenu prévue de ce fait. Quels résultats ont été obtenus dans cette voie, et que pouvons-nous en attendre qui soit susceptible d'améliorer la position menacée de cette assez grosse industrie qui est, en France la distillation du bois ? C'est ce que je vais m'efforcer de montrer en m'excusant d'avance de ce que mon exposé pourra avoir de superficiel et d'incomplet.

Au point de vue de la fabrication, nous devons distinguer deux sortes de goudrons, les goudrons de décantation, qui se séparent par décantation des jus pyroligneux condensés, et les goudrons de vinaigre, qui s'extraient des pyroligneux bruts par redistillation de ceux-ci. Quelquefois, souvent même, ces deux catégories de goudrons sont mélangées par le producteur, mais leurs différences de composition et de propriétés ne rendent légitime ce mélange que lorsque le goudron est regardé comme un sous-produit de très faible valeur. Pour l'étude des applications, nous les distinguerons.

A. — GOUDRONS DE DÉCANTATION

Au point de vue des applications, les goudrons de décantation se distinguent naturellement en deux catégories :

1° les goudrons de bois résineux;

2° les goudrons de bois durs.

I. — **Goudrons de bois résineux**

Pour les bois résineux, le goudron est souvent le produit principal de l'opération de distillation, parce que, en premier lieu, ce goudron est généralement beaucoup plus abondant que dans les bois durs et a des applications beaucoup plus rémunératrices, et en second lieu, le rendement en méthylène et acide pyroligneux est, avec les bois résineux, généralement faible, trop faible souvent pour que le traitement des jus pyroligneux soit rémunérateur.

Les applications et la valeur des goudrons de bois résineux varient avec la nature du bois qui les a fournis. Nous les distinguerons eux-mêmes en deux classes :

    a) goudrons et huiles de pin;

    b) goudrons pharmaceutiques.

a) **Goudrons et huiles de pin.** — Le bois de pin est le bois résineux par excellence. Il contient en effet des proportions souvent très élevées de résine, c'est-à-dire, de colophane et d'essence de térébenthine (quelquefois, d'ailleurs, transformées par l'oxydation ou le vieillissement). L'essence de térébenthine se retrouvera intégralement dans les goudrons produits par la distillation, quant à la colophane, elle se transformera par distillation en huile de résine (avec un rendement de 80 % environ) qui se retrouvera également dans les goudrons.

Ce sont ces produits, essence et huile de résine, qui constitueront généralement la majeure partie des goudrons de pin.

Or, la proportion de résine dans le bois de pin varie énormément avec son origine et la partie de l'arbre considérée. Voici des teneurs (rapportées au bois sec) observées par nous dans le pin maritime, et qui peuvent être considérées comme normales :

PARTIES ÉTUDIÉES DU PIN MARITIME	% PAR RAPPORT AU BOIS SUPPOSÉ SEC	
	Essence	Extrait à l'éther (résines et cires)
Rameaux et bourgeons (verts)	0,20	5
Branches (vertes)	0,10	3,5
Étages de nœuds (verts)	0,20	5,1
Troncs non gemmés (moy. de 50 échantillons, verts)	0,03 à 0,28	0,65 à 17,07 (moy. 2,08)
Troncs gemmés (moy. de 50 échantillons, verts)..	0,11 à 9,5	1,73 à 32,3 (moy. 7,13)
Souche (cœur) 30 ans, non gemmée (moy,)	0,20	10
Souche (cœur) 30 ans, gemmée	0,20	11
Souche (cœur) 60 ans (6 ans après l'abatage)	10,5	28,8
Souche (cœur, 18 ans après l'abatage)	11	38.3
Souches atteintes de « résinose »	30,4	83,10

Rappelons que les souches de vieux pins, après l'abatage de l'arbre, « s'engraissent » progressivement dans le sol; telles sont les souches signalées ci-dessus qui, après 6 ans de coupe contiennent 29 % de produits résineux, et après 18 ans, 38 %.

Enfin, les vieilles souches de pin maritime subissent parfois dans le sol, sous l'action probable d'un champignon dont nous n'avons pu encore préciser l'espèce, une évolution particulièrement remarquable, que nous avons désignée sous le nom de « résinose », qui gagne progressivement du centre de la racine à la périphérie restée saine, et transforme presque intégralement le bois en résine : tel est l'échantillon signalé ci-dessus qui contient 83 % de produits résineux. On comprend combien une telle matière première peut devenir précieuse pour la distillation.

Si l'on rappelle que dans la distillation du bois, la totalité de l'essence et 80 % de la colophane (sous forme d'huile de résine), se retrouvent dans le goudron, tandis que le bois lui-même n'apporte que 4 à 6 % de son poids d'un goudron noir, chargé en phénols, on conçoit combien le rendement en goudron et la qualité de celui-ci varieront avec la qualité du bois utilisé.

100 kilos de bois (calculé sec) atteint de résinose, à 83 % de résine, donneront 73 kilos de goudron brut constitué presque exclusivement d'essence de pin et d'huile de résine;

100 kilos de bois (calculé sec) à 30 % de résine, donneront 30 kilos de goudron brut contenant 25 kilos d'essence et d'huile de résine, contre 5 kilos seulement (soit 20 %), de goudron de bois proprement dit.

100 kilos de bois, à 5 % de résine, donneront seulement 10 kilos de goudron contenant 6 kilos de goudron de bois proprement dit, soit 60 %.

Le premier de ces goudrons est encore une rareté. S'il était possible de cultiver sur les souches de pin, cette pourriture particulière qui donne naissance à la résinose, il pourrait avoir un gros intérêt, mais c'est là un problème qui n'est encore qu'à l'étude.

Le deuxième de ces goudrons (qui correspond à la qualité suédoise), sera, s'il est bien fait, fluide, clair, riche en essence, d'odeur agréable; le troisième sera épais, noir, riche en créosote.

On comprend que, malgré les soins apportés à la fabrication, la qualité du troisième goudron ne sera jamais comparable à celle du second.

Signalons, d'autre part, que les goudrons bruts donnés par la distillation du bois de pin, ne sont pas, en général, utilisables tels quels : ils sont hydratés, acides et trop fluides. Ils doivent subir une déshydratation — 100-110°, et au besoin un léger entraînement par la vapeur d'eau. Ce traitement, en même temps qu'il désacidifie le goudron, entraîne les huiles légères contenues et lui donne la viscosité désirable.

Les goudrons bruts sont, de ce fait, séparés en deux produits : d'une part, les essences et les huiles, d'autre part, le goudron marchand. La proportion des deux produits varie avec la teneur en essence du bois et avec la fluidité désirée pour le goudron final

Essences et huiles de pin. — Les essences de goudron de pin jouent un certain rôle sur le marché des solvants comme succédanés des essences de térébenthine. Une grosse partie des essences de bois, connues sous les noms d'essence suédoise, ou d'essence des pays du nord, l'essence américaine, appelée « destructive distillation wood turpentine », ont cette origine.

Les essences brutes fournies par la déshydratation des goudrons doivent subir une purification pour devenir marchandes. Cette purification comporte, signalons-le :

a) *Une rectification* destinée à éliminer les produits de tête (qui donnent une mauvaise odeur à l'essence) et les produits de queue qui la colorent, réduisent sa volatilité et accroissent sa densité.

b) *Une épuration chimique.* — Cette épuration comporte généralement un premier traitement; par une petite quantité d'acide sulfurique à 66° Bé (qui polymérise les produits non saturés, malodorants), puis un deuxième traitement par la soude (qui enlève les phénols); enfin une nouvelle rectification. Parfois, une simple distillation sur 10 % d'acide phosphorique, suffira comme traitement chimique.

On obtient généralement un liquide incolore, d'odeur douce caractéristique. Suivant sa qualité et la façon dont il a été purifié, il sera désigné sous le nom *d'essence de pin ou d'essence de bois* (1). Ces produits, l'essence de pin surtout, sont un succédané excellent de l'essence de térébenthine, et pourront lui être substitués pour divers usages, en particulier les encaustiques, les peintures et les vernis.

Le prix de l'essence de pin est normalement de 1 franc environ au-dessous du prix de l'essence vraie.

Signalons un usage particulièrement intéressant des essences de bois, qui n'exigera d'ailleurs pas des essences parfaitement épurées. C'est l'emploi comme *huile de flottation.* Pour la purification, par cette méthode, du graphite par exemple, les essences de pin conviennent particulièrement bien. C'est là un débouché qui peut être fort intéressant pour ces produits et peut-être aussi pour des essences de bois durs bien rectifiées.

Quant aux huiles séparées par la rectification (têtes et queues), une partie servira

---

(1) Rappelons que dans la définition de l'essence de térébenthine commercialement pure, donnée par le 4ᵉ Congrès de Chimie Industrielle (1924), il est dit : « ...Pour désigner les corps ne remplissant pas les conditions précédentes (imposées pour l'essence de térébenthine) il ne pourra être fait usage, non seulement de la dénomination « essence de térébenthine » mais encore de cette dénomination accompagnée d'un qualificatif quelconque, ainsi que du terme térébenthine. »

L'essence de pin possède une odeur caractéristique, nettement distincte de l'essence de térébenthine. Elle est composée uniquement de produits terpéniques. Elle se présente sous l'aspect d'un liquide incolore ou légèrement verdâtre ou jaunâtre, très fluide, dont la densité n'est jamais inférieure à 0,860 à la température de 15° centigrades. Elle commence à bouillir, sous la pression de 760 m/m de mercure, à une température supérieure à 150° centigrades et doit fournir à la distillation au moins 85 °/₀ de son poids avant 190° centigrades. Elle ne saurait contenir, même à l'état de traces, aucun produit tiré de toute autre source que le bois ou la résine des conifères. Seront désignés sous le nom d'*essence de bois* les produits obtenus par la distillation du bois de divers conifères ne présentant pas les caractères des produits décrits ci-dessus et fournissant à la distillation au moins 80 °/₀ de leur poids entre 80° et 200° centigrades, et sous le nom d'*huile de pin* ceux fournissant à la distillation au moins 80°/₀ de leur poids et 230° centigrades.

à diluer les goudrons parfois trop épais, obtenus par la déshydratation; une autre, sous le nom *d'huile de pin*, sera utilisée comme solvant pour la confection des peintures ou d'enduits à bon marché. Pour cet usage, souvent, on déphénolera les huiles comme il sera dit plus loin pour les huiles de bois durs.

Goudrons de pin. — Le goudron de pin, le plus réputé, est sans contredit le goudron de Suède, qualité dite Uméa. Il est extrait de vieilles souches grasses de pins sylvestres, ayant séjourné très longtemps dans le sol après l'abatage et contenant couramment 30 à 40 % de produits résineux. En Amérique, les fabricants de goudrons utilisent également, sous le nom de « ligth-wood », de vieilles souches de pinus Palustris (longleaf-pine) titrant au maximum 20 % de produits résineux.

Un bon goudron d'Uméa doit être, autant que possible, clair, amorphe, non granuleux; il doit filer entre les doigts et donner, sur le papier collé, une tache d'un beau jaune d'or ne traversant pas le papier (non huileuse).

En Amérique, les spécifications suivantes ont été proposées. — Un bon goudron doit avoir une densité de 1,1 à 60° F; il ne doit pas contenir plus de 20 % d'huile de densité 0,95 et pas moins de 67 % d'huile lourde de densité 1,05. Il ne doit pas contenir d'eau.

En France, certains cahiers des charges demandent au goudron de pin (genre Uméa) de n'être pas acide et d'être entièrement soluble dans la benzine.

En France, on ne peut espérer obtenir des goudrons de même classe que les goudrons suédois qu'en utilisant des matières premières aussi riches en résine. L'oubli de cette règle élémentaire a été la cause de grosses désillusions pour certains industriels insuffisamment avertis, car les bois gras sont presque une rareté en France et ne peuvent guère entretenir que de petites installations comme celles des vieux « hournots » landais.

La distillation des déchets tout venant de scierie ou des souches fraîches de pin ne donnera qu'un goudron beaucoup plus noir que le goudron de Norvège et incomplètement soluble dans le benzène. Un tel goudron sera intermédiaire entre les goudrons scandinaves et les goudrons de bois durs.

Il est d'ailleurs entendu qu'une usine française qui (comme c'est le cas pour une d'elles) pourrait être ravitaillée en souches grasses obtiendrait des goudrons équivalents aux goudrons suédois.

L'usage principal des goudrons scandinaves est l'emploi en corderie : pour l'imprégnation des câbles de marine et des filets de pêche, qui se trouvent ainsi protégés contre la pourriture. Une application du même ordre est l'emploi pour l'enduisage des bâches. Le prix des goudrons de Norvège est voisin de 200 francs les 100 kilos.

Les usages des goudrons plus foncés provenant de bois moins résineux sont moins rémunérateurs. Tels quels, il servent pour le calfatage des bateaux, pour l'enduisage ou l'imprégnation des bois; additionnés de résines foncées ou de brais de houille, et parfois d'autres corps, ils constituent des produits plastiques à usages variés : la glu marine, le brai gras végétal, les poix pour brasserie, etc. Ils entrent encore dans la confection de vernis et de peintures noirs, de factices de caoutchouc, d'isolants électriques, de désinfectants, etc.

Les qualités inférieures, enfin, trouvent leur utilisation pour le goudronnage des routes, **usage pour lequel elles équivalent largement au goudron de houille.**

Le goudron de pin soumis à un entraînement prolongé à la vapeur d'eau (sans dépasser 200°) laisse un résidu de brai (40 % de brai et 60 % d'huiles) susceptibles d'applications intéressantes dans la fabrication de peintures ou vernis noirs, d'encre d'imprimerie, etc. Après un traitement spécial, ces mêmes brais servent à l'agglomération du charbon de bois pour la confection de ce produit, si intéressant pour les gazogènes, qu'est la « Carbonite ».

Le prix des goudrons de pin d'origine Française varie, suivant la qualité, entre celui des goudrons Uméa et celui des goudrons de houille.

En résumé donc, des goudrons de pin on retirera des produits de valeur : l'essence de pin et l'huile de pin d'une part, le goudron de pin d'autre part. Mais insistons à nouveau sur ce point, que le rendement, la qualité, et par suite la valeur de ces produits dépendent essentiellement et largement de la qualité du bois employé. Les usages rémunérateurs ne seront obtenus qu'à partir des bois *très* résineux.

b) **Goudrons pharmaceutiques.** — Tous les bois résineux, autres que le pin, peuvent donner par distillation des goudrons intéressants quand ils sont suffisamment riches en résine. Certains de ces goudrons ont des applications pharmaceutiques importantes. Ce sont, en particulier, l'huile de cade et le goudron de cèdre.

L'huile de cade est définie par le Codex, « le goudron liquide retiré du bois de Juniperus Oxycedrus, soit par la distillation, soit par combustion incomplète ». Elle est récoltée par décantation. Les rendements par distillation sèche sont, d'après Massy :

5,05 % du bois pour les branches;

8,77 %   —   —   le tronc.

On connaît les usages médicinaux et vétérinaires de ce produit.

Le goudron de cèdre, tiré du cédrus Atlantica, jouit d'une grande faveur auprès des indigènes du Maroc, à cause de ses propriétés antiseptiques. Ce goudron, sous le nom de « gatrane er rekik » (goudron fluide), est un peu, au Maroc, un remède à tous les maux. Ses propriétés sont très voisines de celles de l'huile de cade, et ceci tient à la grande analogie de composition des deux goudrons : le Juniperus, comme le cèdre, contient des sesquiterpènes très voisins; ce sont ces sesquiterpènes qui sont les constituants dominants des goudrons et leur donnent leurs propriétés.

Le rendement en goudron du bois de cèdre varie de 5 à 10 %, mais les indigènes ne traitent guère, dans les petites meules très primitives qu'ils exploitent, que de très vieilles souches de bois gras dont on peut retirer, par distillation en vase clos, 18,6 % du poids du bois.

La distillation du bois de cèdre et l'utilisation de son goudron paraissent intéressantes pour le Maroc où les grandes forêts du Moyen-Atlas sont peuplées de cèdres gigantesques dont beaucoup sont trop vieux pour fournir du bois d'œuvre, mais sont susceptibles de donner abondamment du charbon pour les gazogènes et pour les besoins domestiques en même temps que les goudrons dont nous venons de voir les propriétés intéresantes.

II. — **Goudrons de bois durs**

Les goudrons de bois durs, séparés, par décantation, du jus pyroligneux ou récoltés dans le dégoudronneur, ont longtemps eu très peu de valeur en sorte qu'ils étaient le plus souvent utilisés comme combustibles dans l'usine de carbonisation. Aujourd'hui, la valeur de ces goudrons s'est nettement élevée grâce au développement de leurs emplois industriels.

Le prix approximatif des goudrons de bois durs déshydratés et désacidifiés, est actuellement voisin de 60 francs les 100 kilos. A ce prix ils peuvent être utilisés, concurremment au mazout, pour le chauffage des chaudières ou des fours de verrerie; mais des emplois plus rémunérateurs, quoique encore limités, peuvent être obtenus après un traitement convenable.

Le goudron brut est déshydraté et désacidifié comme il a été dit pour les goudrons de pin. On prolonge l'entraînement à la vapeur d'eau si l'on désire obtenir des brais gras ou secs. On obtient ainsi deux catégories :

1° des huiles de goudron;

2° du goudron anhydre ou des brais.

Huiles de goudrons de bois durs. — Ce qui caractérise ici les huiles de goudron, c'est leur haute teneur en phénols et polyphénols : les huiles brutes de goudron de hêtre en contiennent 10 à 15 %. Ces huiles brutes doivent, à la présence des phénols, en particulier, une odeur très forte assez désagréable, mais en revanche une assez bonne valeur antiseptique. Telles quelles, ces huiles peuvent être utilisées pour l'enduisage ou l'imprégnation du bois : leur teneur en phénol assurera une conservation du bois à peu près équivalente à celle que peut donner une créosote de houille. Ces huiles peuvent, d'autre part, être aisément émulsifiées (à l'aide de résinate de soude) et leurs solutions être utilisées avantageusement pour détruire les parasites des plantes, tel le puceron lanigère, ou, dans l'art vétérinaire, pour certains des emplois de l'huile de cade. Il y a certainement beaucoup à faire dans cette voie. Mais souvent, les huiles brutes sont déphénolées et rectifiées avant d'être livrées au commerce; elles fournissent ainsi deux gammes de produits :

1° les produits phénoliques (dénommés créosote);

2° les huiles déphénolées qui sont séparées en huiles légères et huiles lourdes.

Rappelons que le déphénolage de l'huile sera obtenu par l'action de la soude à 36° B; le traitement ne portera ordinairement que sur les fractions passant de 180° à 220°, dans lesquelles se trouvent concentrés les produits phénoliques. Nous ne pouvons décrire ici la série d'opérations qui conduit d'abord à l'obtention de la créosote brute puis, par de nouvelles rectifications et des cristallisations, donne finalement :

1° la créosote pure; huile incolore bouillant vers 203°;

2° le gaïacol cristallisé fondant à 28°,5, et bouillant à 205°.

La créosote pure est employée, en médecine, pour combattre la tuberculose et le typhus; elle est employée également dans l'art dentaire pour le traitement des dents cariées. Elle entre dans la composition de nombre de spécialités pharmaceutiques; c'est la créosote de hêtre qui est la plus recherchée.

Le gaïacol, lui, sert pour la synthèse de la vanilline et, en thérapeutique, comme anesthésique local, comme antithermique, et dans le traitement de la tuberculose. Mais le gaïacol tiré des goudrons a, actuellement, un concurrent redoutable dans le gaïacol de synthèse obtenu aujourd'hui en grosse quantité à partir de la benzine.

Les créosotes brutes peuvent comme les phénols de houille, servir à la confection de liquides désinfectants tels que les crésyls, etc.

Quant aux huiles décréosotées, ainsi qu'aux huiles légères et aux huiles lourdes, auxquelles on ne fait pas subir le traitement sodique, elles sont utilisées comme solvants à bon marché.

Les huiles légères ont une odeur particulièrement forte et désagréable qui gêne pour leur emploi. On peut les traiter, comme il a été dit pour les essences de bois résineux, successivement par la soude concentrée, puis l'acide sulfurique ordinaire (3 à 5 %).

Ces huiles légères, convenablement fractionnées, pourraient sans doute être utilisées comme celles de pin pour la flottation.

Goudrons anhydres et brais. — Les goudrons anhydres de bois durs sont beaucoup plus noirs que ceux de pin et en général très imparfaitement solubles dans la benzine. Ils peuvent être utilisés pour le revêtement des bois ou pour le goudronnage des routes. Les brais gras peuvent être utilisés pour la confection de certains vernis ou de masses plastiques. Les brais secs sont, comme ceux du pin, utilisables pour la confection de la carbonite.

B. — GOUDRONS DE VINAIGRE

Dans le jus pyroligneux brut, séparé par décantation des goudrons, une proportion assez forte de produits goudronneux se trouve dissoute. Voici, en pour cent du bois sec, les proportions respectives de goudrons de décantation et de goudrons dissous, d'après Mariller :

	CHÊNE	OLIVIER	ÉRABLE	BOULEAU	HÊTRE
Goudron dissous	5,8	3,6	3,74	5,28	4,89
— insoluble	6,4	7,4	4,30	6,70	4,93
— total	12,2	11	8,04	11,98	9,82

Nous voyons que la proportion de goudrons solubles est (au moins pour les bois durs) presque égale à celle du goudron insoluble. Ces goudrons solubles sont en partie retenus dans le dégoudronneur, quand l'appareil en est muni, mais en majeure partie ils se retrouvent dans le poryligneux décanté. Si celui-ci est redistillé, comme c'est le cas dans l'appareil à 3 chaudières, le goudron soluble reste comme résidu au fonds de la cornue de distillation. Si la tennpérature est portée au-dessus de 150° dans cette cornue, le goudron subit des transformations et des polymérisations qui le rendent partiellement insoluble. C'est cette masse, plus ou moins soluble dans l'eau, qui est désignée sous le nom de goudron de vinaigre.

Jusqu'à ces derniers temps, ce produit n'a eu que très peu de valeur. Souvent on le mélange au goudron de décantation, mais alors celui-ci perd beaucoup de ses qualités : il devient lui-même assez fortement hygroscopique, ce qui gène pour beaucoup d'emplois. Cette pratique est à condamner quand on veut obtenir des goudrons déshydratés de bonne qualité. Aussi beaucoup de carbonisateurs se contentent-ils encore de brûler ces goudrons de vinaigre.

Il semble qu'il y ait, de ce côté, beaucoup mieux à faire. Nous nous sommes récemment attachés à étudier la composition très complexe de ces goudrons solubles. Nous n'avons pu caractériser qu'une demi-douzaine de constituants mais il semble que, dans ces goudrons, à côté de caramels provenant de la décomposition des hydrates de carbone du bois, les constituants dominants soient des hydro-polyphénols.

Un emploi original et qui semble susceptible d'absorber de très grosses quantités de goudron de vinaigre, a été signalé par la Société de Recherches et de Perfectionnements Industriels, après une longue étude à laquelle ont collaboré, pour les essais pratiques, de gros organismes, tels qu'une compagnie de Chemin de fer, la Ville de Paris, etc. Cet emploi a en vue la conservation des bois. Il est basé sur les propriétés suivantes des goudrons solubles, ou mieux, de certaines fractions de ceux-ci :

1° ces produits sont susceptibles de fixer, dans des conditions convenables, de l'arsenic, pour donner des dérivés solubles doués d'une très grande puissance antiseptique;

2° les solutions de ces « créosotes activées » sont douées d'une tension capillaire telle qu'elles pénètrent le bois beaucoup mieux que les huiles de créosote, l'eau pure ou les solutions salines généralement utilisées;

3° La créosote activée, ainsi injectée dans le bois, se fixe sur la fibre par l'effet probable de l'oxydation et s'y insolubilise au bout de peu de temps. Les fibres du bois se trouvent ainsi couvertes d'une véritable teinture arséniale qui les met à l'abri de l'attaque par les champignons et les insectes; la résistance aux délavages de cette protection est incomparablement plus grande que celle obtenue avec la créosote de houille.

Les essais faits depuis deux ans, par cette méthode, donnent le plus grand espoir en sa grande valeur industrielle. Les essais en cours sur l'échelle industrielle demanderont évidemment un temps plus long, mais on est en droit d'avoir la plus grande confiance dans leurs résultats.

Signalons que, pour l'application de cette méthode, non seulement on peut utiliser les goudrons solubles provenant de l'appareil à 3 chaudières, mais encore les jus pyroligneux bruts concentrés que l'on peut receuillir par une condensation seulement partielle des produtis de distillation : ce fait est susceptible d'offrir une technique nouvelle aux usines de distillation qui se montent, ainsi qu'aux usines fixes ou semi-fixes installées en forêt : elles peuvent entrevoir, dans une récolte partielle des goudrons et des pyroligneux concentrés, un moyen intéressant d'améliorer leur bilan, sans adjoindre la coûteuse installation aléatoirement rémunératrice, réclamée par la récolte et le traitement méthodique des produits volatils.

RÉSUMÉ ET CONCLUSION

Dans ce qui précède, votre rapporteur s'est efforcé de vous montrer, Messieurs, ce que l'on peut attendre de l'emploi méthodique des goudrons et des huiles fournies par la distillation du bois. Sans doute, cette question intéresse surtout les bois résineux. Pour cette catégorie de bois, c'est le goudron qui est le produit important de la carbonisation et il semble que le traitement des pyroligneux ne soit que difficilement rémunérateur. Il faudra donc essentiellement chercher ici à obtenir le maximum de goudron de la meilleure qualité et, pour cela, sélectionner sévèrement les bois et choisir un procédé convenable de distillation.

Pour les bois durs, le problème est tout autre. Malgré les menaces que les produits synthétiques font planer sur l'économie du traitement des jus pyroligneux, les goudrons ne sont encore qu'un produit d'assez peu d'importance. Cette importance cependant s'affirme, puisque dès aujourd'hui ces goudrons trouvent sur le marché des débouchés intéressants. Nous avons montré, enfin, qu'il y avait un ferme espoir de voir devenir à son tour, produit industriel intéressant, ce sousproduit quelque peu dédaigné jusqu'à ce jour qu'est le goudron de vinaigre. Puissent ces améliorations dans les usages de ses produits, contribuer à maintenir florissante cette industrie de la distillation du bois qui tient une place importante dans l'économie nationale.

DISCUSSION

M. Guiselin. — *La « résinose » est-elle une maladie transmissible ?*

M. Dupont. — *Cette résinose semble être due à une pourriture particulière. Quel est le champignon ou le microorganisme qui peut produire cette transformation ? Jusqu'à présent, on n'a pas pu réussir à ensemencer ce champignon. Je suis allé dernièrement encore, avec un mycologue, sur place ; il est résolu à étudier ce problème très intéressant.*

M. Guiselin. — *Ce n'est pas une transformation de la résine ?*

M. Dupont. — *La résinose semble très nettement être une transformation de la cellulose. La cellulose disparaît complètement de la partie atteinte et il* reste, autour de la masse plastique résineuse, une gaine de bois sain. C'est une transformation du même ordre que celle qui se produit quand on blesse un pin. La résine se produit dans les tissus jeunes où se forment les cellules résino- gènes ; plus on blesse l'arbre, plus se développent ces tissus résinogènes qui produisent la résine au dépens des matières normalement contenues dans la sève élaborée. C'est cette transformation que, nous chimistes, nous sommes absolu- ment incapables de reproduire. Il est fort probable que la formation de résine constatée dans la résinose n'est pas due au champignon lui-même, mais à une diastase particulière (résinase), secrétée par les cellules elles-mêmes, sous l'excita- tion due au champignon, comme elle est secrétée par les cellules résinogènes sous l'excitation due à la plaie.

M. Journoud, Directeur de la Société Chimique de Gerland, à Lyon. — Je voudrais demander à M. Dupont si, à sa connaissance, des essais de goudron- nage de routes avec du goudron végétal ont déjà été faits et si ces essais ont donné de bons résultats ?

M. Dupont. — Des essais ont été faits sur deux ou trois kilomètres de routes avec des goudrons de pin de qualités inférieures, non mélangés. Ces gou- drons ont donné des résultats au moins équivalents aux goudrons de houille. Ils ont été employés en surface, comme les goudrons de houille.

M. Journoud. — Vous n'ignorez pas les critiques qui ont été faites à ce sujet, à cause de la teneur considérable de ces goudrons en phénol et des dangers que ce phénol peut faire courir à la végétation, ainsi qu'à la pisciculture quand, entraîné par les eaux de pluie, il parvient dans les rivières.

M. Dupont. — Je dirai quelques mots au sujet des essais que j'ai faits avec divers herbicides et des résultats auxquels je suis arrivé. Le chlorate de soude est le plus employé comme herbicide. Mais j'ai vérifié que les phénates de soude ont une activité comparable.

J'ai essayé les phénols de bois, les créosotes de bois. Il faut dix fois plus de créosote de bois que de phénol de houille pour obtenir le même résultat.

Donc, les goudrons de bois seraient à ce point de vue supérieurs aux gou- drons de houille.

Il y a donc intérêt à multiplier le goudronnage des routes avec les goudrons de bois, surtout dans certains pays comme l'Algérie qui ne produisent pas de goudrons de houille et qui montent actuellement des usines de distillation du bois ; le goudron de houille revient plus cher dans ces pays qu'en France, parce qu'il vient de loin, d'Angleterre, par exemple.

M. Journoud. — Nous avons eu de nombreuses critiques de la part des agriculteurs. Les phénols des goudrons de bois sont moins toxiques que les autres, mais ils le sont quand même.

M Dupont — Tous les phénols sont toxiques, surtout le phénol ordinaire.

M. Guiselin. — *Je voudrais demander si les herbicides agissent sur les mousses. Ils ont été préconisés par certains architectes pour détruire les moisissures qui se produisent sur les murs ou les tuiles des maisons et on m'avait signalé comme herbicide l'acide sulfurique.*

M. Dupont. — *Le chlorate de soude serait un herbicide extrêmement précieux ; seulement il présente un danger : si on en imprègne le bois et qu'on jette sur celui-ci une allumette non éteinte complètement, le bois flambe rapidement.*

M. le Président. — *Voici le vœu présenté par M. Journoud :*

Le Congrès, considérant qu'il importe de tenir compte des critiques qu'a soulevées l'emploi du goudron brut dans les usages voyers, en raison des dangers que certaines émanations pourraient faire courir aux cultures, exprime le vœu que les goudrons végétaux ne soient introduits dans ces usages qu'après une étude très complète permettant de fixer leurs spécifications, en particulier leur teneur en eau et leur teneur en phénol. (Ce vœu est adopté.)

(La séance est levée à 11 h. 45.)

Derniers Progrès accomplis

dans la Construction des Gazogènes de camions

Rapport de M. AUCLAIR

Correspondant de l'Institut, Président du Comité de Mécanique

à l'Office des Recherches et des Inventions.

Le fait le plus caractéristique de l'évolution des gazogènes de camions est que les types de ces appareils, tout d'abord très différenciés d'un constructeur à un autre, tendent à s'unifier. C'est un indice qu'ils entrent dans le stade ultime de perfectionnement compatible avec les conceptions actuelles sur leur utilisation, c'est-à-dire avec l'emploi comme combustible du charbon de bois.

On devrait donc normalement constater une large diffusion de ce mode de propulsion des camions, d'autant plus que pour des motifs de haute prévoyance les Pouvoirs publics n'ont pas hésité à en encourager l'emploi par l'attribution de primes importantes et l'octroi d'exemptions d'impôts. Or, les statistiques du Département des Finances font connaître que le nombre des camions pour lesquels une demande de détaxe a été présentée est de 1.000 environ. Le Ministère de la Guerre, d'autre part, utilise dans ses services près de 500 camions équipés de gazogènes. Il y a donc à peu près 1.500 de ces véhicules dans notre pays.

Cela est certes un beau résultat technique, car si 1.500 appareils sont au travail tous les jours c'est qu'ils fonctionnent correctement. Mais il n'y a pas là le large succès que d'aucuns avaient espéré et annoncé et, dès lors il convient de rechercher si, à côté des défauts que l'on relevait ou plus exactement que l'on objectait au début et que les perfectionnements actuellement acquis ont fait disparaître, il ne subsiste pas certaines causes d'infériorité plus cachées et qui éloignent l'exploitant du camion à gazogène. Nous verrons qu'au moins en ce qui concerne le gazogène lui-même il n'en est rien.

LES DIFFICULTÉS PRATIQUES

On a objecté aux camions à gazogène la lenteur de la mise en feu et de l'entrée en action, la paresse des reprises, l'entretien malaisé et malpropre.

La dernière de ces objections seule avait peut-être dans le début quelque fondement. Il faut avouer qu'avec certains appareils, l'entretien journalier requérait l'ouverture et la vidange de bien des épurateurs et que le lavage à grande eau des épurateurs par voie humide laissait sur le sol des traces déplaisantes. Mais c'est de l'histoire ancienne et dans l'exemple qui servira plus loin à expliquer l'évolution du gazogène de camion vers son type actuel on pourra suivre année par année la réduction des opérations d'entretien.

Quant aux deux premières objections, les constatations précises des concours de 1922 à 1927 en ont fait justice. Voici par exemple les durées moyennes de mise en route des camions munis de divers équipements telles qu'elles résultent de ces opérations d'essais : elles sont comptées de la mise de feu au gazogène à l'instant où le camion peut sortir du parc par ses propres moyens.

NATURE DU GAZOGÈNE, COMBUSTIBLE ET PROCÉDÉ D'ALLUMAGE	DURÉE de MISE EN ROUTE
Gazogène à charbon de bois à combustion ascendante. Allumage par aspiration du moteur fonctionnant à l'essence	6 m.
Gazogène à bois à combustion renversée. Allumage par aspiration par ventilateur à main	6 m. 15 s.
Gazogène à charbon de bois à combustion renversée. Allumage par aspiration par ventilateur à main	6 m. 40 s.
Gazogène à charbon de bois à combustion ascendante. Allumage par soufflage par ventilateur à main	9 m. 20 s.
Gazogène à agglomérés de charbon de bois à combustion renversée. Allumage par aspiration par ventilateur à main	9 m. 40 s.

Ces durées ne sont pas beaucoup plus longues que celle de la mise en marche d'un camion à essence.

Le camion à gazogène tolère des arrêts de quelque durée pourvu que l'on accepte à la remise en route un soufflage de 2 à 3 minutes. Par ailleurs la souplesse est suffisante et les reprises assez rapides pourvu que l'on apporte quelque soin au réglage de la carburation (proportion d'air et de gaz). Il m'est arrivé dans des concours de dépasser en côte des véhicules à essence, grâce précisément à la netteté des reprises.

Bref, l'entretien et la conduite d'un camion à gazogène ne sont aujourd'hui guère plus difficiles que ceux d'un camion à essence.

LA PERTE DE PUISSANCE

Il convient de n'en pas méconnaître l'importance. Le camion à gazogène perd du fait du poids de son équipement et d'un approvisionnement de combustible plus lourd à peu près 10 0/0 de sa capacité de transport. Toute perte de puissance vient aggraver cette infériorité spécifique et elle ne peut être compensée que par une réduction du prix du combustible de remplacement dont l'importance a été mise en lumière par des calculs maintes fois développés. Là a été la cause de bien des déceptions : des utilisateurs ont acheté des camions à gazogènes s'attendant à une réduction des frais d'exploitation du même ordre que celle du coût du combustible et ils ont obtenu des résultats bien différents.

Là encore est l'origine de la difficulté rencontrée pour faire adopter le gazogène dans le cas du tracteur agricole : cet instrument appelé à fonctionner la plupart du temps à pleine puissance devenait inapte à fournir le service que l'on attendait de lui après que, conservant son moteur, on l'avait équipé d'un gazogène.

Mais cette infériorité a été surtout pour le camion à gazogène une maladie de l'enfance. Elle tenait à ce que les premiers gazogènes ont été créés par des inventeurs ingénieux, mais qui disposant de ressources financières limitées devaient se borner à équiper des camions existants. Elle a disparu dès que de puissantes maisons de construction ont conçu le camion à gazogène comme un ensemble méthodiquement étudié dans lequel le moteur lui-même peut recevoir certaines dispositions propres à l'adapter à l'emploi d'un carburant plus pauvre en calories que l'essence : on adopte pour les cylindres un alésage plus élevé.

Avec une telle conception du camion à gazogène la perte de puissance disparaît, on a un véhicule sensiblement équivalent au camion ordinaire à peine légèrement handicapé par le poids de son équipement spécial. Je ne veux pour preuve de cette évolution que le tableau suivant qui fait ressortir l'évolution depuis le début de l'utilisation de la cylindrée caractérisée par la valeur de la puissance indiquée.

CARACTÉRISTIQUES DU MOTEUR	ANNÉES			
	1922	1923	1925	1927
Cylindrée totale en litres..........................	5,48	5,49	5,54	5,65
Taux de compression...........................	4,50	5,99	5,91	5,80
Pression moyenne indiquée en Kg/cm2..............	3.90	5,38	5,33	4,96

Les résultats comme plus haut sont les observations faites pendant les concours : on a procédé par voie de moyennes prises sur trois quarts au moins des véhicules observés.

La même documentation nous rassure sur le handicap de poids, puisqu'elle fait ressortir pour le poids moyen de l'équipement des camions (vides de combustible toutefois) 338 kilogrammes.

Mais il est temps de délaisser ces observations du passé, encore valables pourtant, pour suivre l'évolution du type des gazogènes de camions du début à l'époque actuelle.

L'ÉVOLUTION DES TYPES

Puisque ainsi que nous l'avons dit les types tendent à l'unification, il sera plus vivant de suivre la transformation d'un modèle particulier. Une grande firme (les Etablissements RENAULT) qui se devait d'être présente à toutes les manifestations nous en fournit l'occasion parce que la succession de ses réalisations représente bien l'évolution des idées.

Au début on se préoccupait beaucoup de la consommation de combustible et de l'encrassement du moteur, on a donc appliqué, en les accumulant, les

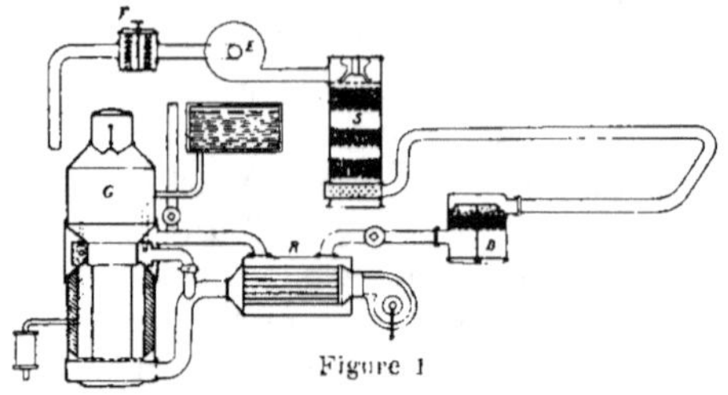

procédés usuels en matière de gazogènes fixes de récupération. des calories et d'épuration du gaz. C'est ainsi que l'on trouve (*fig.* 1) un gazogène à foyer réfractaire avec injection de vapeur G, récupérateur de chaleur-dépoussiéreur R. premier filtre A, second filtre S, laveur centrifuge E, un dernier filtre

Figure 1

sécheur F. — La combustion est ascendante.

Le modèle suivant (*fig.* 2) s'inspire des mêmes directives, mais d'une part apparaît le foyer métallique, par ailleurs l'épuration centrifuge est remplacée par un filtre formé de tôles humidifiées d'huile : nous avons donc un récupérateur-dépoussiéreur E, 3 filtres D,F,F, dont le dernier est le filtre sur corps humidifiés d'huile.

Vont s'introduire maintenant les grandes simplifications qu'a rendues possibles l'épuration à sec du gaz introduite par la Société PANHARD, en 1925. Elle a pour conséquence, comme on sait, la suppression ou pour le moins la limitation de l'injection de vapeur et la combustion renversée, car il importe d'éviter toute condensation de goudrons ou d'eau sur l'étoffe du filtre qui le colmaterait, On ne trouve (*fig.* 3) plus que le gazogène G et l'épurateur filtre E : il est formé d'une chambre

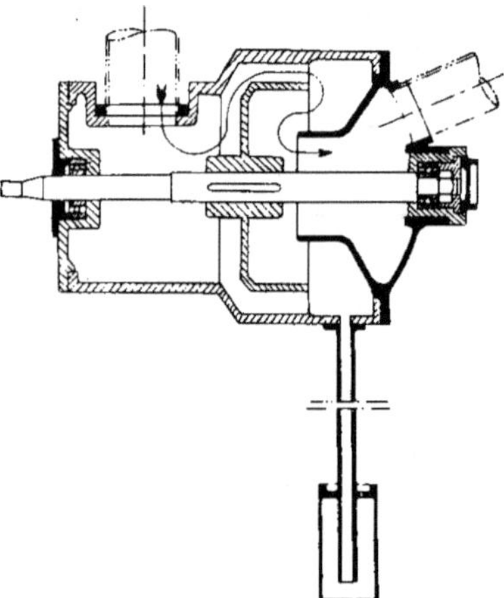

Figure 1 *bis*

de décantation remplie de matériaux simplement encombrants en vue d'éviter qu'une accumulation de gaz puisse produire une explosion gênante et du filtre en étoffe de coton proprement dit, c'est une batterie de sacs fermés supportés chacun par une armature métallique, ici des ressorts en boudin, que le gaz traverse de l'extérieur. Les poussières sèches se détachent par les secousses de la marche et tombent dans un récipient sous-jacent dont la vidange avec le nettoyage du

Figure 2

foyer sont les seuls travaux d'entretien qui subsistent avec ces appareils.

Nous arrivons enfin (*fig.* 4) à la réalisation actuelle de ce modèle de gazogène : il ne diffère du précédent que par l'introduction de l'air comburant par une tuyère centrale. La simplicité générale est extrême, mais comme dans tous les appareils très évolués elle n'est qu'une apparence ; bien des détails ont dû être mis au point pour assurer la réfrigération de la tuyère, la descente du combustible. etc…, dont un dessin sommaire ne peut donner une idée exacte et qui cependant contribuent essentiellement à la valeur pratique de l'appareil.

Il n'est pas possible de passer sous silence l'introduction de la tuyère sans signaler un remarquable appareil construit par une firme lyonnaise, le gazogène IMBERT-BERLIET, qui a fait aux manœuvres de 1924 des démonstrations remarquables et qui se réduisait presque à cet accessoire, la tuyère et à une enveloppe

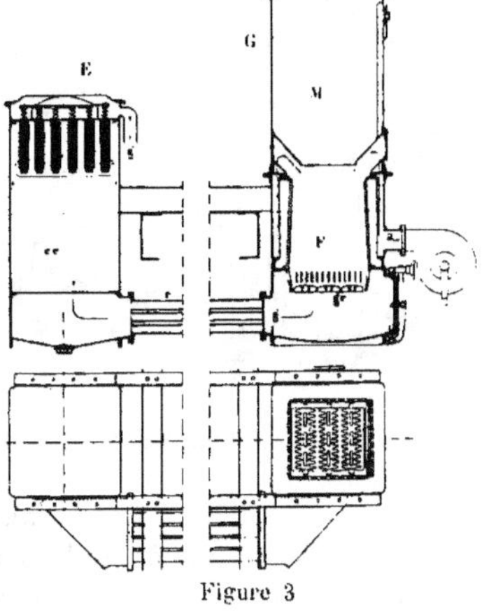

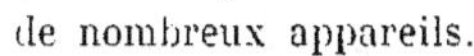

Figure 3

de tôlerie. La tuyère paraît appelée à jouer un rôle important dans les gazogènes de camions parce que grâce à la localisation de la combustion la plus active, elle permet lors des allumages et des reprises de mettre en jeu une quantité moindre de combustible : il faut par suite moins de temps pour le porter à la température convenable. La tuyère unique ou multiple se trouve aujourd'hui dans de nombreux appareils.

Il serait fastidieux de suivre ainsi dans leur évolution un grand nombre d'appareils. Aussi bien pour plusieurs présentés plus récemment au public après de longues études et qui ont, dans une certaine mesure, bénéficié des expériences déjà faites, elle est moins nette : c'est ainsi que les gazogènes PANHARD et REX sont connus seulement sous une forme de réalisation qui est presque le type définitif. Un souci de la généralité requiert cependant pour le moins un second exemple et nous choisissons pour le donner un des

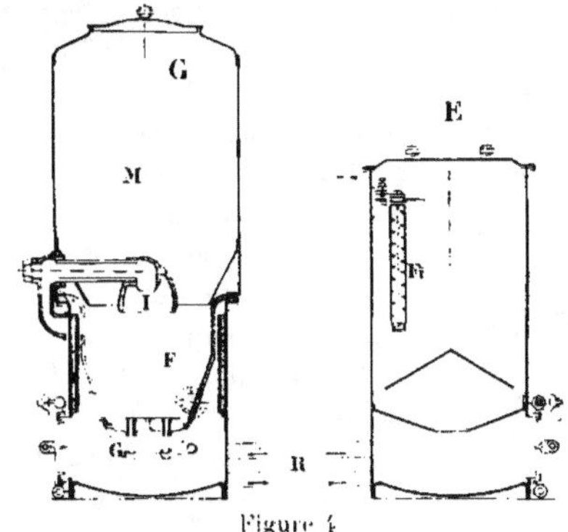

Figure 4

premiers gazogènes pour camions, le gazogène G.P.A.

Le voici sous sa forme de 1922 (*fig.* 5). Le gazogène est à combustion ascendante avec injection de vapeur. On voit à côté la chaudière avec le récupérateur de chaleur-dépoussiéreur. Le gaz passe ensuite dans deux épurateurs laveurs où il est traité d'abord par lavage à l'eau puis par lavage à l'huile.

Le modèle de 1923 (*fig.* 6) est peu différent, cependant le lavage à l'huile est remplacé par une simple filtration sur des corps humidifiés d'huile

Le voici maintenant sous sa forme définitive actuelle (*fig.* 7). La combustion renversée et la tuyère apparaissent et l'épuration est une simple filtration.

Il est possible maintenant de fixer les caractères généraux des gazogènes de camions actuels.

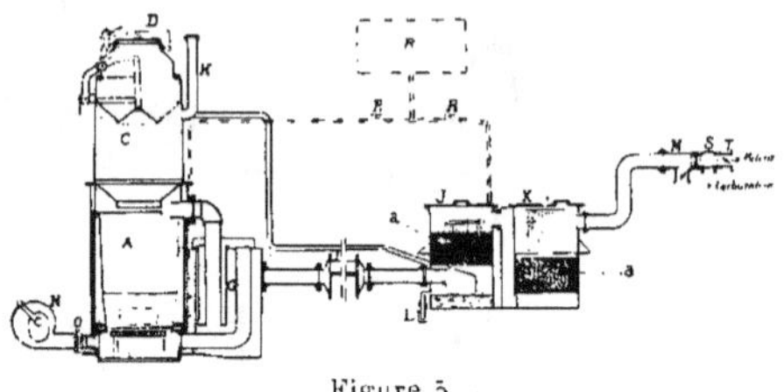

Figure 5

Ce sont des appareils très simples dans lesquels on a abandonné les dispositifs de récupération de la chaleur essayés au début.

Ils fonctionnent généralement en combustion renversée sans injection de vapeur ou si celle-ci est encore admise, elle est des plus modérées et sans réglage.

Le foyer métallique en nickel-chrome ou même en fonte spéciale tend à s'introduire.

L'emploi de la tuyère d'injection tend à se généraliser soit sous forme de tuyère centrale, soit sous forme de petites tuyères réparties sur une circonférence.

L'épuration à sec par filtration s'est généralisée. Le filtre est formé le plus souvent de sacs en étoffe de coton tendue sur une armature métallique.

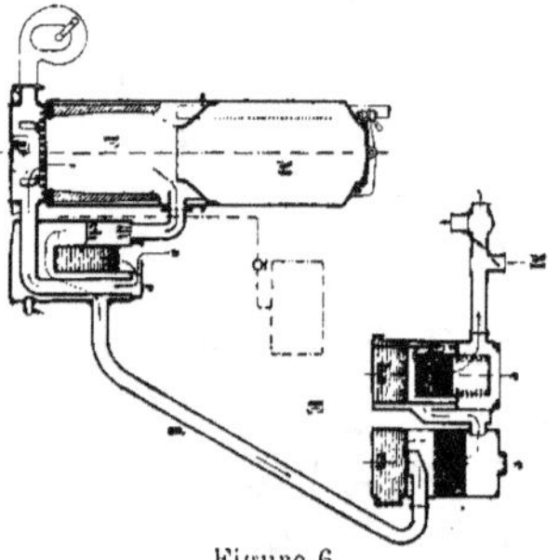

Figure 6

L'exposé ne serait pas complet sans quelques explications sur l'abandon de l'injection de vapeur. L'injection de vapeur dans le gazogène a un double but : elle contribue à l'accroissement du pouvoir calorifique du gaz par l'introduction d'un élément combustible, l'hydrogène, qui n'entraîne pas avec lui comme l'oxyde de carbone un lest de gaz inerte ; elle sert à diminuer, grâce à la réaction endothermique qu'est la décomposition de l'eau par l'action du carbone avec formation d'hydrogène et d'oxyde de carbone, à l'abaissement de la température dans le gazogène. Cet abaissement est précieux à plusieurs titres : il diminue ou empêche la formation de mâchefers et l'attaque des réfractaires ; il diminue la formation de cyanures qui se produit parfois avec des charbons de bois riches en potasse. Cette formation que l'on pourrait croire sans inconvénient, car ces corps sont décomposés dans le moteur, s'ils y parviennent, donne sur les filtres des dépôts gras qui les colmatent rapidement.

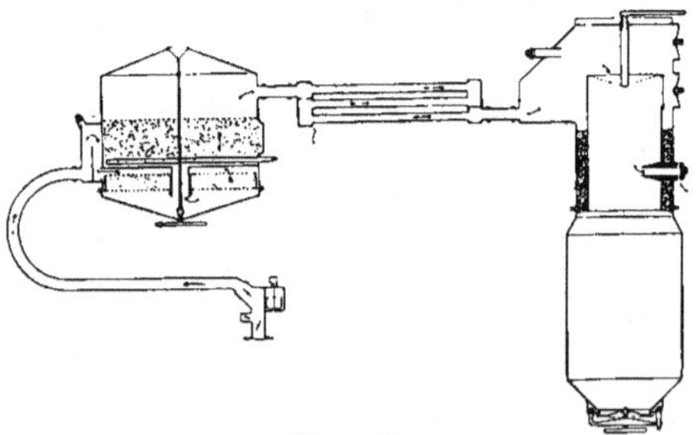

Figure 7

Un constructeur de gazogènes Schultz et Loriot a eu l'idée de reprendre une partie des gaz de la combustion et de les réintroduire dans le gazogène. La réduction par le charbon incandescent de l'acide carbonique qu'ils contiennent est, comme la décomposition de l'eau, un phénomène endothermique et peut être utilisée de la même manière. C'est une voie qu'il était opportun de signaler d'autant que l'efficacité en a été constatée par le fait que la réintroduction des gaz a permis la tenue d'une tuyère centrale qu'il était autrement difficile de conserver.

LE PROBLÈME DES COMBUSTIBLES

Le gazogène pour camions que nous avons vu évoluer vers un type si bien adapté à l'usage auquel l'appareil est destiné n'a pas eu le succès commercial que l'on avait espéré, il y a vraisemblablement à cela une cause qui n'est pas dans l'appareil lui-même. Nous la devons rechercher.

L'obstacle principal à la diffusion des camions à gazogène est le prix du combustible spécial qu'ils emploient. La production du charbon de bois ne peut pas être industrialisée au même titre que la production d'autres combustibles tels que les combustibles minéraux parce qu'elle comprend des opérations de ramassage, de classement, de débitage du bois que l'on ne peut pas confier à une machine. La réduction du prix du charbon de bois est donc une opération des plus malaisées et par là apparaît tout l'intérêt de la création de combustibles artificiels dans lesquels il ne figurerait que pour partie.

Cette voie a donné des résultats intéressants tant qu'il s'est agi de combustibles artificiels plus appropriés à l'emploi en gazogène que le charbon de bois proprement dit, mais dont celui-ci était la matière première. Ils ont été moins bons lorsque l'on a abordé les combustibles minéraux et l'on peut dire que dans ce cas le résultat n'est pas encore atteint.

Des essais de préparation de combustibles et de leur emploi en gazogène que j'ai pu faire poursuivre l'été dernier, grâce à la collaboration de la poudrerie de Sevran-Livry, du Laboratoire de la Guerre à Vincennes et de constructeurs parallèlement à l'étude des combustibles par M. le Professeur Lebeau, ont donné les indications suivantes :

Voici la liste et les conditions de préparation de ces combustibles :

NUMÉROS dans la série des essais	DÉSIGNATION D'ORIGINE	CONDITIONS DE FABRICATION
1	Carbonite S	L'échantillon RB est le produit normal.
2	— RB	Pour S et S *bis*, le recuit a été conduit de manière à éliminer plus complètement les produits volatils.
3	— S *bis*	
4	Charbon de bois de la Société La Carbonite Industrielle.	Cuit à 700° par chauffage interne.

NUMÉROS dans la série des essais	DÉSIGNATION D'ORIGINE	CONDITIONS DE FABRICATION			
5	Aggloméré PP	Charbon de bois pulvérisé (déchets) aggloméré sans recuit.			
6	Aggloméré Br	Combustible minéral aggloméré et recuit.			
	Charbon de bois de la Poudrerie de Sevran-Livry :	BOIS	TEMPÉRATURE DE CUISSON	TAUX DE CARBONISATION	
7	A1	Châtaigner	700° — 750°	20	
8	A2	—	590° — 650°	20	
9	A3	—	500° — 575°	20	
10	A2	—	350°	24,3	
11	B2	—	—	25,6	
12	C2	—	—	26,6	
13	D2	—	—	27,8	
14	Aggloméré Be	Combustible minéral aggloméré et recuit.			
	Charbon de bois de la Poudrerie de Sevran-Livry :	BOIS	TEMPÉRATURE DE CUISSON	TAUX DE CARBONISATION	
15	A3	Châtaigner	400° environ	33,0	
16	B3	—	— —	36,1	
17	C3	—	— —	45,1	
18	Semi-coke.				

La teneur en gaz combustibles paraît avoir peu d'action sur la composition du gaz produit dans le gazogène. Les conditions dans lesquelles a eu lieu la carbonisation semblent avoir une influence bien plus marquée.

Les deux tableaux suivants I et II donnent : le premier la composition du gaz du gazogène pour 5 combustibles dont la teneur en gaz est très différente le second le même renseignement pour une série de 6 combustibles préparés dans des conditions variées.

I

NATURE du COMBUSTIBLE	VOLUME EN M3 PAR TONNE DES GAZ EXTRAITS du charbon				COMPOSITION DES GAZ PRODUITS PAR LES GAZOGÈNES EN °/₀						LEUR POUVOIR calorifique Calories par m3
Aggloméré S..	159	130	7	17	1,3	0,7	28,8	5,1	1,3	62,9	1128
Aggloméré RB.	267	207	20	31	1,4	0,9	28,8	6,2	1,3	61,2	1150
Aggloméré S bis...	41	27	0	9	1,6	0,6	30,0	5,1	0,8	61,9	1119
Charbon de bois C1.	315	191	29	57	1,3	1,1	29,0	9,6	0,5	58,8	1179
Charbon de bois A1.	109	88	2	10	1,3	1,0	28,2	5,1	2,0	62,5	1166

II

NATURE du COMBUSTIBLE	CONDITIONS DE SA PRÉPARATION Taux de carbonisation température de carbonisation	COMPOSITION DES GAZ PRODUITS PAR LES GAZOGÈNES EN °/₀						LEUR POUVOIR calorifique Calories par m3
Aggloméré RB.	Aggloméré recuit...... ..	1,4	0,9	28,8	5,1	1,3	62,9	1128
Charbon de bois A1.	Carbonisé au maximum à haute température. 20 °/₀ ; 700°-750°........	1,3	1,0	28,2	5,1	2,0	62.5	1166
Charbon de bois A2.	Carbonisé au maximum à basse température. 24,3 °/₀ ; 350°	3,0	0,5	27,9	7,9	2,7	59,0	1298
Charbon de bois D2.	Un peu moins carbonisé. 27,8 °/₀ ; 350°	3,2	0,4	24,7	8.4	4,5	58,8	1365
Charbon de bois A3.	Peu carbonisé, température moyenne. 33,7 °/₀ ; 400° environ	2,3	1,1	27,2	9,0	1,9	58,6	1228
Charbon de bois C3.	Moins carbonisé encore. 45,1 °/₀ ; 400° environ..	3,2	0,5	26,2	13,0	3,2	54,9	1414
Aggloméré PP.	Aggloméré à froid encombré de matières inertes.	4,0	1,2	23,5	9.9	0,3	69,5	1161

Les combustibles naturels ou artificiels provenant du charbon de bois, carbonisés à un faible taux de carbonisation ou même à un taux peu élevé, donnent dans le gazogène des compositions de gaz sensiblement équivalentes.

Les mêmes combustibles carbonisés à basse température 250° à 350° et à des taux de carbonisation moyens ou élevés donnent un gaz plus riche et se comportent bien en gazogène. Il y a là un point à étudier : de tels combustibles ne conduisent-ils pas à des encrassements ?

A l'appui de cette affirmation, on a rapproché les compositions du gaz de gazogène obtenues pour différents types de combustibles.

DÉSIGNATION DU COMBUSTIBLE	COMPOSITION DU GAZ °/₀ EN VOLUME						POUVOIR calorifique calories par m3
Charbons de bois naturels ou artificiels complètement cuits à une température supérieure à 500 degrés.							
Agglomérés RB	1,4	0,9	28,8	6,2	1,3	61,2	1150
Charbon de bois C1.........	1,3	1,1	29,0	9,6	0,5	58,8	1179
Charbon de bois A1.........	1.3	1,0	28,2	5,1	2,0	62,5	1166
Charbons de bois carbonisés à basse température, la carbonisation étant poussée aussi loin que possible.							
Charbon de bois A2.........	3,0	0,5	27,9	7,9	2,7	59,0	1298
Charbon de bois C2	3,2	0,4	24,7	8,4	4,5	58,8	1365
Charbon de bois peu carbonisé, la température de carbonisation étant d'environ 400 degrés.							
Charbon de bois A3.........	2,3	1,1	27,2	9,0	1,9	58,6	1228
Charbon de bois C3	3,2	1,6	26,2	13,0	3,2	53,9	1414
Agglomérés d'origine minérale ou végétale à forte teneur en cendres.							
Aggloméré PP..............	4,0	1,2	23,5	9,9	2,0	59,5	1161
Aggloméré Br..............	2,6	2,0	21,3	5,5	3,1	64,7	1058
Aggloméré Be	3,8	1,2	24,5	3,8	3,9	62,8	1186
Semi-coke.................	3,4	1,6	24,1	9,2	1,0	60,6	1062

On remarquera que ce tableau et les deux précédents contiennent pour partie les mêmes résultats ; ils ont été donnés simultanément parce qu'ils correspondent à des groupements différents de combustibles.

Les combustibles constitués en partie à l'aide de combustibles minéraux se comportent souvent assez bien en gazogène bien qu'avec des durées d'allumage plus longues et des reprises plus molles, mais ceux dont la teneur en cendres est plus élevée dépassant 5 %, donnent lieu à des encrassements du foyer et, semble-t-il, à la production de températures plus élevées.

On a dans les deux diagrammes suivants (*fig. 8 et 9*), les temps de mises en

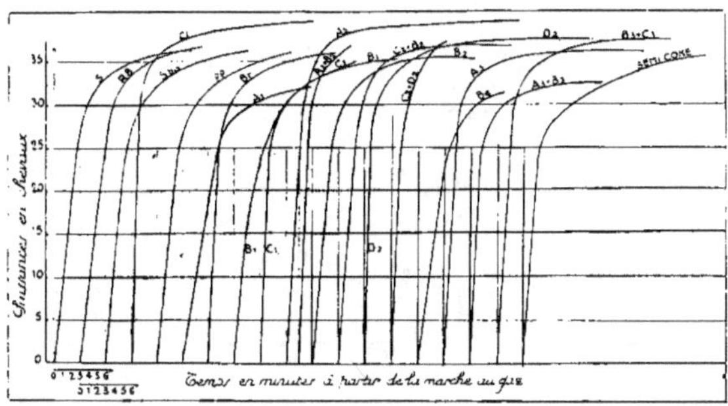

Figure 8

route et de reprises pour tous les combustibles étudiés. On voit que sauf pour les combustibles d'origine minérale ils restent assez comparables.

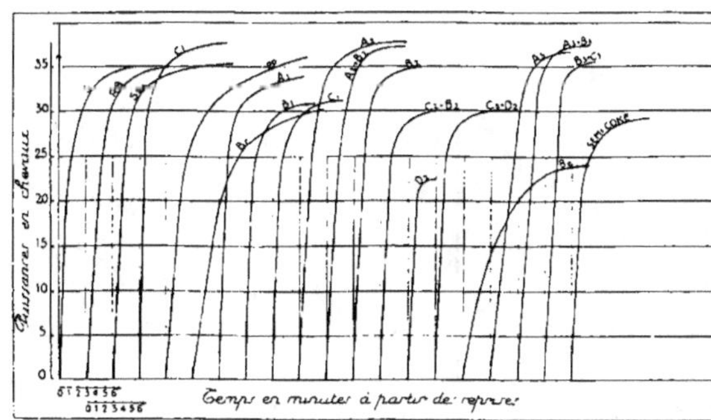

Figure 9

Deux tableaux, enfin, font ressortir la relation entre la combustibilité ou réactivité pour l'air et les conditions de fonctionnement du moteur.

Réactivité pour l'air ou combustibilité et poids de combustible brûlé par heure dans le gazogène

NATURE DU COMBUSTIBLE	NUMÉROS	COMBUSTIBILITÉ unités arbitraires	POIDS de COMBUSTIBLE brûlé par H	OBSERVATIONS
Aggloméré PP	1	35,8	17,27	Fort encrassement du gazogène.
Charbon de bois B2	2	32,6	16,96	Obstruction du filtre.
— C3	3	32,6	—	
— A2	4	32,3	17,56	
— D2	5	3i,8	16,45	Encrassement du gazogène.
Mélange C2 + B2	6	31,7	17,30	
— C3 + B3	7	31,6	18,33	
— C2 + D2	8	31,3	18,55	
Charbon de bois C2	9	30,9	—	
Aggloméré RB	10	30,9	15,62	Combustible à haut pouvoir calorifique.
Charbon de bois C1	11	30,7	17,01	— do —
Aggloméré S.	12	30,3	15,63	— do —
Mélange B2 + — A3	13	29,8	18,20	
Aggloméré S bis	14	29,1	16,55	
Charbon de bois A3	15	28,8	17,40	
Semi-coke	16	26,2	16,54	
Charbon de bois A1	17	26.0	15,77	
— B1	18	23,8	15,27	
Aggloméré Br.	19	23,7	15,38	
— Be	20	—	13.60	Difficultés de marche; mâchefer; encrassement.

Réactivité pour l'air ou combustibilité et puissance
et consommation spécifique

NATURE DU COMBUSTIBLE	NUMÉROS	COMBUSTIBILITÉ unités arbitraires	PUISSANCE EN CV	CONSOMMATION spécifique en grammes CV/heure
Aggloméré P...............	1	35,8	32.63	529
Charbon de bois............	2	32,6	33,20	511
— C3.........	3	32,6	—	—
— A2.........	4	32,3	37,30	471
— D2,........	5	31,8	34.94	471
Mélange C2 + B2............	6	31,7	35,34	490
— C3 + B3............	7	31,6	36,31	505
— C2 + D2............	8	31,3	36,73	505
Charbon de bois C2..........	9	30,9	—	—
Aggloméré RB..............	10	30,9	34,42	434
Charbon de bois C1.........	11	30,7	36,25	470
Aggloméré S...............	12	30,3	34,70	450
Mélange B3 + A3............	13	29,8	36,57	498
Aggloméré S *bis*..............	14	29,1	34,95	474
Charbon de bois A3..........	15	28,8	36,02	483
Semi-coke.................	16	26,2	30,16	548
Charbon de bois A1.	17	26,0	33,44	472
— B1.........	18	23,8	32,88	464
Aggloméré B2	19	23,7	31,06	496
— C2	20	—	24,96	545

On peut donc dire que si la technique du gazogène est arrivée à un point de perfectionnement suffisant, il reste un problème de combustible. Ma conclusion est donc :

1° Que ce problème fondamental doit être étudié méthodiquement, classé en première urgence ;

2° Que des encouragements complémentaires doivent être accordés aux constructeurs de gazogènes, particulièrement par l'extension aux colonies sous une forme appropriée des primes qui leur ont été accordées dans la métropole.

(Rapport AUCLAIR)

DISCUSSION

M. LE PRÉSIDENT. — *Nous applaudissons tous à l'intéressante communication de* M. AUCLAIR.

M. LE MONNIER. — *Jusqu'ici, on a donné une prime aux camions munis de gazogène ; mais les malheureux fabricants de gazogène ne touchent rien.*

Il faudrait plutôt donner une prime au gazogène monté sur un camion, quel que soit ce gazogène. Il y a des maisons qui ont signé des traités avec des constructeurs de gazogènes et qui ne se servent que des appareils fabriqués par ces industriels ; de sorte que tous les autres, du fait des conventions passées, sont éliminés. Or, que voulons-nous encourager ? Nous voulons encourager l'emploi des gazogènes sur les camions. Pour cela, il faudrait qu'une prime fût accordée pour tout gazogène qui serait monté sur un camion au lieu que la prime soit donnée au camion qui aurait un gazogène. Ce serait incontestablement très intéressant pour cette industrie qui, en réalité, a du mal à travailler.

Je demande donc que le vœu proposé par M. AUCLAIR *soit rédigé dans ce sens. Il me semble que ce serait juste.*

M. AUCLAIR. — *Il y a quelque chose de très vrai dans ce que dit* M. LE MONNIER.

Le département de la guerre, qui est l'attributaire des primes, attribue ces primes à un ensemble camion-gazogène ; ceux-ci se trouvent dès lors indissolublement liés.

La prime est attribuée au camion qui porte le gazogène fixe ; par conséquent, l'acheteur d'un camion muni d'un gazogène, ne peut munir son camion d'un autre gazogène et continuer ainsi à bénéficier de la prime.

Dans cette manière de faire, il y a quelque chose de rationnel : c'est qu'il faut encourager la construction du système unique, du système coordonné : gazogène-camion.

La manière d'opérer, qui consiste à prendre un camion quelconque et à mettre sur ce camion un gazogène, en vue duquel rien n'a été prévu, est nettement mauvaise.

Il faut donc encourager l'association indissoluble du gazogène et du camion. Mais, par contre, pour ne pas fermer la voie à tous les constructeurs de gazogènes qui, eux, ne construisent pas de camion, il faut être un peu plus large que ne l'est actuellement le département de la guerre et admettre que, toutes les fois qu'un camion et un gazogène ont été primés, ils pourront être associés avec des véhicules et des gazogènes d'autres constructeurs. Par exemple, le gazogène X primé avec le camion Y et le gazogène X' primé avec le camion Y' pourront être combinés X'Y et XY'.

M. LE MONNIER. — *Evidemment. Cela revient à dire qu'il faut donner une part de la prime au cheval et une part à la voiture. C'est une façon analogue à*

*celle employée autrefois pour encourager l'élevage ; on donnait une prime à l'éle-
veur et une prime au propriétaire du cheval gagnant. Ce sont encore des chevaux,
mais des chevaux mécaniques. Il faut prendre le même système ; c'est vrai. D'ailleurs si le gazogène ne marche pas avec le moteur, on ne le vendra pas.*

M. Emile BARBET. — *On a dit tout à l'heure qu'il y avait près de 250.000 camions n'ayant pas encore de gazogène. Eh bien, il faut que les possesseurs de ces
camions aient la liberté de prendre un gazogène sans être obligés de mettre leurs
véhicules à la ferraille pour acheter des ensembles primés.*

*Par conséquent, il faut que les propriétaires d'anciens camions puissent
choisir parmi les gazogènes qui leur sont offerts, ceux qui leur paraissent réunir
les meilleures conditions de bon fonctionnement.*

C'est surtout le gazogène qu'il faut encourager.

M. Charles ROUX. — *Au sujet de l'emploi des gazogènes aux colonies, je voudrais vous soumettre une suggestion.*

*Le gazogène, aux colonies, donne un bénéfice suffisant à son usager, pour que
celui-ci, généralement, ne s'intéresse pas à la prime qui pourrait être accordée.*

Voici un exemple :

*J'ai des amis dans le Niger qui payent le bidon d'essence 30 francs, soit
6 francs le litre. Si vous leur amenez un gazogène qui leur économise 25 francs
par équivalence de 5 litres d'essence, ils s'estimeront suffisamment récompensés.*

*Ce qu'il est par contre intéressant d'envisager aux colonies, c'est la fabrica-
tion du charbon de bois et, à mon avis, il faudrait étendre à cette fabrication le
bénéfice de cette prime dont nous voulons voter le principe et de l'accorder pour
les fours à carboniser, car, vous n'aurez, aux colonies, des camions à gazogène,
qu'autant que vous leur donnerez du charbon.*

*Je me permets donc de proposer un vœu tendant à l'attribution d'une prime
aux fours à carboniser. Cela se fait pour certaines industries, dans d'autres pays.*

*Je crois qu'en France, on pourrait faire de même. Si, en Allemagne, on ne
donnait pas des primes d'exploitation à des industries nouvelles, jamais celles-ci
ne se développeraient. Si, en France, on donnait une prime de 500 francs par
four à carboniser, vous verriez partir, d'ici deux ans, aux Colonies, 10.000 de ces
fours.* (Applaudissements.)

M. ETESSE. — *Au point de vue colonial, je dois dire que l'échec primitif des
tracteurs à gazogène est dû aux gazogènes. La première utilisation qui a été faite
sur les tracteurs ordinaires dans les colonies a été mauvaise. On a introduit
ensuite des gazogènes qui ont donné de bons résultats.*

*Je crois qu'il serait nécessaire, non seulement de donner une prime pour les
gazogènes, mais comme l'a dit M. Ch. Roux, d'attribuer également une prime pour
la fabrication du charbon de bois qui joue un rôle excessivement important dans
le développement des gazogènes.*

Le charbon de bois fabriqué aux colonies est excessivement hétérogène ; il est trop humide ; il ne présente aucune des qualités capables à un gazogène de donner un rendement régulier à un moteur.

Il y aurait donc lieu de donner une prime pour la carbonisation du charbon de bois, puis, ensuite, une prime au tracteur muni de gazogène, et enfin une prime au gazogène que les commerçants, les industriels des colonies mettraient sur leurs véhicules.

M. Margillier. — *Il faudrait aussi donner une prime aux gazogènes montés sur les tracteurs agricoles.*

M. Larguier. — *Je crois qu'il y a un moyen pour donner des avantages à la fois aux fours à carboniser et aux gazogènes employés dans les colonies ; ce serait de leur accorder l'entrée en franchise, c'est-à-dire les exonérer des droits de douane.*

J'estime que ce moyen encouragerait leur emploi dans nos colonies.

M. Ch. Roux. — *L'idée est excellente ; mais il y a des colonies où l'entrée en franchise existe déjà.*

Voici, dans ces conditions, la formule que je vous soumets : que l'État prenne à sa charge les frais de transport des fours à carboniser et des gazogènes, de France aux colonies.

M. Le Monnier. — *Cela vaudrait beaucoup mieux ; seulement ces appareils n'ont pas tous la même tonne cubique.*

M. Guiselin. — *Tout le monde veut des primes ; mais qui va donner ces primes ? Il serait bon d'insister quel ministère ou organisme serait chargé de l'attribution des primes.*

Un Congressiste. — *Est-ce le Ministre des Colonies qui accorderait ces primes ?*

M. Le Monnier. — *Vous avez raison de demander qui donnera les primes.*

M. Margillier. — *Si des primes ou des facilités de transport sont accordées, ce seront les Gouverneurs généraux des colonies qui les donneront.*

M. Lemaire. — *Les primes pour les camions sont données par le Ministère de la Guerre. En cas de guerre, si le camion reste dans la colonie, il est à craindre que le Ministre de la Guerre ne donne pas de prime.*

M. Larguier. — *On n'accorde pas de prime pour les camions à gazogène primés par le Ministère de la Guerre, envoyés dans les colonies. Or, en cas de guerre, il n'y aurait pas une goutte d'essence pour les colonies. Il faudrait alors que des camions fonctionnent à l'aide d'un carburant trouvé sur le sol même. Les camions à gazogène employés aux colonies devraient bénéficier de primes et avantages analogues à ceux accordés aux camions de la métropole.*

M. Auclair. — *Précisons d'abord le caractère de la prime.*

Il est bien évident que les 500 camions que possède le département de la Guerre et ceux qu'il peut réquisitionner dans l'industrie constituent pour lui une ressource qui n'est pas négligeable en cas de guerre. Il a en vue, en attribuant des primes aux camions, de se procurer les camions. Les camions utilisés aux Colonies peuvent donc, eux aussi, présenter pour lui un certain intérêt.

D'autre part, il est certain qu'aux Colonies, si les renseignements que je possède sont exacts, le camion à gazogène peut se développer ; les personnes avec lesquelles je suis en relations me parlent constamment de l'abondance de l'exportation des camions à gazogène vers le Congo Belge ; ils pourraient aussi bien aller dans les Colonies françaises ; mais il faudrait pour cela créer des types spéciaux, plus légers que le camion de trois tonnes qui ne peut pas passer sur les ponts aux Colonies

Dans ces conditions, il est tout à fait judicieux d'encourager l'emploi du camion à gazogène aux Colonies, et je crois que la suggestion de M. LARGUIER, dont il m'avait d'ailleurs déjà parlé, est peut-être une des plus judicieuses, à savoir que cet encouragement aurait la forme pratiquée par certains pays étrangers, en matière, par exemple, d'exportation des vins. Vous avez certainement entendu dire que l'Amérique du Sud payait une prime à l'exportation des vins vers la France. Le meilleur moyen serait donc, en quelque sorte, d'accorder une prime d'exportation coloniale appliquée à tous les appareils, que ce soient les camions, les gazogènes ou les fours à carboniser. Cette prime pourrait, effectivement, recevoir la forme d'une exemption des droits de transport.

Reste la question relative à la qualité des appareils. Il faudrait tout de même que la prime ne fût pas accordée à n'importe quel tuyau de poêle qualifié gazogène. Je serais donc d'avis que le Congrès émettât le vœu que le département compétent, Guerre, Colonies ou Commerce, prenne les dispositions nécessaires pour accorder un encouragement sous la forme de prime à l'exportation réalisée en détaxe ou en remboursement des frais de transport pour l'exportation aux Colonies des fours à carboniser et des groupes gazogènes-moteurs ayant subi une épreuve de qualité aux expériences ou aux concours du département de la Guerre.

M. LE PRÉSIDENT. — *Cette proposition paraît être très raisonnable.*

M. ETESSE. — *Je voudrais demander à M. AUCLAIR si le poids des appareils mis sur les camions n'a pas diminué par suite des modifications apportées.*

Cette question est excessivement importante pour les Colonies, parce que les routes ne sont pas capables de supporter de très gros poids ; de grosses objections pour l'emploi des camions à gazogène ont été faites à ce sujet.

M. AUCLAIR. — *Le poids de l'équipement gazogène qui comprend le gazogène, l'épurateur et tous les accessoires, mais qui ne comprend pas le combustible renfermé dans le gazogène, au concours de 1929 où 15 appareils ont été présentés, était de 200 à 500 kilogs, le poids de 500 kilogs s'appliquant à un appareil exceptionnel, qui est anormal. Le poids moyen de tous les appareils présentés était de 338 kilogs.*

M. ETESSE. — *Pour une charge de combustible qui était de combien ?*

M. AUCLAIR. — *Pour des camions de 5 tonnes, le poids du combustible est d'environ 50 kilogs. Le gazogène en ordre de marche peut peser 350 kilogs. Cela m'a conduit à admettre un handicap de 10 % de surcharge du véhicule.*

M. MALBAY. — *Il y a tout de même un point sur lequel nous ne sommes pas d'accord.*

Nous avons fourni, dans le courant de cet exercice, plus de 5.000 chevaux gazogène, allant de 15, 30 et 50 chevaux à 120 chevaux pour une seule des colonies françaises.

Nous n'avons eu aucune réclamation en fait de gazogène ; mais nous en avons eu pour les carbonisateurs. On nous avait demandé de gros carbonisateurs, capables de faire 2.000 et même 5.000 kilogs de charbon par jour ; ces appareils ont été inutilisables, parce qu'ils produisaient trop de charbon et qu'à cause de l'état hygrométrique, ce charbon prenait tellement d'humidité que les mises en marche étaient excessivement difficiles.

Par la suite, on nous a commandé de petits carbonisateurs.

Il y a une chose sur laquelle je désirerais attirer votre attention :

Un constructeur qui fait un moteur capable de développer 60, 70, 80 ou 100 chevaux n'ayant besoin que de 40 chevaux normalement pour faire circuler le véhicule à l'essence, avec un rendement de 50 dans son gazogène, obtiendra le résultat voulu et marchera sur ce moteur énorme comme cylindrée à peu près dans les mêmes conditions qu'à l'essence

Cela ne prouve pas que tel gazogène doive être jeté à la ferraille, que tel gazogène soit meilleur.

Il faudrait qu'on prenne l'habitude d'essayer sur un même moteur, exactement dans les mêmes conditions, les différents types de gazogènes que les constructeurs fabriquent, adaptés à ce type de moteur. Ainsi, on pourrait mieux se rendre compte du gazogène sur lequel on peut compter et duquel on peut obtenir le meilleur rendement. Si un gazogène, toutes conditions de moteur égales, est appliqué par la suite à un moteur amélioré, il est certain que le résultat sera bien meilleur.

La Maison de Dion Bouton construisait normalement pour les Chemins de fer de l'État des moteurs qui étaient montés sur des loco-tracteurs. Ces moteurs, ancien système, étaient des moteurs de 125 d'alésage à 4 cylindres ; ils développaient normalement à l'essence 50, 55 chevaux maximum à 1.200 tours. Par la suite, la Maison De Dion a amélioré ces moteurs, étant donné qu'on leur demandait de démarrer des rames de vagons de plus en plus importantes. Ces moteurs, qui avaient des culasses Ricardo, avec turbulence, ont donné jusqu'à 65 chevaux et sont même arrivés à faire 85 chevaux à 1.500 tours.

Nous avons fait quelques essais sur les chemins de fer de l'État sur un tronçon de ligne, du côté de Pont-Audemer, avec un loco-tracteur qui devait normalement démarrer 7 à 800 tonnes en palier. Eh bien, nous n'avons pas obtenu le résultat voulu, parce que le moteur n'était pas préparé, bien entendu, pour l'emploi du gazogène. Cela a été un essai « à blanc », purement et simplement.

Pour se rendre compte de ce qu'on pouvait faire, dans la suite, le moteur De Dion Bouton a été modifié. J'ai fait mettre à ce moteur de 125 d'alésage et 150 de course, des soupapes de 70 m/m de diamètre. Avec ce même moteur, nous sommes arrivés à faire 52 chevaux à 1.000 tours et 72 chevaux à 1.500 tours, c'est-à-dire qu'à 5 % près, nous avions le même résultat qu'à l'essence.

On a essayé ce moteur sur un loco-tracteur ; nous avons toujours démarré et marché au gaz, sans avoir besoin d'essence ; nous avions adopté le taux de compression de 8,5 ; par conséquent, on ne pouvait, en aucune façon, employer l'essence. Eh bien, le moteur a toujours démarré au gaz dans des conditions parfaites, il a d'ailleurs maintenu un effort au crochet de 7.500 kilogs.

M. AUCLAIR. — *Il est certain que les essais qu'on fait actuellement sont un peu brutaux ; mais la suggestion de M. MALBAY est assez difficile à mettre en application.*

M. MALBAY. — *Je signale d'autre part que dans les essais que j'ai indiqués tout à l'heure, nous n'avons pas employé de filtre à coton.*

Nous nous sommes tenus au principe classique que vous connaissez fort bien et, comme le mieux est l'ennemi du pire, nous n'avons pas cherché à pousser trop loin le perfectionnement.

M. AUCLAIR. — *Quel que soit le dispositif employé, si on veut procéder à une mise au point complète des appareils, c'est un travail de trois ou quatre mois qu'il est absolument impossible de faire.*

M. MALBAY. — *La ville du Havre a des gazogènes du système que vous connaissez bien, pour faire marcher les camions du service des immondices. Nous n'avons rien fait modifier au moteur.*

La ville du Havre, l'Ingénieur en Chef, M. LEFÈVRE et l'Ingénieur de la Voirie, M. LE POLLES, avaient si peu confiance aux gazogènes, qu'ils ne voulaient plus en entendre parler. Je leur ai proposé en conséquence de monter des gazogènes sur leurs camions et de ne les payer que lorsqu'ils seraient satisfaits. Ayant donné de bons résultats, ces appareils ont été payés au bout de huit mois.

Nous parlons beaucoup ici du charbon de bois, mais il y a une chose dont nous ne parlons pas : c'est que les conducteurs de camions sont absolument réfractaires à son emploi. C'est un des points les plus importants.

La ville du Havre a résolu cette question, jusqu'à un certain point et pour encourager les conducteurs de ses camions à gazogène leur a consenti une ristourne sur la consommation d'essence employée au démarrage, consommation qui ne devait dépasser deux litres par jour, l'économie sur les deux litres leur étant acquise.

Mais quand le propriétaire d'un camion veut garder pour lui la totalité des bénéfices, il n'obtient aucun résultat, absolument aucun. Il faut donc que, de son côté, il fasse un petit sacrifice envers le conducteur.

M. LE PRÉSIDENT. — *Je vous remercie des renseignements d'ordre pratique que vous venez de donner.*

Je donne la parole à M. BETOURNÉ.

Plantation des Routes, des Canaux
et des Hors Lignes de Chemins de Fer

Rapport de M. BETOURNÉ

Ingénieur

Le premier projet de plantation d'arbres le long des routes revient, si l'on en croit un historien de l'agriculture, aux Ministres de François Ier.

« Les Ministres de François Ier, écrit, en effet, F. Coré dans son Esquisse historique agricole de la France, remirent en vigueur les lois forestières, restreignirent les droits de pâturage dans les forêts du domaine, en réglèrent l'aménagement, établirent des pénalités sévères contre les délits forestiers. *Enfin, ils ordonnèrent les plantations d'arbres le long des chemins et des routes.* »

Mais le véritable propagateur de cette méthode de boisement fut Sully, duc de Rosny, Ministre des Routes d'Henri IV. Ce grand ministre étendit à tout le royaume l'application des mesures édictées par ses prédécesseurs et tendant à délimiter les routes nouvelles au moyen d'allées d'arbres, afin que les paysans ne fussent pas tentés de faire passer le soc de la charrue sur les routes créées pour faciliter les communications et par conséquent les échanges commerciaux.

Sully, qui déclarait que : « Pâturage et labourage sont les deux mamelles de la France », avait bien compris la nécessité de développer, dans l'intérêt même de l'Agriculture, le reboisement.

Bernard Palissy lui-même, déplorant l'insouciance de l'avenir avec laquelle ses contemporains détruisaient les forêts, disait d'une part :

« Je ne puis assez détester une telle chose (la destruction des arbres) et ne la puis appeler faute, mais une malédiction et un malheur à toute la France, parce qu'après que tous les bois seront coupés, il faudra que tous les arts cessent et que les artisans s'en aillent paître l'herbe comme fit Nabuchodonosor. »

Sully, sans aucun doute, choisit les arbres pour délimiter les routes, de préférence à des jalonnements de pierre par exemple, parce qu'il pensait pouvoir apporter ainsi un remède partiel, mais non négligeable cependant, au déboisement dont souffrait, déjà, la France de son temps.

Aujourd'hui encore, il ne faut pas négliger l'aide précieuse que pourrait apporter à un reboisement systématique de la France la plantation d'arbres le long de nos routes et de nos canaux.

LE DÉBOISEMENT

En effet, à la fin de la guerre, la Direction Générale des Eaux et Forêts estimait à 475.000 hectares la surface boisée comprise dans la portion du territoire dévasté par les combats et occupé par l'ennemi qui a déforesté à outrance. Il y a lieu d'envisager, en outre, les exploitations intensives qu'on a dû opérer dans une bande de 50 kilomètres de profondeur sur toute la longueur du front. Cette zone représente approximativement 2 millions d'hectares ce qui, au taux de boisement moyen de 15 pour 100, ferait un total d'environ 300.000 hectares. La perte de production annuelle à prévoir est estimée au quart de la surface boisée, soit 75.000 hectares. Le déficit total s'élèverait donc à 550.000 hectares.

D'après les coefficients de production à l'hectare, la Direction Générale des Eaux et Forêts a évalué que la production d'avant-guerre serait frappée d'un déficit de 775.000 mètres cubes pour les bois d'œuvre et de 1.115.400 mètres cubes pour les bois de feu. Les disponibilités seraient ramenées à 7,137.000 mètres cubes pour les bois d'œuvre et à 16.276.000 mètres cubes pour les bois de chauffage.

Heureusement le domaine forestier de la France s'est augmenté de l'apport des forêts de l'Alsace et de la Lorraine qui couvrent près du tiers du territoire des provinces recouvrées. Dans le total des surfaces boisées entrent 155.000 hectares de forêts domaniales et 200.000 hectares de forêts communales.

Malgré cet apport, on pense bien que le déboisement demeure un danger grave.

Et si M. Etienne CLÉMENTEL, alors Ministre des Finances, a pu, dans son célèbre « Inventaire de la situation financière de la France au début de la 13ᵐᵉ Législature » faire figurer le revenu brut du domaine forestier de la France en 1925 à 155.070.000 francs, en hausse de 15 millions sur 1923, il a dû noter dans le même « Inventaire » que cette hausse « résultait de l'augmentation du prix du bois et du développement de l'exploitation en régie dans les départements du Haut-Rhin, du Bas-Rhin et de la Moselle ».

En réalité, le danger du déboisement demeure très réel. Et c'est le même M. CLÉMENTEL, alors Ministre de l'Agriculture, qui, ouvrant le 16 Juin 1913 les travaux du Congrès Forestier International, organisé par le Touring Club de France, pouvait dire très justement :

« Le bois est une richesse mondiale.

« Or, la production ligneuse de l'univers deviendra un jour, si l'on y prend garde, insuffisante aux besoins sans cesse accrus de la consommation. Le péril grandit chaque jour. »

Et plus loin : « La France périra faute de bois ». A travers les siècles, ce cri d'alarme de COLBERT retentit douloureusement. Après les inondations de 1910, il était devenu dans notre pays comme un cri de détresse et de deuil.

Et plus loin encore, dans ce discours nourri d'idées, on lit :

« Aider à la conservation, à la défense des moindres arbres, non seulement dans nos campagnes, mais autour de nos villes et de nos villages, ce n'est pas uniquement enrichir la France, c'est aussi l'assainir et c'est l'embellir.

« C'est l'assainir par l'action qu'exerce la forêt sur le climat, sur la température, sur le régime des pluies.

« L'arbre est le grand purificateur de l'atmosphère. Il arrête et détruit les germes morbides. Il revivifie l'air par son incessante production d'oxygène et d'azote.

« Il transforme la lande marécageuse en une plaine productive, en disciplinant ses forces latentes. Il sert de filtre naturel aux eaux d'écoulement, il retient leurs impuretés, abritant dans le silence des vallées la naissance mystérieuse des sources.

« Il régularise le débit du ruisseau, de la rivière, du fleuve; il prévient le redoutable fléau de l'inondation, écarte son cortège de détresse et de misère. »

De nos jours, la généralisation d'une réforme importante telle que la plantation d'arbres « le long des routes, des canaux et des hors lignes de chemins de fer » n'a de chances d'être réalisée que si les raisons d'ordre pratique militent en sa faveur.

Or, tous les arguments que nous avons énumérés plus haut et qui parlent en faveur de la reconstitution générale des bois et des forêts détruits par la guerre ou par une exploitation excessive — action sur le climat, sur la température, sur le régime des pluies — parlent également pour la plantation d'arbres le long des routes.

C'est M. Demorlaine, Conservateur des Eaux et Forêts, qui résumait ainsi les avantages des plantations le long des routes :

1° Elles jalonnent les routes dans la nuit, par temps de neige et de brouillard; elles abritent les voyageurs du soleil.

2° Elles empêchent, l'été, la trop grande poussière en entretenant une certaine humidité bienfaisante sur les chaussées, effet contraire de ce qui se produit en hiver.

3° Elles contribuent à l'hygiène et à l'esthétique de nos villes.

4° Elles peuvent être enfin une source de revenus des plus intéressantes par suite de la valeur croissante du bois ou des fruits, selon la nature des plantations.

Reprenons les quatre avantages invoqués par un éminent spécialiste. Ils vont nous fournir le cadre de la courte argumentation que nous voudrions présenter en faveur de la plantation d'arbres le long des routes, des canaux, des hors lignes de chemin de fer et, en général, sur tous les points du territoire où le sol, comme pour ceux-là, demeure forcément libre de constructions ou de cultures.

LES ARBRES JALONS

« Les arbres jalonnent les routes la nuit », dit M. Demorlaine. C'est exact. Et même vous savez que sur de nombreux points du territoire particulièrement fréquentés par les automobilistes, les arbres sont rendus plus visibles par un anneau de peinture blanche qui fait de leur fût un véritable poteau avertisseur reflétant, la nuit, la lumière des phares et empêchant ainsi nombre d'accidents qui, sans cela, allongeraient la liste de ceux qui se produisent notamment à chaque période de grands déplacements d'automobilistes pendant les « ponts » des jours fériés.

« Les plantations le long des routes abritent les voyageurs du soleil. » Il faut avoir roulé à bicyclette sur une route en plein soleil pour se rendre compte du bienfait que peut être l'ombre fraîche procurée par une route plantée d'arbres.

Et M. Sinturel, Inspecteur adjoint des Eaux et Forêts, présentant un rapport sur « la beauté des routes » au Congrès Forestier International de Juin 1913, disait :

« Nul ne saurait rester indifférent au charme d'une route qui glisse sous une ogive de feuillage et que de faibles rais de lumière, filtrant parmi les feuilles qui tremblent, éclairent timidement pour ne point en troubler le mystère et le calme. »

Ce mystère et ce calme sont beaucoup diminués aujourd'hui par le passage des innombrables automobiles qui sillonnent incessamment nos routes. Mais, justement, ces automobiles empruntent plus volontiers les routes ombragées, en été, pendant la période des excursions. Et les routes, menant à des agglomérations, ces villes et villages bénéficient grâce à leurs belles routes de l'afflux des touristes, élément notable aujourd'hui dans la richesse d'un pays.

« Les plantations le long des routes, nous dit encore M. Demorlaine, empêchent, l'été, la trop grande poussière en entretenant sur les chaussées une certaine humidité bienfaisante. »

L'exactitude de cette remarque n'a pas besoin, semble-t-il, d'être commentée pour être évidente.

Son importance, cependant, nous paraît très augmentée aujourd'hui du fait du nombre considérable des automobiles qui parcourent nos routes, et qui, par la poussière qu'elles soulèvent, incommodent souvent grandement les populations riveraines.

Il est exact que l'ombre des plantations au long des routes maintient une légère humidité suffisante pour empêcher le soulèvement des poussières. Et, en cela encore, la plantation le long des routes améliore la salubrité des régions traversées par les routes.

C'est à cela sans doute que fait allusion M. Demorlaine, présentant comme troisième argument :

« Les plantations le long des routes contribuent à l'hygiène et à l'esthétique de nos villes. »

Quant à l'esthétique, nous rappellerons cette simple formule de M. Sinturel, déjà citée plus haut :

« Au même titre que les massifs forestiers, les plantations en bordure de routes ajoutent à la richesse esthétique d'un pays. La monotonie d'un sol dépouillé de sites disparait devant l'ornement et le pittoresque de longs cortèges d'arbres piqués dans la plaine. Le sentiment, inné d'ailleurs, qui nous porte en quête de la beauté, dirige toujours de préférence le touriste, le promeneur, vers ces larges avenues riches d'un cadre de verdure et où l'agrément sourd plus du spectacle offert que de l'abri ménagé. »

Enfin nous arrivons à l'argument le plus valable, nous semble-t-il, en un temps où il faut toujours parler chiffres :

« Les plantations le long des routes, dit M. Demorlaine, peuvent être une source de revenus des plus intéressantes par suite de la valeur croissante du bois ou des fruits selon la nature des plantations. »

Mettons tout de suite à part la question des arbres fruitiers et rappelons d'abord qu'au Congrès Forestier International de 1913 on avait adopté les conclusions d'un rapport défavorable à la plantation des arbres fruitiers le long des routes, parce que cette plantation présentait sans doute un certain intérêt, mais qu'une question domine toutes les autres : c'est celle du bois d'œuvre. Et les congressisites avaient considéré que puisque l'Etat possède un territoire considérable : celui des routes; il conviendrait que ce territoire fut, de préférence, employé à la plantation de bois d'œuvre plutôt qu'à celle d'arbres fruitiers qui ne présentent pas le même intérêt général. En outre, les congressistes avaient admis que les arbres fruitiers sont mutilés par les passants et principalement par les enfants bien que leur production soit insignifiante.

Mais nous pourrons ne pas prendre parti dans la controverse : arbres fruitiers ou bois d'œuvre, en nous référant à l'opinion du Président de la séance d'alors, M. Edmond Chaix, qui notait que c'était là une question relevant du domaine de la géographie botanique et qu'il y avait intérêt sur ce point à s'inspirer de considérations qui peuvent varier suivant telle ou telle région.

Et, en cette matière, nous nous tiendrons à cette opinion prudente après avoir noté, toutefois, que des régions très diverses telles que la vallée de Grésivaudan jusqu'auprès de Grenoble, une grande partie du Midi de la France où les routes sont bordées d'amandiers depuis Napoléon III, et un grand nombre de routes d'Allemagne sont plantées de bordures d'arbres fruitiers très divers toujours respectés par l'esprit de discipline des populations.

Venons-en au produit du bois. Et nous allons ainsi arriver, tout naturellement, à répondre à un argument que l'on peut opposer au projet de plantation des routes : celui du prix de revient.

M. Sinturel, dans ce rapport déjà cité et auquel il faut toujours revenir car il est plein de faits et d'idées, établit que « si nous supposons les seules routes nationales de France, soit un réseau de 32.192 kilomètres, toutes bordées d'arbres espacés de 10 mètres les uns des autres, nous obtenons un total de 7.638.400 tiges correspondant à raison de 400 pieds à l'hectare à un peuplement normal d'une étendue de 19.096 hectare de forêt, soit près de 1 cinquantième de la superficie totale des forêts domaniales. Et ce revenu nouveau demeure d'autant plus appréciable qu'il dérive d'un sol appelé par sa première destination à ne donner aucune rente ».

Cet argument si valable en ce qui concerne les bas-côtés des routes est aussi valable en ce qui concerne les bordures des canaux ou les hors lignes des chemins de fer.

Mais M. Sinturel, dans son rapport, n'envisageait qu'une source de profits dans l'exploitation du bois : les branches coupées servant de combustible et le bois d'œuvre utilisable comme matière première pour la construction.

Il s'agit là d'un rapport établi en 1913. Depuis la guerre, le bois est devenu une des matières premières qui semblent appelées au plus grand avenir. On a pu dire que le siècle serait celui du charbon de bois.

Et s'il y a là quelque exagération, du moins peut-on constater que le charbon de bois, fabriqué désormais industriellement et avec un rendement beaucoup plus considérable que naguère, est devenu un carburant utilisable même pour l'alimentation des automobiles. Et nous pouvons constater ce progrès avec d'autant plus d'allégresse que la France est tributaire de l'Etranger pour l'essence.

Or, la France possède des ressources considérables en bois sur son territoire métropolitain, comme sur son territoire colonial.

La généralisation des méthodes d'utilisation du charbon de bois, en s'intensifiant, va augmenter notablement la consommation du bois.

Dès à présent, le bois est une source de profits pour les communes, tant pour l'exploitation du petit bois que pour le gros œuvre.

QUELQUES ARGUMENTS CONTRAIRES

Il semble donc, dans ces conditions, qu'une cause aussi manifestement intéressante n'aurait même pas besoin d'être plaidée.

Cependant nous évoquerons, pour terminer, quelques arguments des adversaires de la plantation d'arbres le long des routes.

En premier lieu, c'est une opinion encore assez répandue que les plantations entraînent une trop grande humidité nuisible à l'entretien des chaussées.

Mais le technicien, à l'opinion duquel nous nous sommes déjà référés, M. Sinturel, disait déjà au Congrès de 1913 : « Il est reconnu aujourd'hui que la présence d'arbres aide souvent, au contraire, à la viabilité des routes, notamment dans les terrains secs, en y maintenant la dose d'humidité qui permet la cohésion des matériaux. D'ailleurs, même dans les sols compacts, sous un climat humide, quelques essences donnant peu d'ombre et suffisamment espacées peuvent encore rendre d'appréciables services. Seules les parties abritées traversées de forêts par exemple, dispensent de plantations. »

Le même Inspecteur Adjoint des Eaux et Forêts, répondait à une autre objection dans le même rapport, lorsqu'il répondait à l'objection de la routine qui prétend que l'arbre de bordure enlève de sa force à la terre du champ qu'il borde.

« Les plantations, au contraire, écrit M. Sinturel, entraînent d'autres profits pour les riverains : l'abri donné aux champs contre le vent, la sécheresse, compense largement tous les inconvénients à résulter d'un envahissement par les racines ou d'une ombre trop loin portée.

« Toutes les familles d'oiseaux qu'il retient aident à préserver la culture contre les insectes et, le plus souvent, prétendre à une dépréciation d'un fond parcouru par des lignes d'arbres, reste une raison sans valeur, le mauvais calcul d'une routine ignorante.

« Quant à l'objection souvent faite que l'on ne peut faire « venir » d'arbre dans tel ou tel terrain, elle ne tient pas non plus. La géographie botanique est assez avancée maintenant pour que ses spécialistes puissent toujours indiquer quelle essence doit convenir à telle ou telle région, depuis le chêne commun qui résiste à la violence des plus grands vents dans les terrains meubles et frais jusqu'aux mûriers, aux acacias, aux dattiers, aux pins maritimes des régions méridionales, en passant par les arbres des sols humides et tourbeux, et le sorbier des oiseleurs qui ne souffre pas des plus grands froids fréquents dans les régions montagneuses. »

Enfin, on a dit que les grandes routes au moins ne pouvaient pas être bordées d'arbres parce que le goudronnage de ces routes très passantes faisait mourir les arbres dont le renouvellement fréquent devenait dès lors très onéreux.

Mais à cela aussi des techniciens ont répondu. M. Le Gavrian, Ingénieur en Chef des Ponts et Chaussées, s'exprime ainsi dans son ouvrage « *Les Chaussées modernes* » paru en 1922 :

« A. — Il faut éviter, non pas de goudronner les routes, mais de faire pousser les plantes et verdures délicates, trop près des chaussées goudronnées.

« B. — Dans la presque totalité des cas, les arbres de hautes tiges ne souffrent pas sensiblement du voisinage d'une route goudronnée »

Et M. J. Demorlaine, Conservateur des Eaux et Forêts, Conservateur des Promenades de Paris, Professeur à l'Institut National Agronomique, et dont nous avons déjà cité l'opinion plus haut, ajoute, dans un rapport au Congrès Forestier International de Juilet 1925 :

« De nos constatations personnelles, que nous avons pu poursuivre depuis plus de six ans à Compiègne, il résulte que le goudronnage répété d'une route ne paraît avoir un inconvénient pour les arbres de hautes tiges : Erables, Tilleuls, Sorbiers plantés en bordure de la route. »

Et il ajoute : « Ces constatations confirment, sur certains points, les conclusions des expériences poursuivies par MM. Gatin et Griffon, c'est-à-dire que si, au début du goudronnage des routes, les poussières goudronnées pouvaient avoir un effet nocif, les causes en étaient à la mauvaise épuration des goudrons utilisés. Mais, aujourd'hui où, dans la fabrication des goudrons, les sous-produits volatils sont récupérés avec soin, par suite d'une épuration plus complète, *le danger n'est plus à craindre.* » Le problème forestier. Travaux du Congrès Forestier International de Grenoble, Juillet 1925, page 569).

Nous croyons avoir répondu, ici, aux principales objections que l'on élève généralement contre la plantation d'arbres le long des routes.

Pour conclure, nous proposerons d'adopter les vœux suivants :

1° Que nos routes de France soient soumises à une direction unique, supprimant ainsi les cloisons étanches qui existent entre les services s'occupant des routes nationales, des routes départementales, des chemins vicinaux, des canaux, etc. ;

2° Qu'en attendant la réalisation de cette réforme nécessaire, un même service soit chargé d'établir d'urgence un plan général d'aménagement de nos routes au point de vue plantation en bordure, tout en laissant aux différentes administrations intéressées le soin d'assurer l'exécution de ce plan;

3° Que l'on s'inspire, en établissant ce projet d'aménagement des routes, du souci de fournir l'appoint le plus considérable possible au Trésor en bordant d'essences de valeur nos voies de communication, tout en augmentant le charme de la circulation.

Machine à forer des trous dans le sol, pour faciliter la plantation des avenues, construite par les Usines Renault, à Billancourt

COMMUNICATION
de M. le Comte GOBLET D'ALVIELLA

Président de la Société Forestière de Belgique
Délégué du Gouvernement Belge

M. GOBLET D'ALVIELLA. — Messieurs, l'heure étant tardive et craignant d'abuser de vos instants, je serai sans doute moins long que je l'avais primitivement projeté et me bornerai, avec votre permission, à une simple intervention.

Ma communication au Congrès portera sur l'état actuel de la carbonisation en forêt en Belgique.

A vrai dire, la question de la carbonisation, en Belgique, se rattache d'une façon très étroite à celle plus générale des carburants nationaux ; mais cette question n'est pas au point. Alors que nous avons de la tourbe et de la houille, nous débutons par le bois.

Le Conseil Supérieur des forêts, à la suite du Rallye franco-belge de 1925 et de l'Exposition concours de Carbonisation et de Gazogènes de 1928, a nommé une Commission chargée d'étudier la question de la carbonisation du bois et de faire une enquète sur les possibilités d'avenir de cette carbonisation, et, comme je m'étais occupé particulièrement de cette question, il m'a fait l'honneur de me confier la présidence de cette Commission.

Je me suis donc trouvé en présence de ce problème : faut-il carboniser en Belgique et comment faut-il le faire ?

J'ai pensé que la seule façon de résoudre ce problème c'était de me mettre moi-même à l'ouvrage.

J'ai alors fait construire en Belgique, à titre d'essai, deux fours à carboniser, d'après les plans qui m'ont été communiqués par des constructeurs français, dont je ne citerai pas les noms, pour ne pas avoir l'air de leur faire de la réclame.

Je me suis ensuite préoccupé de trouver de la matière première. Cette matière première, en Belgique, est constituée par des taillis simples ou sous futaie, par du bois qui n'a pas une aussi grande valeur que le bois d'œuvre ; c'est un bois qui, actuellement, sert à faire des fagots pour la grande industrie, pour l'industrie à domicile, notamment pour la boulangerie, et qui se vend fort cher. La carbonisation porte encore sur des produits d'éclaircie de résineux, pratiquement sans valeur marchande.

L'objection suivante m'a immédiatement été faite : vous n'aurez pas suffisamment de bois en Belgique pour assurer un avenir à la carbonisation ; vous arriverez très vite à consommer au delà des possibilités forestières.

Cela n'est pas tout à fait exact. Si je prends les chiffres qui ont été donnés en France, pour un taux de boisement à peu près semblable à celui de la Belgique, et si je prends les chiffres établis par M. l'Inspecteur Jagerschmidt, il y a quelques années, je constate, pour 27 millions de mètres cubes de bois produits annuellement par la forêt française, il y a 13 millions et demi de stères de bois à carboniser et de menus bois, c'est-à-dire à peu près 50 %. Eh bien ! J'ai adopté, pour la Belgique, théoriquement, une proportion tout à fait semblable et, comme en Belgique nous avons une production forestière annuelle de 2.400.000 stères, j'ai considéré que l'on pouvait compter sur 1.200.000 stères de bois à carboniser, soit 50 %, ce qui produirait 72.000 tonnes de charbon de bois à raison de 60 kilos de charbon au stère, chiffre moyen, soit ce qu'il faudrait pour faire marcher pendant 300 jours par an 5.000 camions automobiles.

Ce serait un début très raisonnable.

Au cours de l'hiver dernier, j'ai donc commandé mes fours ; on me les a construits à un prix de revient extrêmement favorable, beaucoup plus favorable évidemment que s'il avait fallu les faire construire en France et les importer. J'ai abattu un taillis de châtaignier sous futaie claire, de 14 ans et je l'ai laissé sécher sur le sol.

Ici, Messieurs, je vais vous citer quelques chiffres, mais ne perdez pas de vue que les francs dont je vais vous parler seront toujours des francs belges ; le franc belge vaut moins que le franc français puisqu'il faut payer 140 francs belges pour obtenir 100 francs français.

J'ai donc carbonisé, et cela dans les conditions les plus difficiles et les plus onéreuses. J'ai carbonisé du bois qui avait six mois de coupe, mais qui n'avait pas été ébranché, qui était resté sur le sol tel quel et que j'ai dû faire ébrancher et scier à la main, six mois après, quand il était sec et très dur, sans l'intervention d'aucune machine. La préparation de ce bois a coûté beaucoup d'argent. J'ai pris la main-d'œuvre dont je disposais, n'importe laquelle, la première venue. Il est très intéressant de constater que des tâcherons quelconques, qui n'avaient jamais vu un four à carboniser, qui ne savaient pas ce que c'était, ont, dès le début, réussi la carbonisation et produit un charbon de bois tout à fait normal et régulier.

J'ai publié dans le numéro de septembre 1929 du *Bulletin de la Société Centrale Forestière*, un tableau très exact, mais qui ne représente pas la véritable carbonisation à laquelle on peut arriver. Il ne s'agit là que d'un début. J'ai dressé ce tableau en toute sincérité. Vous y verrez notamment que, pour produire mon charbon de bois, j'ai dû mettre 28 h. 40, 28 h. 50, 27, 28, 27 h. 15 pour le travail préparatoire de débranchage du bois. Le bois de châtaigner m'a donné dans les deux fours, d'une façon à peu près identique, un rendement moyen de 20 à 21 % ; le bois de pin Sylvestre, un rendement légèrement inférieur.

J'avais exprimé, avant de commencer ce travail, la crainte de ne pas avoir un bénéfice suffisant pour le rendre rémunérateur.

La première question qui se posait, en effet, en carbonisant du bois quelconque, était celle de savoir si j'y trouverais un bénéfice. S'il ne doit pas y avoir de bénéfice, il est inutile de chercher à faire de la carbonisation en Belgique, pas plus que n'importe où d'ailleurs. Je dirai même que comme c'est une chose nouvelle, un travail tout à fait nouveau auquel on n'a pas l'habitude de se livrer, comme c'est une industrie nouvelle, il faut qu'elle rapporte davantage que si le bois était utilisé d'une façon différente. Si le bois employé à un autre usage, me rapporte x francs, il faut, si avec ce même bois je fais du charbon, que celui-ci me rapporte $x + y$ francs, c'est élémentaire.

Tout compte fait, je dois vous dire que de ce côté j'ai eu une satisfaction très grande, parce qu'après des pointages extrêmement minutieux, alors qu'en Belgique le bois se vend très cher, j'ai constaté qu'en le carbonisant, en en faisant du charbon de bois, je gagnais beaucoup plus qu'en vendant ce bois sous d'autres formes.

D'autre part, si je puis travailler dans des conditions plus favorables, si je puis carboniser en utilisant des machines pour débiter mon bois vert, je réaliserai ainsi une économie considérable de main-d'œuvre et je ferai, par conséquent, un bénéfice bien plus grand encore.

J'ai donc obtenu des résultats très encourageants. J'ai constaté, par exemple, que pour une journée, qui m'a coûté 28 h. 40 de travail à 4 francs l'heure pour 5 stères 750 de bois, j'ai obtenu 412 kilos de charbon de bois, avec une main-d'œuvre quelconque, qui n'est même pas spécialisée. Ces 412 kilos de charbon de bois m'ont rapporté (prix de vente) 317 fr. 24. Le prix de vente du charbon de bois étant de 191 francs, j'ai un bénéfice pour la fabrication du charbon de bois de 125 fr. 72. Si au contraire, au lieu de faire du charbon de bois, j'avais utilisé ce bois à faire des fagots, des fagots de 1 m. 05 sur 0 m. 95 de tour qui sont les dimensions normales utilisées pour l'industrie, j'aurais vendu ces fagots à raison de 180 francs, rendus à l'usine. Ces fagots m'auraient évidemment coûté de l'argent ; l'abatage est le même, mais la façon des fagots m'aurait coûté 70 francs belges ; le transport m'aurait également coûté et, tout compte fait, si au lieu de faire 5 stères 750 de bois et 412 kilos de charbon de bois, j'avais fait 83 fagots 37 que j'aurais vendus 155 fr. 23, les frais pour ces fagots étant, d'autre part, de 108 fr. 38, mon bénéfice pour les fagots aurait été de 45 fr. 85. Résultat : il y a en faveur du charbon de bois une différence en plus de 79 fr. 85.

Si maintenant, au lieu de considérer la fabrication des fagots, je considère la production de perches de mine qui est une catégorie de bois fort demandée en Belgique et se vend fort cher, je trouve encore, d'après des calculs que je publierai aussi plus tard, que si je fais une sélection dans mon taillis et si je vends d'un côté les perches de mine et de l'autre les fagots faits avec les rémanents, j'obtiens encore plus de bénéfice avec le charbon de bois provenant des unes et des autres ensemble, malgré les conditions défavorables de fabrication dont je viens de vous parler.

D'autre part, nous n'avons pas, évidemment, intérêt à multiplier outre mesure la carbonisation, parce que nous avons déjà, en Belgique, à l'heure actuelle, une importation considérable de bois et qu'il n'est jamais avantageux au point de vue de l'équilibre budgétaire à développer outre mesure les importations. Mais d'un autre côté, il est certain que par des mesures d'aménagement et des procédés culureux appropriés, nous pourrions arriver en Belgique à transformer, dans un sens favorable à la production de la charbonnette, certains taillis qui, à l'heure actuelle, n'ont aucune ou très peu de valeur, des taillis sous futaie qui ne sont pas très intéressants au point de vue de l'exploitation commerciale. Les propriétaires particuliers à défaut de l'Etat et des Communes arriveraient à multiplier les essences à grand rendement et à croissance rapide, tel que l'aune, qui donne un très bon charbon de bois pour gazogène et croît deux ou trois fois plus vite que le chêne dans de bonnes conditions ; nous arriverions donc, par cette transformation et par l'aménagement des forêts, à améliorer l'industrie du charbon de bois.

Seulement, il se présente une difficulté.

Je vais pouvoir dire dans mon prochain rapport au Conseil Supérieur des forêts qu'il est possible de fabriquer en Belgique, comme partout en Europe, du charbon de bois dans des fours mobiles portatifs, en réalisant un bénéfice sérieux ; mais je devrai avouer aussi que lorsque j'aurai du charbon de bois en grande quantité, je me trouverai très embarrassé pour trouver des débouchés et le vendre.

Ce qui nous arrête en ce moment en Belgique et ce qui peut évidemment retarder l'ère de la carbonisation en forêt, c'est le manque de débouchés.

Notre pays est petit, mais il a des moyens de communication extrêmement développés ; les distances sont fort courtes et nous avons, malgré cela, un réseau de chemins de fer, de chemins de fer vicinaux, de routes, de canaux, intensément développé.

Il en résulte qu'on peut sur de petites distances transporter les matières premières et les objets fabriqués à des prix qui ne grèvent pas beaucoup le prix de revient des marchandises. Si en Belgique on devait payer des prix de transport analogues à ceux payés en France (à cause des distances), les marchandises augmenteraient tellement de prix que l'emploi du charbon de bois et des gazogènes deviendrait une nécessité pour nous. Actuellement, en Belgique, nous ne marchons qu'à l'essence et c'est ainsi qu'en 1925, nous avons importé 1.562.832 quintaux métriques pour 127 millions de francs. Vous pouvez être certains que ces chiffres ont, aujourd'hui, augmenté d'au moins un tiers et que, dans l'avenir, cette consommation formidable de l'essence continuera à s'accroître. Mais nous n'avons pas besoin en Belgique d'employer des gazogènes pour réaliser des économies, parce que, comme je vous l'ai dit tout à l'heure, les transports se font sur de petites distances et les frais occasionnés par ces transports ne grèvent pas trop le prix des marchandises.

Il n'y a donc comme débouchés actuels, en Belgique, que quelques industries utilisant le charbon de bois et notamment les glaceries.

Reste l'exportation. Il y a là, je crois, un certain avenir pour la carbonisation.

Il se peut qu'en France, notamment, le charbon de bois augmente de prix, si l'emploi du gazogène se développe. Si donc en France on utilise plus de charbon de bois, il y aura tendance à augmentation des prix, et évidemment à la raréfaction de la matière première. Il s'en suit qu'il peut très bien arriver, dans un délai assez rapproché, que la France soit pour nous un débouché pour le charbon de bois et que nous exportions en France ; la carbonisation en forêt sera, ce jour-là, assurée en Belgique d'un développement très rapide.

Dans tous les cas, au point de vue de la défense nationale et de la recherche des carburants nationaux, je vous dirai qu'à l'heure actuelle, en Belgique, il n'a encore rien été fait, mais que, grâce aux travaux auxquels je me suis livré — et c'est là la première conclusion à laquelle j'arrive — je serais en mesure, moi comme tous les autres particuliers, comme toutes les personnes à qui on donnerait le pouvoir de réquisitionner la main-d'œuvre, l'industrie et le bois, par l'établissement de fours pour carboniser le bois, je serais à même, dis-je, dans les trois ou quatre mois, de doter la défense nationale d'un nombre suffisant de camions à gazogène, marchant au charbon de bois, pour assurer le ravitaillement de l'armée.

Une seconde conclusion à laquelle j'arrive, à la suite de cet exposé, c'est qu'au point de vue technique la question de la carbonisation en Belgique est parfaitement au point, qu'il n'y a pas à craindre de difficultés pour trouver la main-d'œuvre nécessaire. Les prix de revient sont établis ; la fabrication du charbon de bois de carbonisation peut assurer des bénéfices. Pour la construction des fours et des gazogènes, nous sommes autant au point qu'on l'est en France.

Troisième conclusion : au point de vue commercial en Belgique, actuellement, la carbonisation doit faire faillite, faute de débouchés.

Quatrième conclusion : il ne nous faut pas malgré cela abandonner la carbonisation parce que tout ce que nous ferons dans cet ordre d'idées pourra servir pour nos colonies. Il est incontestable que ce n'est pas dans les colonies qu'on peut se livrer à des expériences de ce genre et au calcul des prix de revient. C'est surtout en Belgique, où les Sociétés coloniales ont leur personnel technique, leurs ingénieurs, qu'on doit procéder à ces expériences et continuer la carbonisation.

Je m'excuse, Messieurs, d'avoir cherché à retenir votre attention aussi longtemps, mais ayant été honoré d'une invitation à participer à votre Congrès, je n'ai pu m'empêcher de vous dire son sentiment sur la question de la carbonisation telle qu'elle se présente en Belgique, et j'espère que j'aurai réussi à vous intéresser.

(*Vifs applaudissements.*)

X... — Je voudrais demander à M. GOBLET D'ALVIELLA quel est le prix brut du charbon de bois en Belgique.

M. GOBLET D'ALVIELLA. — Sur wagon départ, il est vendu 0 fr. 50 français. Toutefois, je n'en suis encore qu'aux expériences et je pense qu'on arriverait encore à faire un bénéfice suffisamment appréciable en descendant ce prix jusqu'à 0 fr. 45 français.

Voici comment je calcule actuellement : Je vends mon charbon de bois 0 fr. 75 belge rendu usine, soit un prix brut net de 0 fr. 71 ; tenant compte du change, cela représente 0 fr. 50 français.

X... — A 450 francs la tonne, moi producteur, je ne fais pas du charbon de bois, parce que j'y perds.

Si donc ceux qui utilisent du charbon de bois ne peuvent pas le payer plus cher, le problème devient grave et je n'en vois pas la solution.

M. Ch. Roux. — Je me permets de dire que la réponse à cette question sera contenue dans ce que je dirai tout à l'heure.

M. Goblet d'Alviella. — On m'a toujours dit que 1 kilo ou 1 k. 250 de charbon de bois valait un litre d'essence au point de vue rendement. L'essence coûtant 2,80 à 3 francs le litre et le charbon de bois 0 fr. 75 le kilo, je ne comprends pas pourquoi l'emploi des gazogènes ne se généralise pas davantage.

X... — Je voudrais faire du charbon de bois, je ne le peux pas parce qu'actuellement, je suis sûr d'y perdre de l'argent ; ce n'est donc pas la peine de commencer. J'ai pas mal de surface en taillis et des tracteurs agricoles sur mes propriétés, je pourrais faire le charbon de bois moi-même pour faire marcher ces véhicules ; ce serait alors une opération intéressante ; mais je ne peux pas la faire; ce n'est pas possible parce que le prix de 450 francs la tonne de charbon de bois en France, est trop bon marché ; ce charbon me revient à moi-même à 550 francs.

M. Ch. Roux. — Je vous donnerai les moyens tout à l'heure de vendre plus cher votre charbon de bois en faisant du combustible de gazogène bon marché.

X... — Je vous en remercierai beaucoup.

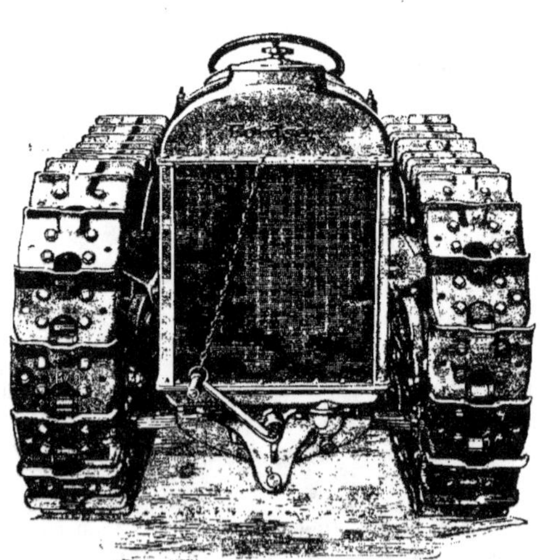

Tracteur forestier à chenille

LE CARBONE
Carburant National Économique

Les bases de son conditionnement
par l'utilisation des carbones minéraux et végétaux
en mélanges équilibrés

Rapport de **M. CHARLES-ROUX**
Président du Centre d'Étude et d'Information du Carbone

I. — LE PASSÉ

Coup d'œil rétrospectif sur l'évolution de la question des Carburants de remplacement et la place prise dans cette évolution par l'utilisation du carbone gazéifié.

La Guerre avait révélé aux Masses que nous étions totalement tributaires de l'étranger pour notre alimentation en Carburants à tel point qu'à certaines heures la question du ravitaillement en pétrole prima jusqu'à celle des réserves en Hommes.

Il semblait que la guerre finie, la vie économique reprenant peu à peu son cours normal, la préoccupation du ravitaillement en Carburants cessant d'être d'ordre militaire, il n'y aurait plus lieu de s'en préoccuper puisqu'il est dans l'ordre normal des choses que les pays démunis d'une matière première quelconque la demandent, par voie de commerce, aux pays mieux dotés par la nature.

Le raisonnement eut été juste si la guerre n'avait à ce point bouleversé l'ordre général des choses, sur toute la surface de notre globe, que l'équilibre économique ne puisse être rétabli dans l'ordre ancien du fait du déplacement des réserves d'or et de la fortune des nations comme celle des Hommes, ce qui a engendré le déséquilibre des changes dont les stabilisations les plus savantes n'ont pu qu'enrayer momentanément l'accentuation sans pouvoir nous faire revenir à l'état normal primitif

On s'aperçut alors bientôt que le coefficient du change perturbait à tel point la loi des échanges commerciaux entre nations qu'un pays à change bas privé d'une matière première comme l'acier, le charbon ou le pétrole. risquait de voir en quelques années toute sa fortune transférée dans les caisses des nations détentrices de ces matières premières.

Et cette année même cette situation devient pour la France, malgré la stabilisation, de plus en plus angoissante puisqu'elle est pour la majeure partie cause du déficit de notre Balance commerciale qui s'accentue à l'allure effarante du milliard par mois.

En effet, sur l'ensemble de ces milliards déficitaires, le charbon et le pétrole et leurs dérivés chiffrent à eux seuls pour plus de 4 milliards, chiffre net à l'entrée en France et, sur ce chiffre de 4 milliards, le pétrole à lui seul est pour une bonne moitié.

C'est de la constatation de cet état de choses et de la prévision qu'il ne peut aller qu'en empirant du fait de l'augmentation incessante de la consommation de pétrole, qu'est née la question des Carburants de remplacement. — Cette question qui à l'origine semblait n'être qu'une question d'ordre militaire est donc devenue l'une des questions vitales d'ordre économique les plus urgentes et angoissantes, peut-être même la plus angoissante et la plus urgente à résoudre.

Comme devant tout problème de ce genre, de nombreuses solutions ont été proposées et les chercheurs de tous ordres n'ont pas manqué de se lancer à corps perdu dans l'étude et la démonstration de ces solutions, tandis que d'une part l'Etat comprenant le danger cherchait une voie de salut et que l'opinion publique tout à coup inquiète faisait entendre son angoisse par la voie de la presse tour à tour porte-paroles des gouvernements auprès de la Masse et porte-paroles de la Masse auprès des gouvernements.

Mais si l'on pose les données du problème on est quelque peu effrayé de son ampleur car il ne s'agit pas de trouver un complément, d'aménager un production, il s'agit en face de rien de tout créer.

En effet, combien importons-nous de Carburants ? Deux millions de tonnes environ. — Combien en produisons-nous ? Une centaine de mille tonnes, autant dire : RIEN. — Sommes-nous au maximum de notre consommation ? Non; à l'allure actuelle celle-ci aura doublé d'ici cinq ou six ans si aucun fait nouveau ne se produit.

On pense bien que devant un champ aussi vaste à exploiter, en face d'un problème aussi formidable à résoudre, les imaginations se sont donné libre cours et que de tous côtés sont sortis des projets tendant à tout transformer en carburant : le bois, la houille, les minéraux aussi bien que les végétaux, l'air et même l'eau et cette dernière idée n'est peut-être pas la plus difficilement réalisable... avec un appoint considérable d'autres éléments.

Les Hommes de haute valeur placés par le gouvernement à la tête des services chargés du mouvement administratif des Carburants et à la tête des organismes chargés d'encourager les recherches et inventions ont vite compris qu'il était nécessaire, non seulement d'encourager, mais aussi de canaliser toutes les initiatives et, si au début on frappa d'ostracisme quelques conceptions, on s'aperçut très vite que devant la gravité de la situation on avait le devoir, même au prix de quelques erreurs, de ne décourager aucune initiative en cette matière.

C'est cet heureux état d'esprit qui permit à l'Office National des Recherches et Inventions, sous la haute direction de M. le Sénateur BRETON, à l'Office National des Combustibles Liquides, sous la haute direction de M. l'Intendant général PINEAU, en liaison avec le Ministère de la Guerre, le Ministère de l'Agriculture et le Ministère des Colonies, de patronner ou de créer les nombreuses manifestations, épreuves, expositions, concours, rallyes, au cours desquels les solutions proposées ou bien s'éliminèrent d'elles-mêmes quand elles n'étaient pas viables, ou bien se mirent au point peu à peu quand elles partaient de principes justes et réalisables

Au cours de ces manifestations nous avons vu naître et progresser des dispositifs nouveaux tant pour la production des Carburants que pour leur utilisation et c'est par suite de l'émulation qu'ils ont provoquée et du terrain d'expérience qu'ils ont offert que se sont équilibrées des solutions que l'on peut aujourd'hui considérer comme entrées dans le domaine pratique.

J'ai personnellement suivi, tantôt comme organisateur, tantôt comme participant, quelquefois aux deux titres ensemble, la plupart de ces manifestations depuis l'origine et j'ai toujours été frappé par le fait que toutes les solutions proposées méritaient une expérimentation et que celles qui n'eurent pas de lendemain eurent cependant toujours une influence utile sur les autres souvent même très différentes de conception, ce qui prouve qu'en matière d'invention comme en matière de guerre l'effort de ceux qui se font tuer est aussi nécessaire que l'effort de ceux auxquels la Destinée accorde la vie ou la réussite; et cela je l'ai constaté aussi bien au cours des recherches concernant la question qui nous occupe aujourd'hui que dans bien d'autres périodes de novation aussi bien dans le domaine de l'automobile que dans celui de l'aéronautique, de la T.S.F. et dans toutes les branches où s'exerce l'activité créatrice du cerveau humain.

Et je profite de cette solennité pour rendre un hommage ému à ceux que l'on oublie trop souvent et qui mériteraient eux aussi de dormir leur repos éternel, soldats inconnus de l'Idée, sous un Arc de Triomphe monumental fait de toutes les déceptions, de tous les chagrins, de tous les désespoirs qu'ils ont connus, mais splendidement illuminé pour l'Eternité de la clarté infinie de toutes les magnifiques espérances et des enthousiasmes sans limite qui furent les leurs, et protégés à son seuil par la plus gigantesque et la plus captivante des chimères qui fit d'eux les victimes que l'on pourrait appeler les Chevaliers de l'Invention morts à la peine, morts à la tâche, écrasés par le dédain du Destin.

Donc parmi les solutions proposées certaines — ai-je dit — peuvent être considérées comme au point et susceptibles d'un développement rapide, ce qui prouve, comme l'a dit si judicieusement M. l'Ingénieur en Chef DUMANOIS, dans son discours d'inauguration du premier Congrès de la Tourbe à Notre-Dame de Liesse en 1927, qu'il n'existe pas une question du Carburant national et une solution du problème posé, mais une question des Carburants nationaux et des solutions diverses du problème posé. Et ceci est très important, car si l'on est découragé devant l'énormité du chiffre auquel atteint la consommation de l'essence lorsqu'on envisage de la remplacer par un produit national dont on ne voit aucune source de production suffisante à brève échéance, on voit mieux la solution du problème lorsqu'on envisage la totalisation des produits différents dont on découvre les diverses sources alimentées elles-mêmes par des réserves totalement distinctes et diverses.

Parmi ces diverses solutions, il en est une qui est considérée par tous ceux qui connaisent la question comme particulièrement au point, c'est celle de l'utilisation du gaz pauvre produit au moyen de gazogènes placés sur les camions et tracteurs automobiles

Cette solution est considérée, par les techniciens militaires notamment, comme tellement favorable et au point, qu'il y a déjà deux ans, au Congrès de Blois, un de ces techniciens les plus avertis, le Colonel SAINCTAVIT, put déclarer dans une communication publique que s'il avait à résoudre le problème immédiat de l'alimentation de 100.000 camions militaires sans essence, il n'hésiterait pas à les munir de gazogènes et à remplacer l'essence par le charbon de bois.

Je sais bien que depuis cette époque la question de l'utilisation de l'huile lourde dont la solution semblait lointaine a fait de très grands progrès et que l'on peut aujourd'hui la considérer comme à la veille d'une mise au point pratique, mais là encore l'observation de M. l'Ingénieur DUMANOIS doit nous rester présente à l'esprit, qu'il est en outre utile qu'il existe plusieurs solutions afin de n'être pas tributaires d'une seule.

Nous verrons d'ailleurs tout à l'heure au cours de cette étude que c'est pour l'emploi du Carbone gazéifiable que nous pouvons le plus facilement trouver une réserve pratiquement illimitée de matière première permettant la généralisation de cet emploi à dose massive, ce que nous ne pourrions faire avec les huiles lourdes dont l'importation devra, comme l'essence, nous fournir la majeure partie.

La solution huile lourde sera certainement économique, très économique même, mais elle ne sera que très partiellement nationale, tandis qu'au point de vue militaire la solution Carbone peut être exclusivement nationale.

C'est pour ces raisons que parmi les recherches, expérimentations et démonstrations de ces dernières années, c'est la question de l'utilisation du Carbone gazéifié — que mes amis scientifiques m'ont quelque peu critiqué d'avoir baptisé question du Carbone-Carburant — qui a pris la première place dans l'évolution de la question des Carburants nationaux depuis la conclusion de la Paix jusqu'à ce jour.

II. — LE PRÉSENT

Le Carbone Carburant National économique de remplacement est un fait acquis. — Situation actuelle du Gazogène. — Les thèses de Production et de Conditionnement du Carbone en présence. — Modes divers de Production et d'Utilisation. — Nécessité de constituer un Carbone-Carburant normalisé obtenu à partir des Combustibles minéraux et végétaux en mélanges équilibrés.

Après ce coup d'œil rétrospectif sur le Passé, examinons donc dans ses détails la situation du Carbone, carburant national économique de remplacement telle qu'elle se présente à ce jour.

Techniquement et pratiquement la question est au point.

En plaçant sur un véhicule automobile un gazogène après avoir procédé à une adaptation du moteur, on est certain d'obtenir un fonctionnement normal du véhicule en alimentant le gazogène avec du charbon de bois de bonne qualité concassé et calibré aux dimensions de 15 × 30, c'est-à-dire en morceaux allant de la grosseur d'une petite noix à celle d'un œuf moyen, et ce résultat est obtenu avec une économie moyenne de 50 % sur la dépense en carburant, économie allant parfois jusqu'à 70 %.

Le résultat est-il parfait et complétement assimilable à celui obtenu avec l'essence ?

Ce serait trop beau et j'estime qu'il est de l'intérêt de ceux qui défendent et préconisent le Carbone-Carburant et qui en escomptent un bénéfice industriel et commercial de nettement situer la question et de l'exposer en toute sincérité, en toute loyauté et par conséquent en toute honnèteté aux usagers.

Tout d'abord voyons les inconvénients du procédé.

Il est bien évident que nous remplaçons le carburateur à essence qui pèse quelques centaines de grammes et tout au plus un ou deux kilos par un appareillage dont le poids moyen est de 250 kilos, qui ne peut descendre pour les petites puissances à moins de 150 kilos, et qui va parfois jusq'à 400 kilos pour les camions de 5 à 7 tonnes.

Il serait stupide de nier que l'on augmente ainsi le poids mort du véhicule, mais la diminution de capacité de transport du fait du poids du gazogène n'est qu'apparente. En effet il y a lieu de remarquer qu'un camion est rarement chargé à son maximum de charge utile, la marchandise transportée étant, sauf pour les matériaux lourds, presque toujours trop encombrante pour permettre ce résultat, si bien qu'en général un camion est chargé au maximum aux 3/4 ou aux 4/5 de sa capacité en poids. — Les 250 ou 300 kilos du gazogène n'ont alors aucune influence sur la capacité de transport du véhicule, d'autant plus que l'emplacement occupé par le gazogène n'est pas pris sur l'emplacement réservé aux marchandises.

Ensuite obtenons-nous la même puissance qu'avec l'essence ?

Théoriquement non, si nous laissons le moteur pour cette utilisation tel qu'il est pour le fonctionnement à l'essence. — Dans ce cas en effet, suivant que nous avons un moteur à plus ou moins forte compression, à admission plus ou moins étranglée, à régime plus ou moins élevé, nous avons une perte de puissance, toutes choses égales, qui peut aller de 30 à 50 %.

Pratiquement oui, car il nous suffit de surcomprimer et réaliser le moteur, de modifier dans certains cas la distribution, pour obtenir avec le même véhicule une utilisation à peu près équivalente à celle obtenue avec l'essence sans transformation du moteur.

Il est bien évident que dans ce cas on peut nous objecter que théoriquement la perte de puissance substiste puisque le moteur ainsi transformé donnerait à l'essence une puissance de 30 à 40 % supérieure à celle qu'il faisait avant sa transformation, mais comme ce moteur ainsi transformé donne au gaz la puissance-essence du moteur primitif et que de ce fait la transformation du moteur n'a entrainé aucune modification dans le reste du mécanisme du véhicule, celui-ci a donc *pratiquement* alors le même rendement au gaz qu'à l'essence.

L'emploi du gaz pauvre ne complique-t-il pas la conduite et l'entretien du véhicule ?

Au point de vue conduite du véhicule rien n'est changé et après quelques heures un conducteur passe du gaz à l'essence et de l'essence au gaz avec la plus grande facilité et ne fait plus aucune différence entre l'un et l'autre des carburants au point de vue de la facilité de la conduite.

Par contre le gazogène nécessite un travail supplémentaire : celui du décrassage et du nettoyage du gazogène lui-même et de la vidange des épurateurs et dépoussiéreurs, mais avec un bon gazogène ce travail supplémentaire est réduit à un quart d'heure tous les 300 kilomètres, c'est-à-dire tous les deux jours sur un camion en service normal de 150 kilomètres par jour. — Admettons même un quart d'heure par jour, cela n'est pas prohibitif.

On objectera que ce travail est quelque peu salissant : je l'admets, mais j'ajoute qu'avec les perfectionnements apportés aux gazogènes il devient chaque jour plus facile, plus pratique et qu'il ne tardera pas à s'effectuer sans même se noircir les mains.

D'ailleurs n'est-il pas plus facile de se laver les mains noircies par du charbon que les mains noircies par l'huile et le cambouis, ce qui arrive souvent au conducteur de camions à essence.

Un ennui subsiste cependant avec le charbon de bois : le rechargement fréquent du gazogène en raison du faible poids du charbon de bois et la poussière dégagée à chaque rechargement. Mais cet inconvénient disparaît presque totalement avec l'emploi des agglomérés bien conditionnés.

Voici un exemple : sur un camion consommant 30 litres d'essence aux 100 kilomètres et muni d'un gazogène d'une capacité de 80 litres de trémie, il faudra recharger en charbon de bois tous les 50 à 60 kilomètres, mais si l'on emploie la Carbonite ou le Syntho-Carbone on ne recharge plus que tous les 120 ou 130 kilomètres. Avec le Granol de tourbe carbonisé, qui est le combustible de gazogène actuellement le plus dense, on ne rechargera qu'après 180 kilomètres de parcours. — Et la Carbonite aussi bien que le Syntho-Carbone ou le Granol ne feront aucune poussière au chargement.

Résumons ces résultats : un camion à gazogène bien conditionné, soit qu'il ait été construit spécialement pour recevoir un gazogène comme c'est le cas sur les Panhard, les Renault, les Dewald, les Saurer et autres primés des concours militaires et livrés neuf avec leur gazogène par les constructeurs, soit que, construit pour l'essence, il ait été par suite transformé pour recevoir un gazogène — Rex, Gepea ou Sagam — (les modifications nécessaires ayant été faites au moteur), donne à son usager des résultats à peu près identiques à ceux du même camion fonctionnant à essence et ce, avec une économie d'au moins 50 % sur la dépense de Carburant.

Il y a lieu de dire que cependant le résultat ne sera pas toujours tout à fait aussi bon avec un camion transformé qu'avec un camion spécialement construit pour gazogène.

On voit donc qu'il n'y a aucun intérêt à ne pas exposer franchement la question de l'emploi du gazogène avec ses avantages et inconvénients comme je viens de le faire puisque la conclusion reste très favorable pour le gazogène.

Voyons maintenant plus en détail où en est la question du Carbone-Carburant lui-même.

Tout d'abord quelle est la situation du charbon de bois ?

Parallèlement à l'expérimentation et à la mise au point du gazogène, s'est accomplie l'expérimentation et la mise au point de la carbonisation du bois au moyen d'appareils portatifs supprimant ou tout au moins réduisant la nécessité d'emploi d'une main-d'œuvre spécialisée devenue rare et chère et l'on est arrivé dans ce sens à des résultats tout à fait pratiques dus principalement aux efforts de nombreux techniciens et chercheurs tels que M. le Conservateur des Eaux et Forêts MAGNIEN, M. DELHOMMEAU, M. TRIHAN, M. BARBIER, M. BONELLO, M. PETITJEAN, M. AUBÉ, et dans un domaine plus complexe, celui de la carbonisation avec récupération, M. MALBAY.

Le charbon de bois est au point de vue de sa structure, le charbon qui se prête le mieux à la gazéification parce que cette structure cellulaire est celle qui est la plus propice au développement des phénomènes de réactivité qui conditionnent la formation rapide et complète du gaz par une transformation complète de l'acide carbonique en oxyde de carbone. Dans les gazogènes qui procèdent par injection complémentaire de vapeur d'eau, le charbon de bois porté au rouge réalise également aussi complètement qu'il est désirable la transformation de cette vapeur d'eau en hydrogène.

Malheureusement, comme je l'ai dit précédemment, le charbon de bois étant extrêmement léger et ayant une forme de mauvais remplissage, son rayon d'action est très faible. — Si nous le comparons à l'essence il ne représente à égalité de calories qu'environ un sixième de litre d'essence dans l'encombrement d'un litre d'essence, ce qui revient à dire que pour remplacer un réservoir d'essence de 10 litres, il faut au-dessus du gazogène proprement dit un réservoir de charbon de bois de 60 litres, soit pour une capacité normale équivalente à 30 litres d'essence : 180 litres de charbon de bois. C'est là le véritable vice rédhibitoire du charbon de bois.

Pour remédier à cet inconvénient on a songé à agglomérer le charbon de bois après pulvérisation et l'on est arrivé ainsi à une densité de chargement allant jusqu'à 0,5 et l'on a pu ainsi augmenter la capacité de chargement et par conséquent le rayon d'action dans la proportion de 2 à 5, de sorte que là où il faut 180 litres de capacité de charbon de bois pour remplacer 30 litres d'essence, il ne faut plus que 70 litres environ avec un aggloméré à la densité de 0,5 et, si cet aggloméré — comme c'est le cas pour la Carbonite, par exemple — de par sa puissance calorifique et ses conditions de gazéification, réduit à 1 kilo le poids de Carbone nécessaire au remplacement du litre d'essence, on arrive à une capacité de 60 litres Carbonite (toujours en suivant le même exemple que précédemment) pour remplacer une capacité de 30 litres essence.

Personnellement j'ai pu améliorer encore ce résultat avec le Granol de tourbe carbonisée dont je vous parlerai tout à l'heure et qui, ayant une densité de chargement de 0, 650 et remplaçant l'essence à raison du kilo pour le litre, arrive ainsi à ne plus demander qu'une capacité de 45 litres environ pour 30 litres d'essence.

La production d'un aggloméré pour gazogène n'est cependant pas aussi simple qu'elle paraît au premier abord. En effet, s'il est facile avec plus de trente substances agglomérantes diverses de réaliser des agglomérés bien comprimés au moyen de presses que l'on trouve dans le commerce et ayant une fort belle apparence, il n'est pas aussi facile de conditionner cet aggloméré de telle façon qu'il se comporte bien dans le gazogène. — La plupart des essais tentés ont échoué parce que à l'usage, ou bien le comprimé fait à froid, ou même à chaud, avec des produits non goudronneux, se délitait à la chaleur et se transformait en poussière avant d'avoir été intégralement gazéifié, ou bien fait à chaud il contenait des goudrons qui en se mêlant au gaz encrassaient le moteur et paralysaient son fonctionnement en quelques heures, parfois même en quelques minutes.

Jusqu'ici les seuls agglomérés produits industriellement sous forme de petits boulets sous le nom de Carbonite d'après les procédés Goutal et Hennebutte et les agglomérés produits semi-industriellement sous forme de dragées d'après mes procédés personnels, ont permis un fonctionnement continu des gazogènes sans encrassement des moteurs. — Il faut ajouter à ceux-ci les Granols de tourbe carbonisée, fabriqués également par mes procédés, à partir de la tourbe, mais ceux-ci ne sont pas précisément des agglomérés obtenus par reconstitution puisque c'est au cours du traitement de la matière première elle-même qu'ils prennent l'état de granulation.

La Carbonite, dont je vous ai déjà parlé plusieurs fois au cours de cette étude, est un produit obtenu à partir du charbon de bois pulvérisé puis réaggloméré au moyen de goudron végétal ayant subi un traitement spécial et ensuite recuit en vase clos suivant un processus qui crée la transformation du goudron en Carbone plutôt qu'il ne l'élimine. La Carbonite a ceci de particulièrement curieux au point de vue technique que la structure de son carbone après traitement n'a plus aucune ressemblance avec celle du charbon de bois constitutif de l'amalgame. — La Carbonite est, à mon avis, un produit parfait pour gazogène et je ne crois pas qu'au point de vue scientifique on puisse produire quelque chose de mieux, mais je crains que son prix de revient ne reste élevé pour des raisons communes à tous les agglomérés de charbon de bois que je vais vous expliquer.

Tous les agglomérés de charbon de bois partent naturellement du charbon de bois comme élément constitutif avec adjonction d'un agglomérant et suivant une technique d'agglomération plus ou moins compliquée.

A la base du prix de l'aggloméré de charbon de bois, il y a donc le prix du charbon de bois lui-même. Donc si nous voulons produire 1.000 kilos d'agglomérés il nous faut d'abord 1.000 kilos de charbon de bois ou plutôt de 1.050 à 1.100 kilos de charbon de bois du commerce car celui-ci contient toujours de 5 à 10 % d'humidité. A ce jour le charbon de bois vaut environ 600 francs la tonne sur wagon départ, mais comme on peut prendre pour l'aggloméré des brisures de charbon de bois valant moins cher, on peut admettre le prix moyen du charbon de bois rendu à l'usine d'agglomérés à 500 francs la tonne (prix actuel). Comme avec l'humidité et la perte à la fabrication il faut compter 1.100 kilos de charbon de bois pour avoir une tonne de produit fini, on a 550 francs de matière première de charbon de bois.

La plupart des procédés d'agglomération, en y comprenant l'agglomérant, la pulvérisation, le malaxage de la pâte, le passage à la presse, la cuisson du produit pour en transformer ou extraire les goudrons, reviennent à un maximum de 250 francs la tonne ce qui amène le tout à un prix de $550 + 250 = 800$ francs la tonne. Si l'on y ajoute les frais généraux, le conditionnement, on arrive facilement à 900 francs la tonne; comme il faut bien admettre un bénéfice industriel de 100 francs la tonne, cela fait 1.000 francs la tonne au prix de gros sur wagon départ usine.

Or tous ceux qui ont étudié le mécanisme commercial de la distribution des Carburants aux consommateurs savent que pour un produit coûtant 1 franc le kilo à l'usine il faut prévoir un prix de vente d'au moins 1 fr. 30 au détail. — Pour une généralisation du Carbone-Carburant ce serait trop cher, car ce prix de 1 fr. 30 étant à la parité de l'essence poids lourd à 2 francs, l'économie de 0 fr. 50 réalisée par litre d'essence qui serait fort intéressante s'il s'agissait seulement de remplacer un carburant liquide X par un carburant liquide Y, n'est plus intéressante pour le consommateur qui a dû au préalable munir son camion d'un gazogène et effectuer la transformation de son moteur, car il n'y a plus de marge d'amortissement, ou plutôt son économie de 0 fr. 50 par litre va être absorbée par l'amortissement du gazogène et de la transformation et alors son carburant lui revient exactement au prix de l'essence poids lourd.

Par contre même à prix égal ce qui n'est pas intéressant pour l'usager devient intéressant au point de vue national car les 2 francs que représente alors la dépense en carburant et amortissement sont 2 francs qui restent en France, tandis que dans le cas essence sur les 2 francs il reste seulement 1 franc en France et 1 franc part à l'étranger et, ce qui est plus grave, doit servir à acheter du Dollar, de la livre anglaise ou du Florin.

Enfin, au point de vue militaire, cela devient tout à fait intéressant, car acheter l'Indépendance à prix égal avec la Servitude, devient un bénéfice inappréciable.

. Les Carbone-Carburant agglomérés à partir du charbon de bois, même chers, sont donc une solution du problème militaire et il y a là un champ d'activité très important pour ceux qui les produisent et les produiront.

Mais est-ce à dire que la question doive en rester là et qu'il n'y ait pas de solution autre que le charbon de bois d'un prix abordable mais incommode et celle de l'aggloméré de charbon de bois pratique, mais trop coûteux pour l'usager industriel ? Pourquoi au lieu de charbon de bois ne pas consommer de charbon minéral bon marché, comme on le fait dans les gazogènes fixes, pourquoi ne pas utiliser les combustibles dénommés pauvres tels que le lignite et la tourbe.

Pour les charbons minéraux je vous réponds tout de suite que dans l'état actuel de la question ceux-ci ne se prêtent pas à cette utilisation pour les trois raisons suivantes : ils contiennent en général des cendres fusibles donnant du mâchefer, ils dégagent une forte proportion de goudrons, et leur réactivité est insuffisante c'est-à-dire qu'ils s'allument trop lentement et ne produisent pas avec une rapidité suffisante la quantité de gaz nécessaire à l'alimentation du moteur étant donné la faible capacité des gazogènes de camions par rapport à celle des gazogènes industriels, ce qui oblige à une transformation presque instantanée du gaz.

A l'état de demi-coke provenant de la distillation à basse température de la houille ils acquièrent plus de réactivité et c'est probablement dans cette voie que l'on ira vers des possibilités d'utilisation de la houille dans les gazogènes de camions, mais actuellement les semi-coke de houille sont trop cendreux et trop pulvérulents pour être employés tels que en gazogène du type automobile et leur réactivité bien qu'améliorée n'est pas encore suffisante pour cet usage.

En ce qui concerne le lignite la réponse est la même que pour la houille, mais avec cette aggravation que la plupart de nos lignites français contiennent une proportion prohibitive de cendres et de soufre et donnent un semi-coke inutilisable pour cet usage.

Il y a bien les briquettes de lignite Union avec lesquelles le gazogène Sagam donne de bons résultats, mais il ne faut pas oublier que la briquette Union vient de la Ruhr et qu'au point de vue français elle est loin d'être un combustible national.

La tourbe par contre est susceptible d'une réalisation intéressante. L'usine de Notre-Dame de Liesse fabrique d'après mes procédés « le Granol » de tourbe carbonisée dont le prix de revient industriel est au-dessous du prix de revient du charbon de bois et cela, pour un produit fini, d'une dureté et d'une solidité considérables, tout en ayant une réactivité reconnue plus grande que celle de tous les autres combustibles connus. — On produit donc à partir de la tourbe un Carbone-Carburant parfaitement conditionné pour gazogènes. Malheureusement la plupart des tourbières françaises sont très cendreuses et pour que le Granol de tourbe devienne parfait il faudrait le produire à partir d'une tourbe non cendreuse, comme il en existe en Belgique dans les Hautes Fagnes (30.000 à 40.000 hectares) et en Hollande (plus de 100.000 hectares). — En France nous avons bien des tourbières peu cendreuses, mais sur de petites étendues, et la plupart des tourbières industriellement exploitables ont une teneur de 7 à 8 % ce qui représente environ 20 % dans le charbon de tourbe, ce qui est trop, surtout lorsqu'une partie de ces cendres sont fusibles et forment des mâchefers.

C'est cette question qui a retardé la généralisation de la tourbe granulée carbonisée dans les gazogènes, mais je viens de procéder à des essais de décendrage par lavage chimique du coke de tourbe et j'ai obtenu des résultats qui me permettent d'annoncer qu'avant quelques mois on pourra, même en partant de tourbes cendreuses, obtenir du charbon de tourbe granulée décendrée. — Ceci permettra de généraliser l'emploi du Carbone-Carburant de tourbe à un prix intéressant pour l'usager, mais il ne faut pas en conclure que la question du Carbone-Carburant en général sera de ce fait résolue car je n'estime pas à plus de 100.000 tonnes par an, la production en Carbone-Carburant que l'on pourrait obtenir normalement des tourbières françaises, du moins en période ordinaire, car en cas de nécessité militaire cette production pourrait après une période d'agencement de deux ans pour l'installation des usines, être portée à 300.000 tonnes par an.

Devons-nous donc conclure que la question du Carbone-Carburant reste localisée à l'utilisation du charbon de bois et de son aggloméré ?

Pour répondre à cette question je dois m'excuser préalablement d'être obligé de vous parler de mes procédés personnels, car la thèse que je vais exposer à ce sujet est celle de la constitution du Syntho-Carbone qui m'est personnelle.

En effet, partant de ce principe que le charbon de bois Carbone-Carburant chimiquement parfait est trop cher et que le Carbone-Carburant houille bon marché n'est pas utilisable, du moins dans l'état actuel de la question, j'ai pensé qu'il n'était pas impossible, en procédant à un mélange de ces deux éléments, d'obtenir un tiers produit utilisable.

L'expérience a prouvé que je ne m'étais pas trompé et a engendré la mise au point d'une technique extrêmement souple puisque j'ai pu ainsi créer des Syntho-Carbone suivant 122 formules différentes dont une centaine expérimentées sur de petites quantités en laboratoire, et une vingtaine sur des quantités industrielles de plusieurs centaines de kilos pour chacune. — La formule 122 à laquelle je me suis arrêté a comporté et comporte encore des essais chiffrant au total sur plusieurs tonnes.

La technique du Syntho-Carbone permet de constituer un combustible « standard » à teneur constante en cendres, matières volatiles et calories, quels que soient les constituants dont on dispose, par le dosage de ces constituants suivant leurs qualités et leurs défauts.

C'est ainsi que des Syntho-Carbones ont pû être constitués avec une tourbe moyennement cendreuse, une houille à 7 % de cendres, un lignite à 10 % de cendres, et du charbon de bois à 2 % de cendres, le tout donnant un produit à 5 % de cendres parfaitement utilisable en gazogène et d'une excellente réactivité alors que l'un de ses éléments, la houille employée — houille anthraciteuse — ne présentait aucune réactivité.

En résumé, le Syntho-Corbone est un Carbone mixte reconstitué au moyen d'un mélange de divers Carbones minéraux et végétaux en proportions équilibrées.

Comme dans le Syntho-Carbone, on arrive à incorporer une grande proportion de houille bon marché, on abaisse considérablement le prix de revient. En effet, si l'on prend 500 kilos de charbon de bois à 500 francs, soit 250 francs, et qu'on y ajoute 600 kilos de houille maigre (100 kilos de plus pour compenser la perte à la cuisson), cette houille à l'état de fines valant 150 francs la tonnes soit 90 francs pour 600 kilos, on obtient comme prix matière première $250 + 100 = 350$ francs pour une tonne de Carbone mixte contre 500 francs pour une tonne de charbon de bois. — L'écart de 150 francs étant suffisant dans ce procédé du Syntho-Carbone pour payer tous les frais d'agglomération et de transformation, on obtient pour 500 francs, c'est-à-dire le prix du charbon de bois, un Carbone-Carburant conditionné, prêt à être employé qui, même en doublant pour bénéfices des industriels, frais de distribution de toutes sortes, peut être vendu 1 franc au détail sur la route pour remplacer le litre d'essence poids lourd à 2 francs minimum.

Cette méthode a en outre l'avantage de ne faire appel que pour la moitié au maximum du charbon de bois, plus rare et plus difficile à produire, tandis que l'autre moitié — le charbon minéral — est une matière abondante et presque en rebut à l'état de fines. — J'ajoute que j'ai pu incorporer jusqu'à 80 % de charbon minéral dans le Syntho-Carbone pour 20 % de charbon végétal en y ajoutant des catalyseurs appropriés, d'ailleurs peu coûteux, ce qui nous rapproche bien de l'utilisation intégrale du Carbone minéral comme Carbone-Carburant sans cependant éliminer le Carbone végétal.

Il n'est pas douteux qu'au point de vue économique seule la thèse du Syntho-Carbone résoud à l'heure actuelle la question du Carbone-Carburant. Je dis à l'heure actuelle, car il se peut que quelqu'un ait demain l'idée géniale qui permettra de produire du Carbone pur à bon marché en partant des combustibles les plus pauvres et les moins chers, et qu'il réalise cette production économiquement et alors la question changera complètement de face. Cependant pour le moment je ne vois pas de méthode plus pratique et plus économique que celle que je viens de vous exposer et qui fournit en même temps les conditions techniques désirables du produit obtenu.

Je me hâte de dire que cette déclaration ne constitue pas un plaidoyer *pro domo* et qu'il n'est pas dans mon esprit de condamner les autres méthodes puisque j'ai dit que même chères elles présentent un intérêt national considérable tant au point de vue technique que militaire, et d'autre part j'estime que la Carbonite dont j'ai parlé et dit tout le bien que je pense peut elle-même entrer dans la voie de l'application de la thèse du Syntho-Carbone en incorporant du charbon minéral au charbon de bois de sa fabrication, de façon à réaliser les données économiques que j'ai exposées.

*
* *

Pour compléter le cycle actuel de l'utilisation du Carbone-Carburant, je dois encore vous parler de son conditionnement et de sa distribution. J'entends par conditionnement la forme du produit, son emballage et sa présentation.

Le charbon de bois doit être concassé en braisettes de 15 à 50 millimètres; personnellement je préfère le calibrage de 10×35, de façon à améliorer la densité de chargement et à réduire au minimum les espaces libres entre les morceaux.

Le seul emballage pratique qui convienne au charbon de bois pour gazogènes est le sac de papier de 20 et de 50 litres. — Le sac tissu en effet présente les inconvénients suivants : 1° il est coûteux et ne peut être fourni à emballage perdu, il faut donc le facturer à l'usager d'où complications; 2° il laisse passer la poussière et en maniant un sac de charbon de bois en toile, on est immédiatement transformé en nègre; 3° il prend et conserve l'humidité.

Le sac en papier par contre, présente les avantages suivants :

1° Il est moins coûteux et peut être fourni comme emballage perdu;

2° Il ne laisse pas passer la poussière et son maniement est d'une propreté absolue;

3° Il protège mieux le charbon de l'humidité et peut même le protéger totalement s'il est imperméabilisé ce qui est possible à peu de frais.

L'emballage papier a d'ailleurs fait ses preuves puisque c'est sous cette forme que les charbonniers, les épiciers et les établissements à succursales multiples vendent chaque jour des milliers de paquets de charbon de bois ménager d'une capacité de 10 litres.

Le sac le plus économique dans la limite de volume pratique est pour la braisette celui de 40 à 50 litres pesant de 10 à 12 kilos. — Il y a intérêt pour la facilité du calcul des prix à le standardiser à 10 kilos.

Les agglomérés peuvent être présentés sous plusieurs formes : boulets, rondins, dragées ou granules. — Personnellement je reste partisan de la forme granulée et de la forme dragée parce que celles-ci sont obtenues par un procédé économique de fabrication et que plus l'élément est petit et régulier, plus on peut diminuer la section et par conséquent l'encombrement et même le prix du gazogène. — Mais la forme boulet est également très bonne à condition de ne pas dépasser la grosseur actuellement adoptée par la Carbonite (boulet sphérique un peu aplati, de 25×35). L'idéal serait d'arriver au petit boulet de 15 à 20 millimètres de diamètre, et mieux encore à la bille de 10 millimètres.

La granulation et la dragélisation permettent avec une forme un peu moins régulière de se rapprocher très près de ce conditionnement idéal.

En résumé, le conditionnement du Carbone-Carburant est extrêmement simple : il consiste 1° à obtenir un combustible de forme aussi régulière et aussi réduite que possible en se rapprochant aussi près que possible du prototype de la sphère de 10 millimètres de diamètre et aussi dense que possible, étant bien entendu qu'il ne doit pas être surcomprimé au détriment de sa réactivité. 2° à emballer ce combustible dans des sacs de papier imperméabilisé, en attendant qu'on le distribue sur le bord des routes au moyen de distributeurs mécaniques ou électriques comme cela se fait pour les Carburants liquides.

J'ai jusqu'ici uniquement mentionné dans ce rapport l'utilisation du Carbone-Carburant pour les camions et les tracteurs. On s'étonnerait que je ne parle pas de son utilisation pour l'automobile de tourisme alors que l'on sait que j'ai effectué plus de 30.000 kilomètres en France et en Belgique avec des voitures de tourisme à gazogène.

Cependant je ne signale la question que pour mention.

En effet, personnellement je suis absolument convaincu par l'expérience, qu'il est aussi facile, et même plus facile d'adapter le gazogène à la voiture de tourisme qu'au camion ou au tracteur, et j'ai acquis la certitude que s'il le fallait toutes les automobiles de France pourraient être équipées de la sorte en moins d'un an. Mais pour le tourisme il faut un ravitaillement organisé à presque chaque tournant de rue ou de route. Or actuellement la distribution diffusée du Carbone-Carburant est impossible faute de quantités suffisantes de produits. Je conserve donc pour moi seul, à titre expérimental, le tourisme du Carbone-Carburant sans chercher à le diffuser, mais je signale par contre que cette adaptation est fort intéressante pour les Colonies, surtout pour celles des régions africaines où l'essence se vend 6 *francs le litre* (30 francs le bidon) et où l'on peut produire du charbon de bois à 30 centimes le kilo.

Je termine cette partie de mon étude en attirant l'attention sur les chiffres comparatifs suivants du coût du C.V. heure entre les divers Carburants :

Chiffrant en francs la consommation moyenne des moteurs, on peut établir le tableau comparatif suivant, au cours de ce jour, pour le prix de revient du C.V. heure (prix pratiqué sur la route) :

à l'essence ...... : de 0 fr. 90 à 1 franc.. (le prix de l'essence variant suivant les régions).

au gaz pauvre. . : de 0 fr. 35 à 0 fr. 50.. (en comptant le kilo de carbone de 0 fr. 80 à 1 fr. 20).

à l'huile lourde.. : de 0 fr. 30 à 0 fr. 35.. (en comptant l'huile lourde aux cours actuels qui ne seront certainement pas ceux pratiqués au détail sur la route).

On peut donc dire que le charbon de bois et l'huile lourde sont actuellement à peu près à égalité avec un léger avantage temporaire pour l'huile lourde, mais le prix du C.V. heure Carbone pourrait être facilement abaissé à 0 fr. 25 et même 0 fr. 20, par l'emploi du charbon minéral conditionné si l'on parvenait à lui donner la réactivité et la pureté nécessaires ce qui n'est pas impossible avec la carbonisation à basse température de la houille, le lavage chimique du semi-coke et l'incorporation de catalyseurs peu coûteux dans le Syntho-Carbone composé de cette façon avec une très petite quantité de charbon de bois.

III. — L'AVENIR

Évolution de la Technique du Carbone-Carburant. — Possibilité d'utilisation de tous les Combustibles pauvres et d'abaissement du prix de revient par l'incorporation de Houille jusqu'à 90°/₀ du mélange dans les Syntho-Carbones. — Évolution probable du Gazogène. — Possibilités d'emploi du Charbon pulvérisé. — Disparition probable du Gazogène pour faire place à l'emploi direct du Carbone-Carburant ultra-pulvérisé dans les moteurs. — Évolution du moteur lui-même.

Depuis dix années que je consacre tous mes efforts à la vulgarisation des questions relatives au Carbone sous ses diverses formes, j'ai coutume à chaque Congrès, après avoir jeté un coup d'œil sur le passé et situé la question traitée dans le présent, de procéder à un sondage de l'avenir et à me livrer à quelques anticipations. J'ai souvent ainsi paru m'égarer dans le domaine de la Fantaisie, et cependant on doit convenir que certaines de ces anticipations qui parurent utopiques ou tout au moins à échéance très lointaine, sont tombées avec une rapidité qui m'a moi-même surpris dans le domaine des réalisations acquises.

Je ne dérogerai donc pas à cette habitude à ce Congrès Métropolitain et Colonial du Carbone végétal et je terminerai ce rapport par un aperçu d'avenir, qu'une fois de plus on jugera optimiste pour ne pas dire utopique, cependant je suis certain que l'évolution que je vais vous faire entrevoir sera encore plus proche que je n'ose la situer.

Nous avons vu que le raisonnement et l'expérimentation nous ont amenés à la thèse du Syntho-Carbone, c'est-à-dire au mélange des combustibles minéraux et végétaux en proportions équilibrées. — Je vous ai indiqué qu'au point de vue pratique je m'étais arrêté à la formule 50 %. Il est certain cependant que très rapidement on arrivera à diminuer la proportion du charbon végétal pour augmenter celle du charbon minéral et que l'adjonction de catalyseurs susceptibles d'augmenter la réactivité du Carbone permettra d'aller jusqu'à 90 % comme je l'ai fait en laboratoire. — A ce moment le prix du Carbone-Carburant sera abaissé dans des proportions importantes qui permettront sa généralisation pour les camions et tracteurs

En effet, reprenant sur les mêmes bases, mais en modifiant les proportions, le calcul que nous avons fait précédemment, nous obtenons le prix de revient suivant :

1.000 kilos charbon minéral (fines maigres à 150 francs la tonne)....	150	»
(dont 100 kilos pour la perte à la fabrication)		
100 kilos charbon de bois à 500 francs la tonne...................	50	»
Total de la matière première « Carbone »..............	200	»
Comptons comme dans le cas précédent, traitement 150............	150	»
soit :	350	»

Nous avons alors abaissé le prix de revient industriel de 500 francs à 350 francs.

Quant aux catalyseurs, ils n'augmenteront pas ce prix car le traitement est d'autant moins coûteux que la quantité de charbon de bois diminue.

A ce moment le combustible à 90 % de carbone minéral étant plus dense son rayon d'action sera augmenté d'environ 20 %. — On m'objectera la question des cendres : elle n'est pas gênante car ce prix de revient très bas permettra de consacrer 25 ou même 50 francs par tonne au lavage chimique du charbon par lequel on abaisse la teneur en cendres au point que l'on veut atteindre.

C'est donc dans cette voie de l'augmentation de la proportion de charbon minéral dans le Syntho-Carbone qu'il y a lieu de s'orienter dès à présent.

Quant au gazogène d'automobile, tous ceux qui ont contrôlé son évolution depuis sa création, sont aujourd'hui d'accord pour le considérer comme absolument au point dans sa forme actuelle qui n'a presque pas évolué depuis bientôt trois ans.

Mais le fait de cette stabilisation n'implique nullement que cette forme actuelle soit sa forme définitive, et pour ma part je cherche et crois avoir partiellement résolu le problème de la diminution de dépense pour le combustible et de la diminution d'encombrement pour le gazogène, par la séparation des zones de combustion et de réduction.

Cette technique nouvelle permettrait de parvenir à utiliser n'importe quel charbon pour la combustion, en réservant le charbon végétal éminemment réactif mais beaucoup plus coûteux pour la zone de réduction.

En effet, la mesure des degrés de rapidité d'usure du Carbone dans les différentes zones d'un gazogène m'ont amené à estimer de 75 à 80 % l'usure du charbon par la combustion pour une usure préalable de 20 à 25 % seulement dans la zone de réduction.

Partant de cette constatation, on arrive à la conclusion que si l'on employait cette méthode au moyen d'un gazogène à deux cuves ou à deux zones, on consommerait un quart de charbon de réduction à 1 franc ou 1 fr. 25 le kilo pour trois quarts de charbon de combustion à 0 fr. 20 ou 0 fr. 30 le kilo, soit un prix fort moyen de :

$$\frac{1 \text{ fr. } 25}{4} + \frac{0 \text{ fr. } 30 \times 3}{4} = 0 \text{ fr. } 54$$

ce qui abaisserait le prix du C.V. heure gaz pauvre à environ 0 fr. 25.

Cependant je ne crois pas que la réussite de cette technique arrête là la transformation du gazogène. En effet, la séparation de celui-ci en deux zones permettrait une économie, mais ne diminuerait pas l'encombrement du gazogène, et même dans le cas du gazogène à deux cuves, elle l'augmenterait plutôt. — Mais du moment que l'on réussit la gazéification intégrale au moyen de deux combustibles différents, s'il y a lieu de maintenir la forme granulée, agglomérée ou concassée pour le Carbone riche de réduction, il n'y a plus de raison de ne pas employer le charbon minéral le meilleur marché, sous forme pulvérisée pour la zone de combustion, et c'est alors que le gazogène proprement dit devient une sorte de gros carburateur contenant de 5 à 20 kilos de charbon de réduction, au moyen desquels on pourra réduire les gaz primaires produits par 20 à 30 kilos de charbon pulvérisé qui pourra, par divers moyens pneumatiques où mécaniques, venir d'un réservoir placé sous le véhicule.

Je tiens à bien spécifier qu'il ne s'agit pas de brûler le charbon pulvérisé par des méthodes habituelles qui nécessiteraient un volume d'air prohibitif et une chambre de combustion de près d'un mètre cube sur un camion, ce qui serait à l'encontre du but poursuivi, mais de le brûler en semi-combustion sur une faible couche au moyen d'un courant d'air réduit comme il est procédé dans les gazogènes actuels avec les charbons actuellement employés.

Je n'ai pas encore vérifié cette méthode en marche normale, mais des essais de laboratoire m'ont confirmé le bien-fondé de cette nouvelle thèse que j'ai soumise cette année au 9e Congrès de Chimie Industrielle, qui vient d'avoir lieu à Barcelone.

Anticipant comme je l'ai toujours fait jusqu'ici dans les précédents Congrès de Chimie Industrielle, je vais maintenant pousser beaucoup plus loin la question et conclure que même réduit comme je viens de le dire à un simple carburateur-catalyseur dont l'encombrement diminuera de plus en plus, le gazogène, après avoir fait lui-même appel au charbon pulvérisé comme je viens de l'expliquer, disparaîtra devant l'emploi direct de ce même charbon pulvérisé dans les moteurs à combustion interne et même dans les moteurs à explosion ou plutôt, comme le disait M. Georges KIMPELIN au sujet de l'emploi des huiles lourdes dans un récent article publié dans *La Journée Industrielle*, en s'en référant aux théories raisonnées émises par M. l'Ingénieur en Chef DEMANOIS : « *dans le moteur de l'avenir qui participera aux avantages du moteur à explosion et du moteur Diesel sans en avoir les inconvénients.* »

On s'apercevra bientôt en effet que le meilleur moyen d'utiliser le Carbone n'est pas de le gazéifier, mais de l'envoyer directement dans le moteur sous forme ultra-pulvérulente avec ou sans addition de corps d'allumage, en utilisant ses facultés explosives de la façon la plus simple et la plus directe, par conséquent la plus économique, ne faisant d'ailleurs en cela que réaliser la conception primitive de NIEPCE pour le moteur à explosion et de DIESEL pour le moteur qui porte son nom, qui tous deux avaient songé au carburant solide avant d'utiliser le carburant liquide. (Si j'osais anticiper davantage sans courir le risque de me faire taxer d'utopie, j'ajouterais que ce ne sera encore là que l'acheminement vers la suppression presque totale du moteur par l'emploi du principe de la fusée, tout au moins en ce qui concerne l'aviation.) — Mais sans extrapoler jusque-là, nous arrêtant au moteur à injection de Carbone, nous constaterons alors que le Carbone deviendra le Carburant éminemment national et éminemment économique, car même en escomptant la plus-value que ce nouvel usage donnera à la houille, il ne chiffrera pas en qualité suffisante proportionnellement à l'usage « chauffage » pour que cette plus-value soit abusive et cela d'autant plus qu'il permettra l'emploi des semi-cokes après distillation.

Si l'on se reporte à ce sujet aux essais effectués en Allemagne au moyen d'un semi-Diesel fixe où la consommation en pulvérisé aurait été de 300 grammes au C.V. heure, on constate qu'en comptant le pulvérisé à 300 francs la tonne, on aurait une dépense de 0 fr. 09 par C.V. heure — disons en chiffres ronds 0 fr. 10 — et qu'en comptant le même charbon à 150 francs la tonne ce qui serait aujourd'hui un prix intéressant pour le semi-cokes, ce taux serait réduit à 0 fr. 05 le C.V. heure.

J'ose donc conclure, en accord avec mon collègue GUISELIN (qui lui non plus ne craint pas les anticipations) que c'est vers cette technique qu'il faut s'orienter si l'on veut véritablement s'affranchir de la tutelle du pétrole puisque c'est à la fois la solution la plus simple et la plus économique et qu'elle mettrait en même temps en valeur notre réserve houillère et notre réserve de combustibles dits pauvres lignites et tourbes).

C'est donc à la fois la solution la plus économique et la plus nationale.

Elle s'appliquerait principalement à la France et à tous les pays d'Europe qui ne possèdent pas de production pétrolifère, particulièrement à la Belgique et à l'Italie.

Je sais qu'à toutes ces visions d'avenir sur le Carbone certains m'objecteront que l'huile lourde peut du jour au lendemain saper les bases de tous mes calculs. A cela je réponds que je crois au développement prochain, très prochain même, et foudroyant du moteur à huile lourde et que je souhaite vivement sa réussite, car outre que ce sera pour l'aviation une grande sécurité, pour l'automobilisme industriel et agricole un nouvel élément de prospérité, ce sera en même temps une cause de développement de la technique du Carbone. — En effet l'utilisation de l'huile lourde c'est la valorisation d'un des sous-produits les plus importants de la distillation à basse température de la houille, de la tourbe et du lignite et, cette valorisation acquise, c'est l'intensification de la distillation à basse température, partant l'augmentation de production du semi-coke, sous-produit éminemment intéressant tant pour la fabrication des Syntho-Carbones que pour l'utilisation directe dans les moteurs lorsqu'elle sera possible. Bien plus, la mise au point du moteur léger à huile lourde, c'est la mise au point à peu près toute faite du moteur à Carbone ultra pulvérisé.

Actuellement les quelques essais d'utilisation du Carbone pulvérisé qui ont été effectués ont été réalisés avec des moteurs Diesel à huiles lourdes, modifiés pour cet usage et ils ont réussi; donc plus le moteur à huile lourde se perfectionnera, plus il sera facile de pousser plus avant ces essais.

Une fois de plus vous pouvez constater que souvent les efforts parallèles contrairement à la loi géométrique finissent par se rencontrer et se combiner.

Il me reste maintenant à dire quelques mots du rôle qu'est appelé à jouer le CENTRE DU CARBONE dans cette évolution de la question du Carbone-Carburant.

IV. — LE CENTRE DU CARBONE

Son but. — Son organisation. — Ses moyens d'action. — Ses Services.

L'organisation du « CENTRE DU CARBONE » embryonnaire depuis plusieurs années a pris son développement actuel en 1928 à l'Exposition Forestière de Versailles où elle avait groupé une importante participation de techniciens et de constructeurs pour la présentation d'un ensemble de conditionnement du Carbone-Carburant.

Jusqu'à ce moment elle n'avait disposé que de mon modeste laboratoire et des stands que chaque année mettait aimablement à notre disposition M. Emile BLANCHARD, commissaire général de l'Exposition de Buc, ce qui m'avait successivement permis de présenter en 1925 une usine à tourbe en réduction dont la présentation eut pour conséquence heureuse la création de l'usine modèle expérimentale de Notre-Dame de Liesse que l'on vient aujourd'hui visiter de tous les points du globe, et, en 1926, un premier petit musée du Carbone avec conférences de propagande.

Mais le succès du CENTRE DU CARBONE à l'Exposition Forestière de Versailles me permit de constater qu'un organisme permanent d'études, d'expérimentation, de documentation, d'information et de diffusion du Carbone rendrait les plus grands services à tous ceux qui, soit au titre de producteurs, soit au titre de consommateurs, s'intéressent à la question du Carbone.

Après une année de démarches et d'études, le CENTRE DU CARBONE jusqu'alors un peu ambulant puisqu'il ne fonctionnait guère que dans les expositions et concours, vient enfin de pouvoir se fixer d'une façon stable et permanente aux portes de Paris où il dispose de trois mille mètres de terrain et de locaux qui ont été spécialement aménagés pour loger ses services, ce qui ne l'empêchera pas de continuer à participer aux expositions comme il le fait à celle de Lyon à l'occasion du Congrès Métropolitain et Colonial du Carbone végétal.

Son but est de développer par tous les moyens utiles la production et l'utilisation du Carbone, richesse nationale se trouvant dans le sol, et sur le sol national et colonial, et se chiffrant par centaines de milliards, au point de vue français et en liaison avec les pays ayant des intérêts connexes aux intérêts français.

Son programme est de réaliser ce but, en effectuant toutes études de recherches scientifiques et chimiques, en vue de sa réalisation pratique au profit de la masse des consommateurs, et par la création des moyens susceptibles de servir de trait d'union entre producteurs et consommateurs.

Son organisation comprend la création de grands services techniques : Etudes. Expérimentation, Démonstration, Documentation, Information, Diffusion complétés par un service commercial de Coopération.

La méthode mise en œuvre est basée sur la coopération dans un cadre libre, extrêmement simple, dégagé de toutes entraves administratives. Coopération à la production de la part des chercheurs, techniciens, producteurs. Coopération à la consommation de la part des usagers de tous degrés.

Ses moyens d'action sont déjà fort étendus, car ils sont le fruit d'une préparation laborieuse consécutive à dix années de recherches, d'études, d'expérimentation et de propagande de la part de ses fondateurs.

Voici un aperçu de la division et de la classification de ses services :

Service d'Études

Laboratoire de Recherches. — Laboratoire Industriel. — Analyse de toutes matières carbonifères : bois; charbon de bois; tourbe; lignite; déchets; résidus; goudrons, etc... — Estimations Forestières. — Prospection de tourbières. — Etudes minières.

Service d'Expérimentation

Essai et contrôle de tous les appareils de carbonisation, distillation et gazéification du Carbone;

Expérimentation et vérification de tous procédés intéressant l'exploitation industrielle du Carbone;

Expérimentation de tous combustibles et carburants à l'échelle industrielle;

Vérification du rendement de tous les appareils domestiques et industriels de combustion.

Service de Démonstration

Démonstrations de carbonisation, distillation, gazéification et d'utilisation du Carbone au moyen d'appareils de tous systèmes : fours à carboniser avec ou sans récupération, gazogènes fixes, gazogènes mobiles sur tracteurs, camions, voiture de tourisme de toutes marques, appareils de chauffage domestique et chauffage industriel de tous systèmes.

Service de Documentation

Centralisation de la documentation scientifique, technique, industrielle et commerciale du Carbone;

Etablissement de dossiers, de catalogues dans toutes les branches des industries du Carbone;

Musée documentaire du Carbone. — Bibliographie du Carbone. — Législation du Carbone.

Service d'Information

Centralisation de toutes les nouvelles et informations concernant le Carbone. — Calendrier des Concours. — Congrès. — Expositions. — Adjudications. — Réglementations, se rapportant au Carbone.

Service de Diffusion

Cours du soir gratuits pour jeunes gens et adultes. — Enseignement technique et pratique du Carbone. — Organisation de conférences et de radio-diffusion. —

Publication de tracts. — Distribution, diffusion de catalogues, notices, réclames pour les constructeurs. — Participation et groupement de collectivité dans les Expositions françaises et étrangères. — Organisation de propagande collective dans les journaux et revues publicitaires. — Exposition permanente du Carbone, de son appareillage, produits et dérivés.

Service de Coopération

Service coopératif de liaison entre producteurs et consommateurs.

Bureau de commande pour transmission d'ordres d'achats au service des consommateurs.

En résumé, le CENTRE DU CARBONE est un vaste organisme de coopération entre tous les techniciens, les producteurs et les consommateurs du Carbone.

Il s'est donné pour mission d'être l'ANIMATEUR DU CARBONE et j'emploie à dessein cette expression, car j'ai personnellement beaucoup pris des idées et méthodes de propagande de cet incomparable animateur qu'est Louis FOREST.

Conçu et organisé suivant une technique moderne, le CENTRE DU CARBONE ne pouvait pas ne pas avoir son Bulletin : celui-ci naît à dessein au Congrès de Lyon, car ce Congrès et cette Exposition dus à l'intelligente et active initiative de la direction du service agricole du P.L.M. marque une étape importante, peut-être la plus importante de l'évolution de la question du Carbone et, par voie de conséquence, de l'affranchissement économique de la France.

Ayant conscience d'avoir créé avec le concours de mes amis et collaborateurs une œuvre utile et saine, je n'hésite pas à lancer du haut de la tribune de ce Congrès Métropolitain et Colonial un appel à tous ceux — et ils sont nombreux — qui ont intérêt au développement de l'œuvre que j'ai entreprise pour qu'ils participent à son succès en adhérant à la Coopération du Carbone, espérant que cette œuvre contribuera utilement à l'affranchissement économique de la France.

DISCUSSION

M. HEUET. — *M. Roux pourrait-il nous indiquer le prix de vente du* « *granol* ».

M. Charles Roux. — *Je ne suis pas ici pour parler commerce. Cependant je puis vous dire que le* « *granol* » *revient à l'usine Expérimentale de Notre-Dame de Liesse qui, à l'heure actuelle peut en produire 5 à 6 tonnes par jour, à un prix un peu au-dessous de celui du charbon de bois, si l'on admet 400 francs la tonne comme prix moyen de revient du charbon de bois en France.*

UN CONGRESSISTE. — *Alors, dans ces conditions, on ne vendra plus de charbon de bois.*

M. Charles Roux. — *Vous placez le problème sur un terrain extrêmement limité au point de vue commercial. Comme je l'ai dit tout à l'heure, il n'y a pas une question de boutique là-dedans ; il y a tout simplement une question d'ordre économique national, avec des solutions différentes, dont aucune ne doit dans le domaine industriel et commercial gêner l'autre ; si l'emploi du gazogène se généralisait, il n'y aurait pas de concurrence à redouter car tout le monde travaillant à faire des combustibles pour gazogènes, par toutes les méthodes entrant en jeu, on n'arriverait pas encore à en faire suffisamment pour alimenter les 250.000 camions qui roulent en France.*

Par conséquent, il ne faut pas restreindre cette question et ne la considérer qu'au point de vue de la concurrence qui pourrait être faite au charbon de bois par d'autres produits. Il faut voir si tous les produits réunis, — et c'est pourquoi je vous soumets la thèse du syntho-carbone, — ne peuvent pas arriver, au lieu de se détruire et de se gêner, à se compléter et s'aider mutuellement. C'est, je crois, la conclusion que l'on peut tirer de ces discussions.

Il est évident que le charbon de tourbe reviendrait très bon marché ; mais je vous ai signalé la difficulté actuelle du charbon de tourbe : la plupart des tourbes françaises sont très cendreuses et ils produisent dans le gazogène des mâchefers. Par lavage chimique, on peut décendrer ce charbon ; mais en présence de ce produit qui reviendrait relativement bon marché, on pourrait facilement envisager de dépenser 50 francs par tonne pour faire ce lavage chimique. C'est ce que nous étudions actuellement non seulement pour le charbon de tourbe mais pour les fines de houille et c'est ce qui me permet de dire que même en portant des combustibles minéraux très cendreux, en arrivera à faire du carbone de gazogène à un prix intéressant pour l'usager, parce que la marge des prix de revient que permet l'incorporation de charbon minéral avec le charbon de bois, laisse une latitude suffisante.

S'il s'agit de faire un lavage chimique de la houille à incorporer, il est évident qu'avec 50 francs consacrés à cette opération par tonne de houille, on peut faire passer plusieurs fois une tonne de charbon dans le bain de lavage et arriver à une teneur admissible, après avoir dépensé 40 francs de lavage chimique proprement dit et 10 francs pour déshydrater le charbon qui aura été humidifié par ce lavage.

En ce qui concerne les syntho-carbones, j'ai pu en constituer avec une tourbe, moyennement cendreuse, une houille à 7 % de cendres, un anthracite à 6 et 8 % de cendres, un lignite à 10 % de cendres et un charbon de bois à 2 % de cendres, le tout donnant, après traitement, un produit à 5 % de cendres parfaitement utilisable en gazogène.

M. LE PRÉSIDENT. — *Avez-vous essayé le semi-coke ?*

M. Charles Roux. — *Oui, il donne satisfaction, mais il est en général très cendreux et ce qui rend difficile le décendrage de ce semi-coke, c'est l'impossibilité d'atteindre le cœur des morceaux par lavage chimique. Comme nous sommes obligés de pulvériser le charbon pour le réagglomérer ensuite, nous pouvons procéder, dans une première phase, à la pulvérisation, non pas à l'état de fines, mais à une pulvérisation en petits grains de 1 à 2 millimètres, lesquels pourront être lavés facilement et, ensuite, nous les pulvériserons de nouveau pour les agglomérer, car la finesse de pulvérisation est une des conditions dominantes d'une bonne agglomération. Si l'on part du semi-coke, il faut ajouter davantage de brai de goudron pour produire l'agglomération, tandis que si l'on part d'un charbon gras ou demi-gras, on n'a presque plus besoin de faire appel au brai.*

M. LE PRÉSIDENT. — *Comme catalyseur employez-vous l'oxyde de fer qui est le moins coûteux ?*

M. Charles ROUX — *Le moyen le plus simple et le plus économique que j'ai trouvé, c'est d'employer le minerai de fer qui s'oxyde de lui-même au cours de la préparation. Evidemment, il y a des catalyseurs supérieurs, le nickel, par exemple ; mais il est d'un prix de revient trop élevé.*

UN CONGRESSISTE. — *Je voudrais poser la question suivante : il faudra vendre le charbon de bois aux usines d'agglomérés ; mais tant que ces usines ne seront pas plus répandues en France, si, par exemple, l'usine se trouve dans le Nord, pour avoir la houille nécessaire, les fabricants de charbon de bois du Centre et du Midi ne vendront pas leurs produits.*

M. Charles ROUX. — *Si l'élément principal du syntho-carbone est le charbon minéral, le traitement se fera sur le carreau de la Mine, où on agglomérera les x % de charbon de bois nécessaires.*

Si l'élément principal est le charbon de bois, on traitera ce charbon sur le lieu de sa production, tout proche de la forêt.

Si on fait appel aux trois éléments : charbon de bois, charbon de tourbe ou tourbe — (je suis passé très rapidement sur la tourbe dans mon rapport, parce que j'ai traité cette question dans beaucoup d'autres Congrès, mais le mélange national idéal comporte un tiers de tourbe, un tiers de charbon de bois et un tiers de charbon minéral) — si on fait appel à ces trois éléments, dis-je, on installera l'usine sur la tourbière qui, en général, se trouve à une distance pratique d'une région forestière et, dans la plupart des cas, n'est pas très éloignée d'une région minière.

Donc, je résume : dans le premier cas : usine sur le carreau de la mine ; dans le deuxième cas : usine près de la forêt ; dans le troisième cas : usine sur la tourbière. Tout cela, ce sont des questions d'agencement et de conditionnement général du Carbone qui forment un très vaste programme économique.

UN CONGRESSISTE. — *Si vous ramenez à 10 % l'emploi du charbon de bois, nous ne vendrons pas tout ce que nous produirons.*

M. Charles ROUX. — *On a dit que le gazogène semble piétiner, ne pas avancer, faute de charbon de bois. Donc, s'il n'y a pas assez de charbon de bois, c'est qu'on n'en fait pas suffisamment, pour une raison quelconque.*

Envisageons le cas où vous ne vendrez pas votre charbon de bois, parce qu'on n'en incorporera que 10 % ; mais pratiquement, la formule sur laquelle nous sommes prêts actuellement, c'est 50 % et la formule qui pourrait être réalisée demain en donnant satisfaction à tout le monde, c'est la formule 75 % de charbon minéral et 25 % de charbon de bois, avec addition de catalyseur, car au-dessus de 50 %, il faut ajouter le catalyseur ; jusqu'à ce taux, il n'y en a pas besoin ; à ce moment-là, le pouvoir réactif du charbon de bois domine l'inertie du charbon de terre; mais, si vous arrivez à 75 %, il n'en est plus de même et il vous faut faire l'appoint d'un catalyseur.

Si on devait réunir des carbones carburants pour tous les camions français, il faudrait un million de tonnes par an de carbone pour les gazogènes. S'il faut un million de tonnes de carbone, êtes-vous capables de les produire avec le charbon de bois ? Je ne le crois pas. Est-il plus facile de les produire avec 500.000 tonnes de charbon de bois et 500.000 tonnes de charbon minéral ? On peut répondre tout de suite : les 500.000 tonnes de charbon minéral, nous les avons. Mais nous n'avons pas les 500.000 tonnes de charbon de bois. Si on prend 750.000 tonnes de charbon minéral et 250.000 tonnes de charbon de bois, on peut dire que, pratiquement, la question est résolue, car on fera, quand on voudra, 250.000 tonnes de charbon de bois de plus par an, et, comme on pourra vous les payer plus cher, vous en ferez d'autant plus.

M. Emile BARBET. — Je voudrais qu'on songeât aussi à étudier, pour le prochain Congrès, la question de la récupération des sous-produits.

M. LE PRÉSIDENT. — M. DUPONT nous a apporté, ce matin, des indications sur ce sujet.

M. Charles ROUX. — Je ne me suis pas permis d'aborder cette question ici, bien que l'ayant beaucoup étudiée car je considère qu'elle est précisément du domaine de M. Emile BARBET, et de celui de M. le Professeur DUPONT, et j'ai déjà suffisamment à faire pour pousser jusqu'à son maximum l'étude du problème du conditionnement et de l'utilisation du carbone comme carburant.

M. LE PRÉSIDENT. — Je vous remercie beaucoup de votre communication et de toutes vos explications complémentaires : vous nous avez fourni un véritable rapport d'ensemble sur la question du carbone envisagé comme carburant national économique et il semble bien que ce rapport soit le plus complet dont nous ayions eu connaissance jusqu'à ce jour.

LES FORÊTS COLONIALES

Possibilités offertes pour la production de bois d'œuvre
et pour la production de pâte à papier
charbon de bois et sous-produits de la carbonisation

RAPPORT

de M. MENIAUD

Administrateur en Chef des Colonies, Chef du Service des Bois coloniaux
au nom de l'Agence générale des Colonies
de l'Association « Colonies-Sciences » et du Comité national des Bois coloniaux

I. — POSSIBILITÉS DE PRODUCTION EN BOIS D'ŒUVRE

On a beaucoup écrit sur la richesse des forêts coloniales et sur les possibilités formidables — n'a-t-on pas parlé de milliards de mètres cubes ? — qu'elles allaient offrir pour le ravitaillement en bois des marchés, non seulement de la Métropole, mais du monde entier.

Certes, si l'on jugeait uniquement par leur étendue, par leur densité, par la puissance de leur végétation, les chiffres mis en avant ne paraîtraient nullement exagérés, au contraire. Mais il convient d'examiner de plus près la question et de tenir compte de nombre de facteurs qui poussent à réduire considérablement les possibilités dont il s'agit (1).

Tout d'abord, on peut estimer que la superficie des massifs boisés vraiment dignes de ce nom, c'est-à-dire exclusion faite des parties broussailleuses n'ayant pas un réel caractère forestier, des parties périodiquement défrichées par les indigènes pour leurs cultures vivrières, des palmeraies, des savanes, des terres utilisées pour la colonisation, etc., est loin d'atteindre le chiffre de 90 millions d'hectares

---

(1) M. SARGOS, Président de la Chambre Syndicale des Producteurs de bois coloniaux a déjà été très affirmatif à ce sujet, en ce qui concerne nos forêts africaines, lors du dernier Congrès International du Bois et de ses dérivés — LYON, 1928.

cité dans certains ouvrages. On serait probablement beaucoup plus près de la vérité si l'on ramenait cette superficie à 50-60 millions d'hectares. C'est là néanmoins un total très important puisqu'il représente de cinq à six fois celui de nos forêts françaises.

Au surplus, cette superficie boisée, si elle est entièrement intéressante (bien qu'elle soit assez faible, eu égard à l'étendue de nos colonies, et très mal répartie) pour le maintien du climat et des précipitations atmosphériques et pour assurer la régularité du régime des cours d'eau, n'est pratiquement exploitable, pour l'exportation, qu'en bordure de voies fluviales ou flottantes et des voies ferrées. Les premières constituent dans les zones forestières de nos colonies des réseaux assez restreints. Quant aux chemins de fer, ils sont rares; on pourra certes les multiplier, mais de toute façon ils ne pourront guère servir au delà d'une certaine distance de la mer, en raison de leurs tarifs forcément assez élevés, qu'au transport des bois précieux. On peut logiquement conclure de ces faits que la partie exploitable pour l'exportation des massifs boisés coloniaux, représente tout au plus 40 à 50 % de la superficie totale et ne dépasse pas, en l'état actuel des choses, 20 à 25 millions d'hectares.

C'est encore magnifique. Car si ces 20 à 25 millions d'hectares pouvaient être exploités tant soit peu rationnellement, à ne considérer que les seules essences connues et appréciées qu'ils contiennent, ils fourniraient une masse de bois d'œuvre très supérieure aux quantités présentement importées par la France de l'étranger, soit, en chiffre rond, deux millions de tonnes. compte non tenu des pâtes et papiers de bois.

Ce n'est malheureusement pas le cas. Si la production exportée s'est développée rapidement depuis la guerre, passant de quelques milliers de mètres cubes en 1919 à plus de 800.000 mètres cubes en 1928, elle ne représente encore qu'une moyenne annuelle à l'hectare tout à fait infime (0 m³ 04 environ) (1), alors que nos bonnes forêts françaises donnent jusqu'à 8 ou 10 mètres cubes par hectare et par an.

Évidemment, il ne s'agit pas, aux colonies, de forêts aménagées et peuplées exclusivement d'essences intéressantes. Il s'en faut même de beaucoup. Mais enfin, il y a tout de même, dans les massifs primaires, nombre d'espèces dont le bois peut concurrencer sur nos marchés les bois d'importation, espèces représentées par un nombre très respectable d'arbres de fortes dimensions. L'inventaire précis d'une parcelle de 210 hectares en voie d'aménagement à la CÔTE D'IVOIRE et non spécialement choisie par sa richesse en essences de choix, a démontré la présence, pour les seules essences cotées sur les marchés européens (Acajous, Noyers, Avodiré, Iroko) de 1.190 arbres d'un diamètre supérieur à 0 m. 50 (2). En autres bonnes essences susceptibles également d'être cotées, lorsqu'elles seront importées couramment (Azobé, Bahia, Dabéma, Sougué, Aïélé, etc.), le nombre est presque aussi grand et c'est à près de 2.000 arbres utilisables, faisant au minimum

---

(1) Ceci sur les 120 millions d'hectares considérés comme exploitables immédiatement.

(2) Sur un total de 5.703 atteignant ce diamètre.

10.000 mètres cubes, que l'on peut chiffrer la richesse exploitable immédiatement de la parcelle dont il s'agit. C'est près de 50 mètres cubes par hectare (1).

A vrai dire, l'exploitation de ces forêts n'est pas encore organisée. Si elle a pris du développement au cours de ces dernières années, c'est presque exclusivement en ce qui concerne la coupe des bois précieux et des bois de déroulage. Il suffit de consulter les statistiques pour s'en rendre compte.

Ceci ne doit pas être interprété comme une critique à l'égard des exploitants coloniaux, lesquels ont fait au cours des dernières années un réel effort pour augmenter leur production — si pour la plupart, ces exploitants ne sont pas encore sur la bonne voie, ce n'est pas entièrement leur faute. On constate du reste chez eux une évolution pouvant conduire assez rapidement à des résultats intéressants.

Qu'exporte-t-on en effet de nos colonies en matière de bois ? Les chiffres de 1928 vont nous éclairer :

Acajous divers et autres bois d'Ebénisterie : 140.000 tonnes, soit 100.000 mètres cubes environ;

Okoumé (350.000 tonnes environ), et divers autres bois de déroulage et tranchage (Ayous, Samba, Avodiré, etc.) : 380.000 tonnes, soit 570.000 mètres cubes environ;

Bois d'œuvre pour menuiserie, parquet, charpente spéciale : 60.000 tonnes, soit 80.000 mètres cubes environ.

Les bois d'ébénisterie représentent donc 23 % du total, les bois de déroulage 68 % et les bois autres 9 % seulement. Or, ces derniers sont précisément les plus abondants. Les premiers sont partout très disséminés; les seconds, à l'exception de l'Okoumé, relativement fréquent au GABON, le sont également. Aussi l'exploitation des uns et des autres qui porte chaque année sur plus d'un million d'hectares de forêt primaire semble être arrivée, pour ces essences, à la limite, si elle ne l'a pas déjà dépassée, des possibilités normales des massifs coloniaux exploitables. Seuls, des travaux d'aménagement et d'enrichissement entrepris à bref délai pourront, dans un avenir encore assez lointain, augmenter à cet égard les capacités de production de ces massifs.

L'exploitation des autres bois d'œuvre pourrait, par contre, prendre un développement immédiat et considérable.

---

(1) La moyenne fournie par les chantiers de la colonie n'est guère actuellement que de 3 à 4 m3 par hectare. Au GABON, elle est plus importante. Le Consortium des Grands Réseaux qui réussit à exploiter la majeure partie des essences, tire de sa concession une moyenne de 130 m3 par hectare. C'est toutefois une exception, car le Consortum exploite nombre d'essences dures, excellentes, certes, pour la fabrication des traverses de chemin de fer, mais qui ne peuvent guère convenir qu'à cette fabrication et que seul le Consortium peut exploiter, la fabrication de traverses pour l'exportation n'étant pas payante actuellement à la colonie pour une société privée. Dans les autres chantiers du GABON, généralement riches en OKOUMÉ, on coupe au maximum 20 à 25 m3 par hectare. Au CAMEROUN, on coupe 6 à 8 m3.

Depuis plusieurs années, le Service des Bois de l'AGENCE GÉNÉRALE DES COLONIES et, avec lui, le COMITÉ NATIONAL DES BOIS COLONIAUX et l'ASSOCIATION « COLONIES SCIENCES », ont effectué des études qui ont démontré les qualités de nombre de variétés, dont certaines particulièrement abondantes dans les peuplements. Citons pour les Colonies d'Afrique, le Bahia, le Fraké ou Limbo, l'Evino, l'Iroko, l'Avodiré et le Framiré, le Movingui, les Niangons et Rezogoués, les Ayous, Samba et autres bois blancs similaires (Emien et Pri), etc.; pour l'Indo-Chine, le Bang-Lang et le Dau (Teck rouge du Cambodge); pour la Guyane, les Angéliques, les Cèdres, les Grignons et nombre d'autres espèces intéressantes. Même parmi les bois d'ébénisterie ou de très belle menuiserie, il est des variétés dont se soucient très insuffisamment les exploitants et qui pourraient donner lieu à des exportations importantes. C'est le cas par exemple pour l'Acajou-Tiama, l'Acajou-Sipo, les Makore et Douka, etc.

Une active propagande a été faite en faveur de ces bois dans tous les milieux. Les très nombreux essais d'utilisation qu'elle a provoqués, les résultats en général très satisfaisants auxquels ils ont donné lieu, les demandes de renseignements concernant l'importation et la vente, prouvent suffisamment que l'industrie apprécie ces diverses essences et les accueillerait volontiers en quantités importantes si elles lui étaient offertes dans des conditions acceptables de présentation et de prix.

Malheureusement, si la demande est abondante, l'offre ne l'est guère. En réalité, ni les exportateurs ni les exploitants n'ont encore pris de dispositions sérieuses pour l'augmenter.

Tout est à organiser à ce point de vue, car si l'on peut continuer à envoyer sans inconvénient de nos colonies des bois en billes, lorsqu'ils sont destinés à l'ébénisterie, au tranchage ou au déroulage (c'est même obligatoire dans ces deux derniers cas), il est inconcevable d'envoyer, pour des emplois communs de menuiserie, des pièces de bois énormes, difficiles à manipuler, pour lesquelles on paie un fret très élevé et qui nous arrivent fréquemment échauffées ou piquées par des insectes, fendues en bout ou « roulées » et qui subissent au débitage, *même lorsque le bois est entièrement de bonne qualité, un déchet de 30 à 40 %.*

Ces bois d'œuvre en billes sont cotés sur nos grands marchés à des prix apparemment avantageux pour l'exploitant. Compte tenu du fret et de tous les frais accessoires, des réfactions, qui sont souvent très importantes et majorent très sensiblement le prix de revient des lots agréés par l'acheteur, le prix de vente ne laisse cependant pas grand bénéfice à cet exploitant. Bien souvent, même, celui-ci ne rentre pas entièrement dans ses avances. Néanmoins, les bois débités doivent être vendus très cher aux consommateurs, trop cher dans nombre de cas pour être *intéressants* aux yeux de ces derniers.

L'élévation du prix de revient de ces bois en billes paralyse donc à la fois et la *production* et *l'écoulement.* Aussi, s'en tient-on, malgré qu'il ne s'agisse pas de bois d'ébénisterie, à quelques rares essences qui sont encore des essences de choix (Teck d'Indo-Chine, Iroko d'Afrique), etc., recherchées pour leurs qualités spéciales.

La grande masse des bois de caisserie, de menuiserie courante, de moulure, de parquet, de charpente spéciale (il en est d'excellents pour tous ces emplois) est négligée (1).

Cette masse de bois est négligée et le restera tant que les conditions d'importation ne seront pas modifiées, *c'est-à-dire tant qu'on ne se résoudra pas à débiter sur place, avant expédition* (2).

Seul, le débitage aux colonies peut en effet permettre un abaissement sensible du prix de revient et faire disparaître les aléas des expéditions. L'économie à réaliser sur les frais de transport, compte tenu des tarifs (moins élevés pour les bois débités que pour les billes), de la suppression des réfactions et des déchets de sciage, atteindra probablement 70 % *des frais payés actuellement*. En outre, l'opération de débitage permettra d'expédier des bois lourds, difficiles à expédier en billes parce qu'ils ne flottent pas, et, après un court séchage, des bois tendres ou demi-durs qui, tels nos hêtres et nos peupliers, sont de conservation délicate en grume, s'échauffent rapidement ou sont piqués par des insectes, surtout au cours de leur transport, dans les cales de navires.

* *

Par le débitage sur place (aux dimensions courantes du commerce), on pourra donc expédier en quantités très importantes des bois divers, bois qui nous arriveront en parfait état de conservation et de présentation et dont le prix de vente pourra, vu la forte économie réalisée sur les transports, être à la fois assez élevé pour laisser un bénéfice raisonnable aux exploitants et assez bas pour stimuler les employeurs à rechercher ces bois de préférence aux bois de provenance étrangère.

On ne peut objecter à cela les difficultés de réalisation. Ces difficultés, en admettant qu'il y en ait quelques-unes, ne sont nullement insurmontables. Le bois fraîchement abattu est en général plus facile à scier que lorsqu'il a subi un commencement de séchage. L'outillage, très au point dès maintenant en ce qui concerne les scies alternatives, le sera bientôt en ce qui concerne les scies à ruban et les scies circulaires (le Service des Bois Coloniaux poursuit actuellement l'étude de cette question). Son transport, son installation et son fonctionnement aux colonies n'exigent pas des connaissances ou des dispositions spéciales, si ce n'est la constitution d'un stock un peu plus important de lames de scies et de pièces de rechange. Les entreprises de sciage trouveront même aux colonies une facilité qu'elles n'ont pas en Europe : c'est de pouvoir obtenir gracieusement ou presque les emplacements assez vastes qui leur sont nécessaires. Le personnel : Il est plus coûteux certainement qu'en France, en raison des risques, des frais de voyage, des congés, etc.,

---

(1 Il ne sera pas question ici des bois de charpente ordinaire, ni des bois à traverses de chemin de fer, les seuls frais de transport maritime en prohibant pratiquement l'importation en Europe.

(2 On peut en dire autant des déchets actuels d'exploitation de certains bois exportés en billes, l'OKOUMÉ, par exemple. On estime en effet à près de 50 % la proportion des billes d'OKOUME obtenues et non exportées pour un motif quelconque et à 250.000 m3 les bois débités que ces billes pourraient fournir à l'exportation, si elles étaient utilisées.

mais le personnel européen peut être relativement restreint et doublé d'ouvriers spécialisés et de manœuvres indigènes coûtant assez bon marché. Du reste, nombre de scieries fonctionnent déjà aux colonies pour répondre aux besoins locaux de bois d'œuvre et ces scieries fonctionnent pour la plupart dans des conditions très satisfaisantes. L'important, c'est *qu'à la tête se trouve, à côté du Directeur commercial, un scieur de métier.*

Différentes mesures sont à envisager pour assurer aux scieries le personnel indiqué qui leur sera nécessaire.

Sans doute, aussi, les conditions précaires d'embarquement ne permettent guère, encore pour l'instant et pour nombre de points de nos colonies forestières, d'expédier économiquement des bois débités. Des travaux de ports et de dragage devront être exécutés au préalable. On y pense du reste et, un peu partout, l'amélioration de l'outillage maritime est à l'ordre du jour.

Dès maintenant on peut néanmoins embarquer facilement des bois débités, sinon à quai, du moins par l'intermédiaire de chalands, pontons ou gabares, dans tous les ports ou rades de l'Indo-Chine ou de Madagascar, dans les rades de Cayenne ou de Saint-Laurent-du-Maroni à la Guyane, dans le port de rivière de Douala au Cameroun. C'est également le cas pour les estuaires du Gabon et de lea Mondah et pour la rade de Port-Gentil en Afrique Equatoriale Française. Un peu plus au sud, Pointe-Noire, tête de ligne du chemin de fer Brazzaville-Océan, possédera bientôt des aménagements permettant les mêmes opérations.

A la Côte d'Ivoire, le problème paraît un peu plus difficile à résoudre. L'embarquement de bois débités là où il existe des wharfs à Grand Bassam et bientôt à Vidri en face d'Abidjan n'est pas impossible ; mais, en raison de la forte houle qui persiste toute l'année, il ne semble pouvoir être fait rapidement et économiquement. Les autres points d'embarquement ne possèdent aucun outillage. A Sassandra cependant la rade est en général assez calme pour permettre d'utiliser, à l'embarquement, des chalands de mer d'assez fort tonnage. Il en est de même à San-Pedro, et l'on peut espérer qu'avant peu de puissantes scieries s'installeront à proximité de ces deux points. La construction d'un port lagunaire est, d'autre part, à l'étude dans la zone Abidjan-Bassam.

Bref, il n'existe aucun obstacle sérieux, pour la majeure partie des centres d'exportation de bois coloniaux, à nous envoyer des bois débités plutôt que des bois en grume et à nous les envoyer par très fortes quantités. Nos besoins en bois d'œuvre accusent un accroissement continu et nos importations, si elles sont restées pour divers motifs assez réduites pendant les années qui ont suivi la guerre, prennent de nouveau des proportions inquiétantes. Des débouchés de plus en plus nombreux et importants sont donc offerts à la production coloniale. Nous risquons cependant d'assister à un arrêt prochain du développement des importations de bois coloniaux et peut-être à un déclin de ces importations, si les exploitants s'obstinent à nous envoyer exclusivement, avec des bois de choix et en brut, des bois communs dont le prix de revient est trop élevé pour permettre à ces bois de trouver un écoulement facile. Et, vu l'importance des coupes nouvelles qui peuvent être faites dans les forêts coloniales, à ne considérer que les essences communes déjà connues et appréciées par l'industrie européenne (1), les bénéfices certains que l'exploitation de ces bois doit logiquement procurer, s'ils sont expédiés après débit et dans de bonnes conditions de présentation, *on peut dire que la question posée, c'est-à-dire le débitage des bois communs aux colonies, est d'une portée considérable*. Elle doit intéresser au plus haut point les exploitants actuels. L'industrie et le commerce de la Métropole, toutes les personnes et les Groupements qui, directement ou non, ont engagé des capitaux pour la mise en valeur de notre domaine colonial, doivent souhaiter son aboutissement rapide.

*
* *

Cette question de débitage sur place des bois coloniaux communs, si nécessaire qu'elle soit pour la mise en valeur des forêts coloniales et pour un plus large approvisionnement de la Métropole en bois d'œuvre, ne doit pas faire perdre de vue nombre d'autres problèmes se rapportant à l'exploitation, au transport et à l'utilisation des bois coloniaux en général et dont la solution est également très importante pour le développement de la production.

Ces problèmes ont été examinés longuement au dernier CONGRÈS INTERNATIONAL DU BOIS tenu à Lyon en Mars 1928. Ils restent pour la plupart d'actualité et je n'entreprendrai pas d'en faire à nouveau l'exposé. Je me bornerai par conséquent à résumer les vœux dont ils ont fait l'objet :

1° Meilleur emploi de la main-d'œuvre indigène employée dans les exploitations, sélection des cadres européens;

2° Emploi judicieux d'outillage mécanique permettant une forte économie et une meilleure utilisation de la main-d'œuvre;

3° Organisation, à l'occasion de l'Exposition de 1931, d'un concours à l'effet de déterminer les meilleurs appareils mécaniques utilisables pour l'exploitation et le débardage des bois ;

4° Augmentation de la durée des permis de coupe et organisation de l'exploitation en profondeur;

5° Dégrèvement très large des taxes qui frappent l'exportation des bois communs;

6° Dégrèvement des droits frappant, à l'entrée dans la colonie, le matériel servant à l'exploitation et aux embarquements;

7° Création par la colonie de voies de vidange et d'exploitation et de ports ou bases d'embarquement convenablement outillés;

---

1) Rien qu'en bois susceptibles de remplacer le peuplier, il est probablement vingt essences africaines qui, plus ou moins abondantes dans les peuplements, pourraient fournir un assez fort tonnage à l'exportation.

En bois de caisserie menuiserie courante, de moulure, de parquet, de charpente spéciale, on pourrait certainement obtenir plus d'un million de M3 annuellement.

8° Groupement des producteurs, pour les embarquements et les expéditions;

Désinfection des cales de navires et emploi de substances propres à immuniser les bois au cours de leur transport maritime contre les piqûres d'insectes;

1° Réduction indispensable du taux des frets maritimes;

11° Organisation des marchés de bois coloniaux dans tous les principaux ports français, avec outillage facilitant le débarquement, l'entrepôt et la réexportation;

12° Admission de tous les bois coloniaux, au point de vue ferroviaire, au tarif des bois communs;

13° Mention et assimilation des bois coloniaux aux bois français dans les traités commerciaux internationaux accordant le bénéfice de la nation la plus favorisée;

14° Octroi par l'administration coloniale de larges crédits pour l'étude et la vulgarisation des bois coloniaux.

. . . .

Il est bon de dire que la plupart de ces vœux ont été pris en considération et que des efforts sérieux ont été déjà tentés pour leur aboutissement. Il reste néanmoins encore beaucoup à faire, notamment en ce qui concerne la main-d'œuvre, les taxes, les moyens d'embarquement, les tarifs de fret et les tarifs de chemin de fer.

.˙.

Une autre question non moins importante, bien qu'à effet plus éloigné, est celle de l'aménagement, en vue d'une production sélectionnée, non de toute la forêt coloniale, mais des massifs les plus faciles à exploiter. Elle est surtout importante pour nos grandes forêts d'Afrique et de Guyane où les peuplements, très hétérogènes, sont constitués pour les deux tiers ou les trois quarts d'essences de valeur insuffisante pour l'exportation et pour lesquelles il n'existe sur place aucune utilisation spéciale appréciable.

Par la création de réserves forestières, par l'exploitation rationnelle de toutes les bonnes essences et l'élimination progressive de toutes les autres, par des travaux de dégagement permettant le développement des jeunes sujets de choix, par des plantations ou semis destinés à combler les vides, on doit pouvoir arriver assez facilement et sans frais très considérables, à la constitution de massifs plus homogènes, plus économiques à exploiter et pouvant donner, par hectare, un cube de bois d'œuvre utilisable douze ou quinze fois supérieur à celui que fournit actuellement la moyenne des massifs des forêts primaires

On peut également envisager la constitution de massifs pur d'essences de choix par plantation ou semis en terrain préalablement défriché.

Cette question d'aménagement et d'enrichissement ne doit pas, en tout cas, être négligée plus longtemps, car le laissez-faire auquel on assiste actuellement conduit à l'appauvrissement rapide des peuplements en bonnes essences, par conséquent à une diminution progressive et sensible du capital forestier de nos colonies.

Dès maintenant, et sauf la Guyane, il existe dans nos possessions forestières des services techniques capables de mener à bien cette tâche urgente. Il faut leur faire ressortir, s'ils ne la saisissent pas suffisamment, la nécessité de conserver et d'augmenter dans la mesure du possible la valeur du Domaine dont ils ont la gestion et leur donner tous les moyens d'action nécessaires pour faire œuvre utile. Les ressources tirées de l'exploitation forestière doivent pouvoir permettre, à cet égard, tous les sacrifices financiers qui s'imposent.

On peut toutefois enregistrer avec satisfaction l'activité déployée dans plusieurs de nos colonies pour les études et essais d'aménagement et de repeuplement. L'effort reste néanmoins très insuffisant. Il faut le renforcer sans délai; il faut aussi le généraliser et passer, là où rien de sérieux n'a été encore entrepris, de l'expectative à la réalisation.

II. — UTILISATION DES BOIS COLONIAUX
DANS LES INDUSTRIES CHIMIQUES ET DANS LA FABRICATION
DE LA PATE A PAPIER

Réalisations pratiques et perspectives

L'utilisation grandissante des bois d'œuvre coloniaux dans l'industrie européenne ne peut constituer à elle seule tout le programe de mise en valeur des forêts coloniales. Puisqu'il n'est exploité, comme bois d'œuvre, qu'un nombre relativement très restreint d'essences parmi les centaines que possèdent les massifs boisés de chacune de nos colonies, la majeure partie de ces essences doit donc rester sans emploi et nuire à la régénération des peuplements en bonnes espèces (1).

Toutes ces essences, dira-t-on, ne sont pas sans valeur aucune et les moins bonnes peuvent toujours servir à la fabrication de charbon de bois, de produits chimiques ou de pâte à papier. En principe, oui; mais, dans la pratique, on se heurte à de grandes difficultés. Signalons tout d'abord que la masse de ces bois à abattre, dans les seuls chantiers exploités en Afrique pour les bois précieux, serait formidable (des dizaines de millions de mètres cubes), il est difficile d'en envisager l'utilisation complète. Ensuite que les espèces non utilisables comme bois d'œuvre sont également très mélangées et n'existent pour ainsi dire nulle part en peuplements purs.

---

(1) C'est ce qui a lieu, en fait, dans nos grandes possessions forestières d'Afrique et de Guyane. En Indo-Chine, les besoins locaux, grâce à la densité de la population, sont beaucoup plus considérables et permettent d'utiliser la majeure partie des essences communes fournies par les peuplements.

Or, pour nombre d'industries chimiques, celle de la pâte à papier notamment, il importe précisément, pour obtenir un prix de revient assez bas de la matière première, de pouvoir exploiter sur un espace restreint un fort tonnage de bois, sinon d'une même essence, du moins d'un très petit nombre d'essences similaires susceptibles de donner, par un traitement identique, des rendements intéressants. C'est ce qui explique qu'une mission d'industriels s'étant rendue à la Côte d'Ivoire en 1921-1922, en vue d'étudier l'installation d'usines pour la fabrication de la pâte à papier, avait conclu, si ces usines devaient être montées, à la nécessité absolue de procéder dans leur voisinage immédiat à des régénérations naturelles de parasolier et même à des semis et plantations artificielles de cette essence ou d'essences analogues. Les bois propres à la fabrication du papier sont en effet actuellement trop disséminés; ils ne constituent pas de peuplements importants ou denses et ne peuvent, même dans la zone des lagunes ou le flottage des bois vers l'usine est cependant facile et peu coûteux, permettre d'obtenir la pâte à papier à des prix pouvant concurrencer en France les pâtes de provenance étrangère.

Cet exemple montre mieux qu'un long exposé la tâche à accomplir pour aménager les forêts coloniales, éliminer progressivement les essences difficilement utilisables par l'industrie et tendre à obtenir, suivant les régions, la nature du sol et les essences dominantes de chaque massif, des peuplements aussi homogènes que possible, dont l'exploitation sera infiniment plus économique que les coupes sporadiques auxquelles on est obligé de recourir actuellement.

Pour la fabrication du charbon de bois, la question est évidemment plus facile à résoudre. La plupart des essences sans emploi intéressant comme le bois d'œuvre peuvent convenir à cette industrie. Dans la pratique cependant, on recherchera de préférence, parmi les essences donnant les meilleurs rendements, les bois de taillis, les bois de faible diamètre, tout ce qui n'exigera pas, pour être carbonisé, un débit préalable. Dans les forêts régénérées, comme le sont la majeure partie de celles d'Indo-Chine, la matière première de cette sorte est abondante. En Afrique, à la Guyane, voire même à Madagascar, elle abonde aussi, ne serait-ce que dans les anciennes plantations indigènes réenvahies par la végétation arbustive; mais elle abonde en ordre beaucoup plus dispersé; elle ne se prête pas à une exploitation économique. En forêt primaire, dont sont encore constitués dans ces colonies les 3/4 des massifs, ce qui gêne, pour favoriser la régénération des bonnes essences, ce n'est ni les petits arbres, relativement peu nombreux et faciles à éliminer, ni les branches des rares arbres abattus ; c'est la masse des gros arbres dont fait fi l'exploitant, arbres atteignant jusqu'à 1 m. 50 et plus de diamètre à 4 mètres de hauteur. Ces gros bois à fente en général assez difficile, sont-ils utilisables pratiquement pour la carbonisation ? Ce serait à souhaiter, car si l'on admet que la carbonisation ne puisse porter que sur de faibles superficies, vu la fréquence dans les peuplements des arbres sans valeur marchande, il serait néanmoins fort intéressant qu'on put l'entreprendre dans certaines réserves classées en vue de leur enrichissement. Elle faciliterait considérablement le travail du sylviculteur

Parmi les essences non recherchées comme bois d'œuvre dans nos Colonies d'Afrique, il en existe bon nombre qui, par leur densité, doivent pouvoir fournir un excellent charbon de bois. Le Service des Bois de l'Agence Générale des Colonies, en accord avec Colonies-Sciences et le Comité National des Bois Coloniaux va s'efforcer d'en faire venir quelques billots et de les faire étudier de très près à ce point de vue.

*
* *

Nous allons passer une revue rapide de ce qui a déjà été réalisé ou qui pourra l'être dans un avenir prochain en matière d'utilisation des bois coloniaux dans les diverses industries chimiques :

Matières Tinctoriales

Il n'y a guère lieu de citer que l'exportation annuelle, par nos Colonies des Antilles, d'un millier de tonnes environ de bois de campêche. Notre pays qui consomme à lui seul 20 à 30.000 tonnes de ce bois, doit s'adresser pour le complément à l'Amérique Centrale.

Le campêchier pourrait probablement être répandu dans nos autres Colonies, notamment en Afrique Occidentale et à Madagascar, où certains essais d'acclimatement, entrepris avant la guerre, avaient été satisfaisants.

L'exportation de padouk ou bois corail du Gabon, autrefois très active, a beaucoup diminué depuis les transformations récentes de l'industrie des matières colorantes. Le padouk n'est plus guère demandé actuellement pour la teinture.

Parmi les très nombreuses essences encore inconnues ou mal connues de nos possessions coloniales, il est très possible qu'on en découvre d'intéressantes pour cette même industrie. L'inventaire de nos ressources à ce point de vue est très incomplet et nous avons peut-être des « possibilités » dont nous ne soupçonnons pas l'importance.

Matières tannantes

Etant donné le prix des frets, il n'est guère possible d'importer de nos Colonies, à défaut d'extraits obtenus sur place, que des produits bruts très riches en tannin. C'est le cas pour les écorces de palétuvier et de quelques autres arbres, et pour une gousse fournie par un arbre de la famille des légumineuses mimosées du Sénégal, le « goniaké », gousse qui contient jusqu'à 40 % de tannin.

Les écorces de palétuvier sont exploitées à Madagascar et donnent lieu à des exportations intéressantes (9.000 à 10.000 tonnes annuellement). Elles pourraient être exploitées également au Cameroun et au Gabon où les peuplements de palétuviers sont assez importants et sont exploités pour le bois, alors qu'à Madagascar on considère le bois comme étant sans intérêt pour l'industrie. Il est vrai que les palétuviers de Madagascar n'atteignent pas de fortes dimensions. Quant aux gousses de « Goniaké », l'exportation qui avait atteint 1.000 à 1.500 tonnes en 1921 et 1922 a complètement cessé. Elle pourrait être envisagée à nouveau.

Certaines variétés d'Eucalyptus et de Mimosées fournissent une écorce également très riche en tannin. Les unes et les autres pourraient être répandues dans nos Colonies

Les Eucalyptus fournissent au surplus d'excellents bois d'œuvre et leurs feuilles sont très recherchées tant pour les emplois pharmaceutiques que par l'industrie des parfums. Des peuplements ont été créés en Algérie; ils sont loin d'avoir l'importance de ceux d'Australie et du Brésil, mais un vaste champ s'offre dans toute l'Afrique du Nord à leur extension.

Des peuplements de mimosas ont été créés par ailleurs à Madagascar (en vue surtout de la production de bois pour le chauffage des locomotives) et au Maroc. On projette d'en créer également en Guinée. Les écorces des bois exploités pourront probablement être envoyées en Europe, après prélèvement des quantités nécessaires aux industries locales de tannage.

Pâte à papier

De nombreuses essences coloniales ont été étudiées pratiquement en vue de leur emploi pour la fabrication de la pâte à papier, mais l'industrie papetière ne s'est pas encore appliquée à l'utilisation en grand de nos matières premières coloniales.

Sauf en Indo-Chine où ont été installées, en 1917, deux usines pouvant produire respectivement 150 et 250 tonnes de papier par mois et qui utilisent surtout le bambou, aucune exportation des peuplements sylvestres de nos colonies n'a encore eu lieu pour la papeterie. La raison principale réside, nous l'avons vu, dans l'hétérogénéité de ces peuplements. Nul doute cependant que les difficultés signalées puissent être surmontées assez facilement et qu'on puisse obtenir en très peu d'années, avec la puissance de végétation que l'on observe dans la forêt équatoriale, des massifs homogènes d'essences tendres et riches en cellulose, donnant toute satisfaction pour l'industrie dont il s'agit.

Les recherches faites jusqu'à présent ont porté sur de très nombreuses essences, tant dans les ateliers et laboratoires des usines Berges et Navarre, qu'à l'Ecole de papeterie de Grenoble et dans différents laboratoires officiels, notamment celui de M. le Professeur Heim de Balsac (1).

La question est importante. Nous importons bon an mal an, de l'étranger, pour 600 millions de francs environ de pâtes de bois chimiques ou mécaniques. Fabriquer ces pâtes de bois dans nos Colonies nous ferait donc réaliser une économie sérieuse et une belle opération pour l'amélioration de notre balance commerciale.

---

(1) Le parasolier, déjà abondant à la Côte d'Ivoire, au Cameroun et au Gabon, a retenu particulièrement l'attention des industriels. Il croît avec une rapidité prodigieuse et il serait facile d'aménager autour d'une usine des superficies uniquement peuplées de cette essence et dont les coupes pourraient avoir lieu tous les quatre ou cinq ans. C'est pour en signaler l'intérêt qu'une notice sur le parasolier et son emploi en papeterie a été imprimé par l'Institut National d'Agronomie coloniale sur papier fabriqué avec cette essence.

Carbonisation et produits de distillation

Un peu partout, dans nos Colonies, les indigènes fabriquent, en petites meules forestières, du charbon de bois pour leurs besoins personnels. En Indo-Chine cette industrie a même pris une assez grande extension et certaines régions de Cochinchine et du Cambodge fabriquent au surplus pour l'exportation sur les pays malais ou chinois du voisinage. La carbonisation constitue donc dès maintenant, en Indo-Chine, un débouché sérieux pour l'utilisation des sous-bois et des déchets d'exploitation de bois d'œuvre.

La Guyane exporte également quelques centaines de tonnes de charbon de bois sur les Antilles; par contre la consommation locale est infime.

Nos autres Colonies fabriquent très peu et n'exportent rien.

En Cochinchine, existe par ailleurs une importante installation industrielle (celle de la Société Bienhoa), organisée pour produire quotidiennement 15 à 20 tonnes de charbon de bois et pour tirer parti des sous-produits (acétone, alcool méthylique, goudron, etc.). Pendant la guerre, l'usine a envoyé en France des pyroligneux, mais actuellement toute sa production est écoulée sur place. Le charbon est en majeure partie exporté sur les pays voisins d'Extrême-Orient.

C'est la seule organisation à signaler dans nos Colonies pour la fabrication industrielle du charbon de bois.

A la Côte d'Ivoire et au Moyen-Congo, on fabrique un peu de charbon de bois par des procédés perfectionnés, mais c'est uniquement en vue de satisfaire à des besoins locaux.

*
* *

La carbonisation, dans nos principales Colonies forestières, est donc très loin d'avoir pris un développement en rapport avec les possibilités offertes par les bois dont on peut actuellement tirer parti.

Si, pour l'Indo-Chine, pour la Guyane et pour Madagascar, la fabrication peut être développée pour l'exportation, en raison du voisinage de pays à population dense et à boisements insuffisants, il n'en est pas de même pour l'A.O.F., l'A.E.F. et le Cameroun, à proximité desquels ne se trouve aucun pays importateur.

On peut retenir cependant comme débouchés possibles pour ces Colonies, les Iles Canaries et Madère, le Sénégal et la zone côtière du Maroc; malgré qu'ils doivent être assez restreints, ces débouchés doivent retenir notre attention.

On doit envisager également, et ceci pour l'ensemble de nos possessions coloniales, l'utilisation sur place du charbon de bois pour l'alimentation, de gazogènes, dont l'emploi devrait être généralisé pour le fonctionnement des engins moteurs de toutes sortes (véhicules automobiles, tracteurs, machines fixes, etc.).

L'emploi de fours mobiles à carboniser, dont la construction est maintenant bien au point, facilitera beaucoup cette utilisation et permettra d'obtenir des rendements élevés sans nécessiter (fait très important pour les Colonies) de main-d'œuvre spécialisée comme pour la carbonisation en meules.

L'essence coûte aux Colonies beaucoup plus qu'en Europe; les causes d'évaporation sont très grandes. Son emploi dans les moteurs à explosion est par suite très onéreux.

Le charbon de bois, brûlé dans les foyers des chaudières alimentant des moteurs à vapeur sans condensation et sans surchauffe (c'est le cas des locomobiles, des petites locomotives et des camions à vapeur) n'est transformé en énergie mécanique que pour 7 % au plus de son énergie calorifique.

En brûlant directement du bois, on obtient à peu près le même rendement, mais ce bois est encombrant, pondéreux. Soit cuit, soit cru, la production de l'énergie dans la machine à vapeur est toujours coûteuse en partant du carbone végétal

Au contraire le charbon de bois transformé en gaz pauvre peut fournir, dans un moteur à explosion, jusqu'à 25 % d'énergie mécanique. Lorsque le moteur est peu comprimé, c'est le cas des moteurs à essences, il fournira facilement 20 % c'est-à-dire 3 *fois plus* que le rendement d'un moteur à vapeur à échappement.

Il résulte qu'en transformant le carbone forestier en gaz pauvre, on réalise une énorme économie de matière première pour la production de l'énergie mécanique (1).

De plus le charbon de bois fabriqué sur place en pleine forêt est bien plus facilement transportable que le bois, surtout si l'on prend la précaution de le concasser ou de l'agglomérer.

La matière première, nous l'avons vu, est excessivement abondante dans certaines de nos Colonies et peut servir facilement au ravitaillement des Colonies voisines moins favorisées (la Côte d'Ivoire peut, par exemple, ravitailler en charbon de bois une bonne partie de l'A.O.F.).

L'utilisation des déchets forestiers (2) pour la production du carbone végétal constitue donc, dans nos Colonies, une source inépuisable de richesses. Loin d'être

---

(1) On doit signaler ici l'intéressante publication qui a été faite en A. E. F. par la Compagnie Minière du Congo. La force motrice utilisée par cette Société est fournie exclusivement par des gazogènes à charbon de bois.

Ce charbon est obtenu soit par carbonisation en meules, soit à l'aide d'appareils spéciaux à combustion continue et permettant la récupération du goudron et de pyroligneux contenant une forte proportion (11 °/₀) d'acide acétique.

Le charbon de bois obtenu au moyen de cet appareil revient net à 0 fr. 15 le kilog; 1.200 grammes au maximum suffisent à produire un kilowatt. Le résultat est donc très satisfaisant.

Les usines ne sont cependant pas placées en zone forestière; le bois n'est pas très abondant dans le voisinage et la Société, dont les besoins sont assez grands, en étais de mine notamment, se préoccupe de constituer des massifs denses d'essences indigènes, parmi lesquelles un acacia à tannin très intéressant.

La Compagnie Minière du Congo fait également pour ses camions à gazogènes des agglomérés et des briquettes flambantes par compression, après addition de produits résiduaires de matières grasses.

(2) Les coques de noix de palme fournissent aussi un charbon de bois de toute première qualité véritable grain « d'anthracite ». On les utilise dans ce but dans la Colonie portugaise de l'Angola.

préjudiciable à la forêt, du moins à la forêt dense, cette utilisation en facilitera l'amélioration. Elle débarrassera les massifs de ces déchets dont l'accumulation est nuisible à la régénération et à la multiplication des essences de choix.

Il est bien certain que les meilleures méthodes de création de production et d'utilisation du carbone végétal aux Colonies peuvent différer des procédés métropolitains; mais il est certain aussi que les forestiers coloniaux pourront, dans bien des cas, s'inspirer de l'expérience métropolitaine.

.

L'énergie à bon marché est devenue depuis un siècle la cause la plus certaine de la prospérité des principaux pays civilisés. Or, nos Colonies, qui utilisent la houille ou l'essence d'importation pour alimenter des moteurs ou des générateurs, ne peuvent avoir des moyens de transport économiques. Leur développement en est considérablement retardé. Permettons-leur d'utiliser en grand ce carburant bon marché qu'est le charbon de bois. Ce faisant, nous leur rendrons un immense service

VŒUX
adoptés par le Congrès

1° En ce qui concerne la production coloniale de bois d'œuvre

Le Congrès, devant la nécessité de mettre réellement en valeur les forêts coloniales et de les faire contribuer davantage au ravitaillement de la Métropole en bois d'œuvre, émet le vœu que des mesures soient prises pour favoriser dans toute la mesure du possible :

a) l'exploitation intensive et rationnelle, dans les peuplements concédés, de toutes les essences reconnues intéressantes et déjà agréées par l'industrie européenne;

b) l'installation près des ports d'embarquement de nombreuses scieries à grand débit pour le sciage sur place, avant expédition, de tous les bois exportés autres que ceux destinés au tranchage ou au déroulage; l'envoi de bois débités devant avoir pour effet de faire réaliser une forte économie sur le fret, par une réduction sensible des tarifs et par un encombrement moindre pour une même quantité de bois utilisable; de rendre possible, en outre, le transport maritime de nombreuses essences qui sont sujettes à échauffement ou piqûres d'insectes, si elles n'ont préalablement été sciées et partiellement séchées;

c) la solution des divers problèmes ayant fait l'objet de vœux au dernier Congrès International du Bois — Lyon 1928 — vœux restant pour la plupart d'actualité et dont l'aboutissement complet est susceptible de provoquer, indépendamment du débitage sur place, un réel développement de la production de bois coloniaux;

d) la conservation et l'amélioration des massifs boisés, notamment de ceux qui sont faciles à exploiter pour l'exportation de bois, en vue d'une production progressivement développée d'essences de choix.

La réalisation de ce vœu est en grande partie subordonnée à l'amélioration des conditions d'emploi de la main-d'œuvre indigène et à l'amélioration de l'outillage économique des Colonies forestières, notamment des ports et rades et des moyens d'embarquement, ainsi qu'à l'organisation plus complète des services forestiers. Le Congrès ne saurait trop attirer l'attention des administrations coloniales intéressées sur l'urgence des dispositions à prendre à ce triple point de vue.

2° En ce qui concerne l'utilisation des sous-bois et des déchets d'exploitation pour la fabrication de carbone végétal et autres produits (1)

Le Congrès envisageant tout l'intérêt que peut présenter, pour la mise en valeur des Colonies et le développement général de leurs productions, l'utilisation de moteurs fonctionnant économiquement à l'aide de gazogènes, non seulement pour les véhicules automobiles, mais aussi pour les tracteurs agricoles pour les chemins de fer, la navigation intérieure et les usines de toutes sortes, émet le vœu :

a) que des encouragements soient donnés sous des formes diverses, à étudier par les Gouvernements coloniaux, telles que dégrèvement de taxes d'importation ou d'impôt, par exemple, aux entreprises coloniales utilisant des appareils de carbonisation et des moteurs à gazogènes ;

b) que les administrations coloniales donnent elles-mêmes l'exemple, en substituant peu à peu des automotrices et des moteurs à gaz pauvre aux locomotives et diverses machines assurant les services publics et fonctionnant soit à la vapeur, soit aux essences ou pétrole;

c) que les facilités les plus grandes, en zone de grande forêt, soient accordées aux entreprises de carbonisation; en premier lieu, que la coupe des bois nécessaires, sous le contrôle des services forestiers, soit exonérée de toutes taxes ou redevances.

Le Congrès fait d'autre part confiance aux Administrations coloniales intéressées, pour que des facilités soient également accordées à toutes les entreprises ayant pour objet l'utilisation, soit de certaines essences forestières pour la fabrication de pâte à papier, soit, d'une façon plus générale, des sous-bois, déchets d'exploitation ou gros arbres d'essences non recherchées comme bois d'œuvre, pour la fabrication de produits chimiques.

DISCUSSION

M. Méniaud. — *Je prierai M. le Président de bien vouloir donner la parole à M. Etesse, Inspecteur Général des Services d'Agriculture aux Colonies, Conseiller du Ministre, qui donnera au Congrès quelques précisions sur le fonctionnement des moteurs à gaz pauvre aux Colonies.*

---

(1) Ceci, après audition de M. ETESSE, Ingénieur en Chef d'agronomie coloniale, délégué du Ministre des Colonies, sur l'utilisation des moteurs à gazogènes aux Colonies.

M. LE PRÉSIDENT. — M. ETESSE *a la parole.*

M. ETESSE. — *Je m'excuse de prendre la parole étant donné le peu de temps qui nous sépare de l'heure de fermeture du Congrès, mais je crois devoir vous exposer d'une façon brève le problème du carbone, employé comme carburant dans notre domaine d'outre-mer. Le Directeur des Affaires Economiques au Ministère des Colonies, M. le Conseiller d'Etat REGISMANSET, vous l'eût exposé avec sa haute autorité, si ses devoirs ne l'avaient obligé de rester à Paris. Il m'a prié d'être son interprète auprès de vous. Cet exposé m'est facilité par le très intéressant rapport de M. MÉNIAUD, le distingué Chef du Service des Bois coloniaux au Ministère des Colonies, ce qui me permet de ne pas abuser de vos instants.*

Le problème du carbone comme carburant est à mon avis de tout premier ordre pour nos colonies, dans toutes les régions où il est possible d'obtenir ce produit.

Un seul exemple suffira à vous montrer toute son importance. En A.O.F. beaucoup de denrées agricoles souffrent dans leur production de grosses difficultés d'évacuation parce que sous un volume ou un poids trop considérables, leur valeur intrinsèque ne peut s'accommoder des frais de transport actuels, les riz, les cotons, les arachides, voir même le bétail que les maladies guettent le long du parcours des troupeaux, ne peuvent économiquement gagner la côte.

Pour être de données différentes, le problème reste dans ses lignes générales le même pour toutes nos colonies.

Cette question de transport à bas prix, a naturellement retenu l'attention de la Haute Administration Coloniale et celle plus intéressée encore du commerce local.

Le Ministère est aussi inquiété et a demandé à ses représentants dans nos possessions de lui faire faire connaître comment on devait envisager ce problème pour chaque colonie.

Pour ne pas abuser de vos instants, je vais vous résumer succinctement ce qui résulte de cette enquête. Les documents plus complets ont fait l'objet au fur et à mesure de leur arrivée au Ministère de communications à la presse coloniale et ont été publiés in-extenso dans la Chronique Coloniale, organe de l'Institut Colonial Français, dans les cahiers coloniaux de l'Institut Colonial de Marseille.

Avant de les résumer, je tiens encore à ajouter que la difficulté de trouver de la main-d'œuvre adéquate est grande à l'origine, mais ira constamment en s'atténuant. Elle est sans doute la cause d'échec de certains appareils ayant une valeur réelle

Le mauvais état des routes ou pour mieux dire leur état d'infériorité dû aux ponts, qui supportent un faible tonnage (mais qui va en s'améliorant) s'est encore opposé, au début, à la prise en considération d'appareils de traction lourds par surcharge du gazogène. Malgré cela, ainsi que vous allez le constater, les véhicules à gazogène sont reconnus comme devant s'imposer en A.O.F.

Il a été introduit tant au Soudan, qu'au Niger, en Haute-Volta, en Côte d'Ivoire et au Sénégal, 15 camions à gazogènes.

Au SÉNÉGAL, les gazogènes de l'Usine Electrique de Ziguinchor, marchent au charbon de bois à l'exclusion de bois, charbon de bois indigène — sauf en Côte d'Ivoire où le charbon est obtenu par des fours portatifs Delhommeau.

CONSTATATION. — Le résultat général est satisfaisant. *L'économie relative sur la consommation est de 70 francs aux 100 kilomètres, par rapport à l'essence, mais les appareils sont à mettre au point.*

Au SOUDAN, *la Société des cultures de Diakandapé estime, en dehors de l'amortissement, la tonne kilométrique à 1 fr. 40, alors que par camion Ford elle est à 4 francs.*

POSSIBILITÉS D'EXTENSION. — *Ici, je cite M. le Gouverneur général* M. CARDE. *Les possibilités d'extension de l'emploi à la colonie du moteur gazogène, particulièrement en ce qui concerne les camions ou tracteurs paraissent réelles. D'ores et déjà le Lieutenant-Gouverneur de la Côte d'Ivoire a commandé pour ses services cinq camions du même type que celui utilisé par le Service automobile et il est à prévoir que les bons résultats constatés inciteront plusieurs commerçants à suivre cet exemple.*

Il en sera de même au SOUDAN particulièrement si l'on constate de bons résultats avec les types en service. Enfin les colonies de la Haute-Volta et du Niger effectuent ou vont effectuer des essais à cet égard. Au Sénégal, en dehors de la Société des Cultures Tropicales de Tambacounda déjà citée, une Société de Casamance paraît décidée à tenter des essais.

« La question est évidemment dominée au premier chef par la présence de bois en quantité suffisante. » A cet égard, la généralisation du mode de traction considéré n'est pas à envisager pour toute la partie de la colonie où les réserves boisées font défaut complètement.

Les conditions les plus favorables paraissent se rencontrer en Côte d'Ivoire et c'est dans cette colonie sans nul doute que les moteurs à gazogène ont le plus de chance de se répandre.

(Cliché pris par M. Méniaud)

Une route forestière en Côte d'Ivoire

Quant aux moyens propres à favoriser cette extension, je pense qu'ils consistent surtout, en dehors des études pour le perfectionnement de ces engins (telles que celle subventionnée par le budget général de l'A.O.F. à la station d'essais du Ministère de l'Agriculture), en une large publicité des résultats obtenus par l'Administration ou de ceux dont elle a connaissance relativement à l'utilisation de ces engins. A cet égard, je n'ai pas manqué de communiquer aux Lieutenants-Gouverneurs les résultats du concours de camions à gazogène de l'Afrique du Nord, en 1927 ; je leur communique de même, en les priant de les répandre par l'Intermédiaire des Chambres de Commerce et des organismes locaux, les résultats de l'enquête à laquelle je viens de faire procéder dans les colonies du groupe et que j'ai condensé dans le présent rapport.

En AFRIQUE ÉQUATORIALE, dans l'OUBANGHI, 10 tracteurs utilisés faisant un service hebdomadaire de 800 kilomètres, sans aucun poste de secours sur le trajet (400 aller-400 retour), un dépôt charbon à 200 kilos.

« Au point de vue du mécanisme, aucune remarque spéciale n'a été faite touchant le fonctionnement du moteur. Celui-ci semble bien se comporter, exactement comme ceux alimentés à l'essence. Aucune usure particulière n'a été constatée, aucune élévation de température, aucun encrassement anormal. »

On peut dire que le moteur ne donne pas lieu à d'autre préoccupation que celle de la marche habituelle des moteurs à essence.

A signaler une consommation un peu plus élevée d'huile.

AU GABON. — L'humidité qui règne dans ces régions paraît s'opposer à l'utilisation du charbon de bois, cependant, M. LEXA, représentant de la Maison Panhard, avec lequel je viens de m'entretenir et qui a parcouru la région tropicale pendant la période des pluies m'a assuré qu'il n'avait pas eu de difficulté à l'emploi de ce produit pendant ces mois très humides. Il est vrai qu'au GABON, il y a peu de routes.

A MADAGASCAR. — On estime que le manque de bois à l'intérieur de l'Ile sera un obstacle au développement des appareils à gazogènes, quoique l'Administration en ait en service. Ici, il faut faire ressortir que les rapports lus hier

(Cliché pris par M. Méniaud)

Débardage en A. O. F.

et aujourd'hui indiquent que la forêt arbustive, grâce aux instruments de carbonisation, permet de fournir un charbon de brindille d'une valeur très appréciable. Ici, comme en Afrique Occidentale, le rayon d'utilisation peut être élargi de ce fait. Le Gouverneur Général reconnaît leur utilisation dans les parties boisées.

Le rapport de M. MÉNIAUD vous a parlé de notre grande colonie de l'Indo-Chine, je n'insiste pas.

Ce simple aperçu vous montrera, Messieurs, que l'Administration Coloniale s'intéresse à cette question du tracteur économique. Il faut aussi, si paradoxal que cela puisse paraître, que les industriels étudient le moteur au point de vue colonial et les moyens de le répandre. Il serait nécessaire que des ingénieurs ou mécaniciens des firmes intéressées résident sur place, évitent aux usagers les erreurs commises par inexpérience et qui sont de nature à discréditer le matériel. Il leur serait peut-être possible de fournir des suggestions précieuses quant aux engins et à l'organisation de la carburation et du ravitaillement.

M. AUCLAIR. — *Deux vœux sont proposés au vote du Congrès :*

l'un tend à demander aux Pouvoirs Publics d'étendre au domaine colonial les encouragements accordés aux camions à gazogènes utilisés en France ; l'autre vise, au contraire, les Administrations coloniales ; il est beaucoup plus développé, beaucoup plus étendu.

M. MÉNIAUD. — *Je passe sur le vœu relatif à la production coloniale de bois d'œuvre et je vais vous lire le vœu que je propose en ce qui concerne l'utilisation des sous-bois et des déchets d'exploitation pour la fabrication de Carbone végétal.*

Le Congrès envisageant tout l'intérêt que peut présenter, pour la mise en valeur des Colonies et le développement général de leurs productions, l'utilisation de moteurs fonctionnant économiquement à l'aide de gazogènes, non seulement pour les véhicules automobiles, mais aussi pour les chemins de fer, la navigation intérieure et les usines de toutes sortes, émet le vœu :

a) Que des encouragements soient donnés sous des formes diverses, dégrèvement de taxes d'importation ou d'impôt, par exemple, aux entreprises coloniales utilisant les moteurs dont il s'agit ;

b) que les Administrations coloniales donnent elles-mêmes l'exemple, en substituant peu à peu des automotrices et des moteurs à gaz pauvre aux locomotives et diverses machines assurant les services publics et fonctionnant soit à la vapeur, soit aux essences ou pétrole ;

c) que les facilités les plus grandes, en zone de grande forêt, soient accordées aux entreprises de carbonisation ; en premier lieu, que la coupe des bois nécessaires sous le contrôle des services forestiers, soit exonérée de toutes taxes ou redevances.

Le Congrès fait d'autre part confiance aux Administrations coloniales intéressées, pour que des facilités soient également accordées à toutes les entreprises ayant pour objet l'utilisation, soit de certaines essences forestières pour la fabrication de pâte à papier, soit, d'une façon plus générale, des sous-bois, déchets d'exploitation ou gros arbres d'essences non recherchées comme bois d'œuvre, pour la fabrication de produits chimiques.

M. LE PRÉSIDENT. — *Nous comprenons plus que jamais l'intérêt du vœu que vient de présenter M. MÉNIAUD.*

Après l'argumentation si documentée de M. MÉNIAUD et de M. ETESSE, je crois que nous sommes tous d'accord pour voter ce vœu relatif aux colonies.

(Mis aux voix, ce vœu contenu dans le rapport imprimé de M. MÉNIAUD, est adopté à l'unanimité.)

M. AUCLAIR. — *L'autre vœu se rapporte aux pouvoirs publics en France. Je vais vous en donner lecture :*

Considérant qu'il y a le plus grand intérêt à encourager la construction des gazogènes transportables en facilitant leur emploi dans les colonies françaises, le Congrès émet le vœu que les encouragements accordés aux camions à gazogènes utilisés en France soient étendus par les Pouvoirs Publics aux gazogènes utilisés aux Colonies.

UN CONGRESSISTE. — *Ne pourrait-on pas ajouter les tracteurs agricoles ?*

M. LE MONNIER. — *Nous avons dit « gazogènes », mais nous n'avons pas précisé « camions » ou « tracteurs ».*

UN CONGRESSISTE. — *Il ne faut pas dire : « aux gazogènes utilisés aux colonies... » mais : « aux véhicules à gazogènes utilisés aux colonies... »*

M. LE MONNIER. — *Pourquoi ne pas dire « aux gazogènes ?... ».*

UN CONGRESSISTE. — *Vous savez bien qu'une des causes de l'échec des gazogènes a été précisément le fait qu'on installait un gazogène quelconque sur un véhicule de la liquidation des stocks. C'est cela qu'il faudrait éviter aux colonies.*

C'est l'ensemble, le groupe dont parlait tout à l'heure M. AUCLAIR, qu'il faudrait dire et non pas le gazogène.

M. LE MONNIER. — *Pourquoi pas le gazogène fixe ?*

UN CONGRESSISTE. — *Le gazogène fixe, bien entendu, mais s'il s'agit d'un gazogène transportable, c'est le groupe dont parlait M. AUCLAIR tout à l'heure, gazogène et moteur.*

M. LE MONNIER. — *On pourrait dire : le gazogène mobile.*

M. AUCLAIR. — *Le vœu demande aux Pouvoirs Publics d'appliquer aux colonies ce qui est appliqué en France.*

UN CONGRESSISTE. — *En France, il n'y a rien du tout.*

M. LE MONNIER. — *En réalité ce que nous voulons, c'est encourager le gazogène, voilà la vérité.*

M. LE PRÉSIDENT. — *Je crois que nous sommes tous d'accord maintenant.*

Le vœu suivant est adopté :

Considérant qu'il y a le plus grand intérêt à encourager la construction des gazogènes transportables en facilitant leur emploi dans les colonies françaises,

le Congrès émet le vœu que les encouragements accordés aux camions à gazogènes utilisés en France soient étendus par les Pouvoirs Publics aux gazogènes utilisés aux Colonies.

M. AUCLAIR. — *M. le Colonel Ferrus a fait allusion tout à l'heure à un vœu pour une question agitée depuis très longtemps. Je crois répondre à son idée en vous proposant le vœu suivant :*

Considérant que le gazogène pour camion est aujourd'hui un appareil au point.

Considérant que nombre de chemins de fer départementaux ont une exploitation déficitaire du fait du poids des trains et du nombreux personnel que leur mise en marche nécessite.

Le Congrès émet le vœu que les Administrations départementales étudient l'emploi sur leurs réseaux d'automotrices à gazogènes pour le remplacement des trains transportant peu de voyageurs et pour l'intensification du service par la multiplication des convois.

(Adopté.)

UN CONGRESSISTE. — *L'Administration du Congrès ne pourrait-elle pas transmettre ce vœu à tous les Préfets.*

M. LE MONNIER. — *On pourrait en effet faire ainsi.*

UN CONGRESSISTE. — *Les Conseils généraux pourraient peut-être demander un jour aux Préfets ce qui aurait été fait au sujet de ce vœu.*

M. MÉNIAUD. — *Dans cet ordre d'idée, il serait utile également que le premier vœu, adopté tout à l'heure, soit envoyé à tous les Gouverneurs Généraux des Colonies.*

(Cliché de M. l'Administrateur Méniaud)

Transport d'une bille, à l'aide d'un tracteur
à gazogène, jusqu'à l'eau

LE CARBURANT COLONIAL
hors les régions forestières

Rapport de **M. PERROT**
Professeur à la Faculté de Pharmacie de Paris
Président du Comité international des plantes médicinales et à essences

M. Perrot, *dans l'impossibilité d'assister à cette séance, avait délégué* M. Pellerin, *secrétaire général de* l'Office National des Matières premières végétales pour la droguerie, *pour la lecture de son rapport.*

Devant les préoccupations justifiées des techniciens du monde entier, concernant l'épuisement rapide des gîtes pétroliers aussi bien que des couches de charbon que recèle le sous-sol, partout on recherche les moyens d'économiser ces précieux agents producteurs de chaleur et d'énergies, indispensables à la vie des peuples.

D'autre part, bon nombre de nations sont privées de houille ou de pétrole et restent entièrement sous la dépendance des pays grands producteurs de ces matières; aussi cherchent-elles à se soustraire à cette obligation que les événements récents de la guerre mondiale ont parfois soulignés cruellement.

On aménage les ressources hydrauliques pour la production d'électricité et de force motrice et l'on envisage ensuite bien d'autres solutions, car le problème ne paraît pas devoir être résolu de sitôt par la découverte d'un carburant idéal et susceptible d'être fabriqué en quantité indéfinie, même en demandant le secours de la synthèse chimique.

C'est donc évidemment au règne végétal qu'il faut s'adresser, car la plante seule peut emprunter l'énergie solaire, la fixer sous forme de carbone plus ou moins combiné à d'autres éléments et nous en permettre l'utilisation; cette source d'énergie peut être ainsi inépuisable.

On a pensé avec juste raison au charbon végétal, mais il est certain que la déforestation qui a sévi partout où l'homme est apparu, n'est pas pour permettre, par son usage, la solution définitive de ce problème mondial.

D'autre part, même dans une région très boisée, il y a lieu de se demander si le produit obtenu sera susceptible d'être transporté à un prix non prohibitif.

On a de même songé à l'alcool; mais ici intervient la faible teneur en carbone de sa molécule qui, en brûlant, ne dégage qu'un nombre de calories relativement faible. Il faut également songer à la quantité formidable de ce liquide qu'il serait nécessaire

11

d'obtenir soit qu'on s'adresse aux sucres ou bien aux amidons végétaux. Enfin, la production d'alcool nécessite des fermentations et une distillation qui en élèvent singulièrement le prix de revient, qui ne sont pas sans difficultés dans leur réalisation dans les pays tropicaux.

Les immenses étendues qu'il faudrait consacrer à la culture des végétaux sucriers au amylacés seraient en outre telles qu'on ne conçoit guère la possibilité de trouver la main-d'œuvre nécessaire pour résoudre cette question économique.

La terre ne se prête pas indéfiniment à une même culture et il faut envisager le repos en jachère ou la rotation, ce qui augmente encore les difficultés.

Et pourtant, je le répête, seule la nature peut fournir l'énergie nécessaire et on devra s'adapter, à mon avis, aux conditions régionales de climat en poursuivant une politique agricole méthodique et choisissant judicieusement les végétaux susceptibles de donner, sans manipulations onéreuses et de façon très régulière, une matière première riche en carbone, facile à brûler et en quantité telle que l'approvisionnement soit assuré quelles que soient les circonstances.

Il ne peut y avoir un carburant unique; le problème est en somme réduit à un petit nombre de solutions qui sont : le charbon de bois, l'alcool et les matières grasses.

Chaque région devra choisir, et c'est à l'ingénieur à mettre l'industrie en possession de moyens propres à leur utilisation.

Loin de moi la pensée de mésestimer les remarquables travaux déjà entrepris et qui sont évoqués et discutés depuis de longues années.

Je voudrais seulement parler de la situation de nos Colonies africaines dans leurs rapports avec les données du problème.

L'Afrique française n'a pas de houille dans son sous-sol, mais elle met à notre disposition de vastes et puissantes forêts et d'immenses surfaces cultivables, dont le rendement est uniquement fonction de la main-d'œuvre et de l'agriculture mécanique, sans oublier la nécessité d'engrais et amendements chimiques.

CHARBON DE BOIS

La grande sylve tropicale et équatoriale peut fournir cet ingrédient en quantité formidable si on ne la gaspille point. Chacun sait, en effet, que l'exploitation forestière, telle qu'elle est pratiquée de nos jours, détruit dans des proportions incalculables, les bois tendres ou demi-durs, pour ne conserver que les essences riches, seules capables de donner aux Sociétés des rendements rémunérateurs.

A bref délai, il faudrait, dans les régions forestières et à leur voisinage, organiser la production du charbon et utiliser uniquement, dans ces pays, le moteur à gazogène.

C'est une grave faute déjà et ce serait demain une erreur économique que de ne pas faire tous efforts pour supprimer l'usage de l'essence minérale dans ces pays.

Mais la forêt ne recouvre qu'une faible partie de nos territoires et le transport d'une matière première comme le charbon n'est guère praticable à de fortes distances, sans en rendre le prix prohibitif.

Toute la zone soudanienne, s'étendant du Sénégal au Soudan égyptien et descendant vers le Tchad au Congo, le Dahomey lui-même, doivent envisager une autre solution.

MATIÈRE GRASSE

A mon avis, c'est aux plantes susceptibles de fournir en abondance de la matière grasse qu'il faut s'adresser, et de préférence aux espèces annuelles.

Déjà des tentatives heureuses ont été faites pour alimenter les chaudières des usines et des machines diverses; il faut les étendre car les dévastations des bords du Niger et du Sénégal, où les bateaux fluviaux dévorent les quelques malheureux arbres dispersés dans la zone subdésertique, sont lamentables.

Excusables au début, ces dépradations seraient inexcusables si elles étaient encore pratiquées plus longtemps.

Nous devons étudier de même, au plus vite, la construction de camions automobiles dont la multiplication est extrèmement rapide et suit la progression vraiment impressionnante de l'aménagement des routes qui sillonnent la Colonie et qu'il faut évaluer à près de 30.000 kilomètres dès cette année.

Il faut construire des locomotives avec des foyers spéciaux et demander à l'Agriculture indigène ou européenne les matières grasses indispensables.

Ici, ce sera l'huile d'arachide, là l'huile de palme; par ailleurs d'autres espèces pourront concourir au même but, telles le Sésame, la Purghère du Kapok, le Benefing, le Méné, que sais-je encore ! Plus tard enfin, l'huile de coton, quand les zones irrigables seront mises en valeur. C'est là que l'on trouvera le véritable *carburant colonial*.

Dans un livre récent (1) relatant toutes les observations que j'ai pu faire au cours de mes Missions en Afrique, j'ai déjà insisté sur cette question.

Les corps gras en brûlant dégagent une source de calories voisines de celle d'une quantité égale de mazout ou de benzol et bien supérieure à celle de l'alcool, et leur utilisation dans les moteurs ne parait pas offrir de difficultés insurmontables.

La question du prix de revient seule interviendra et certaines huiles produites dans des conditions exceptionnelles trouveront toujours un meilleur débouché pour d'autres usages, cela est certain, mais ne diminue en rien mes conclusions pour d'autres régions.

Dans les pays les plus éloignés et les plus pauvres, les indigènes cultivent des plantes oléifères pour leur alimentation; leurs rendements peuvent être sensiblement augmentés par l'amélioration de leurs procédés culturaux. Ils sont accoutumés à ces

---

(1) Em. PERROT. — *Sur les Ressources végétales de l'Afrique occidentale française* (Sahara Soudan nigérien. Haute-Volta, Guinée), avec préface de M. le Gouverneur général E. Roume Paris, 1929. — 1 volume in-8. 468 pages. avec 28 plans. Édité par l'*Office National des M. P. V.*, 12, avenue du Maine, Paris. — Prix : 50 francs.

productions; ils ne seront point rebelles à les étendre si on peut leur offrir un prix convenable. Dans le Centre africain, en Haute-Volta, un litre d'huile d'arachide revient à 1 fr. 25 et l'essence importée s'y vend 5 francs et plus. La calorie reviendrait donc près de cinq fois moins cher.

Voudrait-on produire de l'alcool...? il faudrait installer des cultures de plantes amylacées et des usines de fermentation. On a songé à employer des résidus de fabrication, par exemple, le jus de Sizal. Rien ne permet encore de penser que cette fabrication est possible en grand, et d'ailleurs il semble bien que, même en admettant le problème résolu, les quantités produites seraient bien insuffisantes pour couvrir les besoins locaux.

Mon incompétence m'empêche de parler des moteurs; mais on sait que des appareils du type Semi-Diesel ou Drott sont déjà en action sur les remorqueurs du Congo belge; il en a été construit en Italie, en Angleterre et même en France.

Le Hohenzollen-Worth de Dusseldorf a construit une locomotive Diesel de 17 mètres avec 5 essieux, alimentée à l'huile grasse et dont la consommation en *eau est pratiquement nulle*, constatation des plus importantes dans ces régions.

En résumé, l'usage des corps gras comme producteurs de calories-motrices ne présente que des avantages : c'est le carburant de choix colonial.

Peut-on désirer mieux en effet que d'utiliser l'énergie solaire fixée sur le végétal qui emprunte au sol les éléments nécessaires à son développement et dont la raison finale est de produire la graine à son tour prête à recommencer le cycle de production, *véritable synthèse exercée sans le concours de l'industrie humaine.*

Loin de nuire à l'individu, c'est au contraire une mise en œuvre de forces naturelles au service de l'humanité qui, de plus, peut apporter au foyer familial, sans effort exagéré, un mieux-être sensible.

N'est-ce pas dans les contrées les plus éloignées, où l'individu primitif vit misérablement, que la matière grasse, culture accessoire, lui apportera, avec un complément de nutrition, au besoin de nouveaux bénéfices d'un travail auquel il est accoutumé déjà et dont il appréciera vite les bienfaits...?

Dans tous les sols, même les plus deshérités, on peut introduire une culture de plante oléifère ou développer celle qui existe déjà.

Avec un peu d'aide matérielle, des conseils judicieux, des distributions de graines de semence, vite on dépassera les besoins locaux.

Tous ceux qui ont parcouru récemment l'A.O.F., qui en ont constaté le magnifique développement, sont d'accord pour insister sur la nécessité urgente de substituer à la main-d'œuvre indigène une machine appropriée et rendre au sol les hommes valides que réclame sa mise en valeur.

Communication de l'Agence Économique de l'Indochine

PRODUCTION FORESTIÈRE DE L'INDOCHINE

En Indochine, la forêt primitive se rencontre encore sur les deux versants de la chaine annamitique, dans la vallée du Haut et du Moyen Mékong, et dans les régions élevées du Tonkin et du Laos. Comme toutes les forêts tropicales, elle est, en général, formée d'un mélange de très nombreuses essences, dont beaucoup constituent d'excellents bois de construction, de menuiserie et d'ébénisterie.

Sur les hauts plateaux de l'Annam et du Laos, on trouve de grandes forêts de résineux, souvent entremêlées de Diptérocarpacées et constituées principalement par deux espèces de Pins, couvrant des milliers de kilomètres carrés ; quelques peuplements de ces mêmes Conifères, mais beaucoup moins étendues, se rencontrent aussi sur les contreforts orientaux de la chaîne annamitique dans certaines parties du Tonkin, notamment au voisinage de la baie d'Along, et dans diverses régions du Cambodge.

Partout où les indigènes ont défriché la forêt pour y cultiver temporairement le riz et d'autres plantes alimentaires, la sylve primitive a fait place à une forêt secondaire, assez dense encore, mais très pauvre en bois durs et souvent envahie par les Graminées, notamment par le Tranh ou « herbe à paillotte » (*Imperata cylindrica*).

Ailleurs, au Laos et au Cambodge surtout, de vastes étendues, à sol peu fertile, sont couvertes de forêts claires, formées principalement de Diptérocarpacées souvent rabougries, tandis que sur les rives du Bas-Mékong et de ses principaux affluents, et dans la région du Tonlé-Sap, s'étendent des forêts complètement inondées à la saison des crues, constituées par des essences généralement de peu de valeur, entremêlées d'arbustes buissonnants, de rotins, de lianes formant un sous-bois presque impénétrable.

Enfin, dans les zones littorales, des peuplements de Palétuviers des genres *Rhizophora*, *Bruguiera*, *Kandelia*, *Ceriops* et de Tram (*Melaleuca leucadendron*) occupent certaines parties des côtes, ainsi que les bords des estuaires et des canaux dans les deltas.

La superficie boisée de l'Indochine peut être évaluée très approximativement à 310.000 km², sur une superficie totale d'environ 736.000 km² ; elle se répartit ainsi entre les différents pays de l'Union indochinoise :

<pre>
        Tonkin .... 35.000 Km²
        Annam   .... 60.000 —
</pre>

Cambodge .... 40.000 Km.
Cochinchine .... 18.000 —
Laos .... 160.000 —

Ce vaste domaine forestier est divisé en domaine réservé et en domaine protégé. Le premier comprend les forêts cadastrées, érigées en réserves forestières, et dont un certain nombre déjà sont aménagées et actuellement exploitables ; dans celles-ci, les coupes annuelles sont cédées soit par adjudication, soit par marché de gré à gré, soit enfin par contrats à long terme, d'une durée maximum de trente ans. L'exploitation y est soumise aux conditions d'un cahier des charges générales et à des clauses particulières spéciales à chaque marché. Le total des superficies réservées atteint actuellement pour l'Indochine entière le chiffre de 2.575.565 hectares.

Dans le domaine simplement protégé, les forêts sont ouvertes à l'exploitation libre, mais cependant sous certaines conditions : paiement d'un permis de coupe, interdiction d'abattre des arbres au-dessous d'un certain diamètre déterminé pour chaque essence ou catégories d'essences, etc..., l'effectif trop restreint du personnel européen et indigène des Services forestiers rend malheureusement la surveillance difficile et bien souvent illusoire. Ce service n'a été organisé, sur ses bases actuelles, qu'en 1901 pour la Cochinchine et le Tonkin, puis en 1902, pour le Cambodge et en 1903 pour l'Annam ; il n'existe pas encore au Laos.

L'Administration lutte de son mieux contre toutes les causes qui peuvent tendre à restreindre l'étendue des massifs boisés couvrant encore plus du tiers de la superficie totale de l'Indochine C'est dans ce but que les forêts appartenant à des provinces, à des communes ou à des Etablissements publics, sont soumises au régime forestier, comme les forêts domaniales, et que même les forêts appartenant à des particuliers sont l'objet de certaines restrictions pour motifs d'utilité publique, en vue de prévenir l'érosion des berges fluviales, le dégradement des pentes dans les régions montagneuses, le défrichement abusif des zones frontières, qui serait de nature à compromettre la défense du territoire, etc...

Le Service forestier poursuit méthodiquement l'amélioration des forêts exploitées, s'efforçant de favoriser la propagation des meilleures essences et d'éliminer les bois de peu de valeur, et il a entrepris sur de nombreux points des travaux de boisement et de reboisement. Dans cette voie, d'excellents résultats ont été déjà obtenus par la fixation des dunes de la côte d'Annam à l'aide de plantations de Filaos (*Casuarina equisetifolia*).

Il existe en Indochine de nombreuses exploitations forestières européennes, dont la plupart sont pourvues d'un outillage comportant les perfectionnements les plus modernes. En Cochinchine, l'une de ces firmes a créé, à côté de ses scieries, une usine de distillation du bois pour la production des jus pyroligneux employés dans la fabrication du caoutchouc.

C'est, d'ailleurs, dans cette partie de l'Union indochinoise que les forêts sont le mieux aménagées et présentent les plus grandes facilités d'exploitation, en raison de la multiplicité des voies de communication, routes, chemins de fer, rivières et canaux. Les forêts de l'Est, situées en terrains élevés, fournissent de bons bois de construction, de menuiserie et d'ébénisterie. Les vastes peuplements de Palétuviers et de Tram de l'Ouest et du Sud donnent du bois de feu de première qualité, un charbon très estimé, des perches pour pêcheries, des écorces tinctoriales et tannifères. En 1928, le port de Saïgon a exporté 15.591 tonnes de bois divers et 2.680 tonnes de charbon de bois.

De vastes massifs de forêts primitives existent encore au Cambodge ; l'ouverture de nouvelles voies de communication ne tardera pas à en faciliter l'exploitation.

En Annam, les forêts primitives qui couvrent les versants de la chaîne annamitique et qui, sur certains points atteignent le voisinage même de la côte, sont d'une exploitation sinon aisée, tout au moins possible, et les coupes s'y élèvent parfois jusqu'à près de 1.000 mètres. Dans le Sud, les grandes forêts de pins du Langbian seront bientôt rendues plus accessibles, grâce à l'amélioration des moyens de communication entre Dalat et la côte. Dès à présent, l'Annam exporte de grandes quantités de bois sur le Tonkin d'une part, sur la Cochinchine de l'autre.

Au Tonkin, ce sont surtout les forêts secondaires de plaines et de basses montagnes qui fournissent les bois d'œuvre et le bois de feu nécessaires aux besoins locaux, ainsi que les étais de mine, dont il est fait une grande consommation. Faute de moyens suffisants d'évacuation, les forêts primitives, qui ne se rencontrent plus qu'à des altitudes supérieures à 700 mètres, ne sont encore qu'imparfaitement exploitées. Aussi le Tonkin doit-il importer chaque année des quantités considérables de bois du Nord-Annam. Sur les côtes les peuplements de Palétuviers d'un accès plus facile, fournissent des écorces tannifères et tinctoriales et du bois de feu.

Les forêts du Laos n'ont été exploitées jusqu'ici que pour les besoins locaux et constituent d'énormes réserves pour l'avenir.

Le tableau suivant donne les chiffres des exportations de bois d'Indochine, par catégories, pour la période triennale 1926-1928.

ANNÉES	TONNES :					
	BOIS de CONSTRUCTION	BOIS D'ÉBÉNISTERIE	BOIS ODORANTS	BOIS de TEINTURE	AUTRES	TOTAUX
1926.......	18.626	569	151	»	4.180	23.526
1927.......	18.836	570	54	146	788	20.294
1928.......	18.909	625	80	57	953	18.624
MOYENNES...	18.090	588	95	67	1.973	20.814

Parmi les bois de construction, figurent de nombreuses essences appartenant à la famille botanique des Diptérocarpacées, connues sous les noms de Sang-Sao, Sen, Dau (prononcez Yao), Tau et Lau-Tau, Le Lim (*Erythrophlaeum Fordii*), de la famille de Légumineuses, est l'un des meilleurs bois de charpente d'Indochine, et convient aussi pour l'ébénisterie et la menuiserie. Au Tonkin, dans le Nord-Annam et au Laos, on rencontre de nombreuses espèces de Chênes et de faux Châtaigniers (*Quercus et Castanopsis*), désignés par les indigènes sous les noms génériques de Giá et de Caoi, qui fournissent d'excellents bois de charpente. Le Teck, grand arbre de la famille des Verbénacées, donne un bois de toute première qualité, que son imputrescibilité fait rechercher surtout pour les constructions navales. Cette précieuse essence n'existe malheureusement que dans quelques forêts du Laos français, mais elle est plus commune dans le Laos Siamois, d'où des quantités importantes sont exportées chaque année par la voie du Mékong et le port de Saïgon. Les pins du Tonkin et de la chaîne annamitique donnent de bons bois de charpente.

Parmi les nombreux bois d'ébénisterie et de menuiserie, il convient de citer notamment les Palissandres (Trac et Cam-lai) appartenant comme ceux de l'Amérique du Sud, de l'Inde et de Madagascar au genre *Dalbergia*, le Dang-huong ou Mai-dou et les Go ou Gou des genres *Pterocarpus* et *Sindora*, le Muong ou Bois-Perdrix (*Cassia siamea*) qu'il ne faut pas confondre avec d'autres Muong, qui sont de véritables ébènes (*Diospyros*) ; le Cheo (*Engelhardtra*) et les Gioi (*Talauma*) dont le bois rappelle celui du Noyer ; les Sau, le Goi et le Son, qui fournissent les Acajous d'Indochine, etc...

Certaines autres essences, en raison des propriétés physiques de leurs bois, se prêtent particulièrement aux travaux de charronnage, de carrosserie et de batellerie ; telles sont notamment les diverses espèces de *Lagerstroemia* connues sous les noms de Bang-long en Cochinchine et dans le Sud-Annam, de Sralao au Cambodge, et de Sang-lé dans le Nord-Annam ; le Cam-Xé, les Ven-Ven, des genres *Xylia* et *Anisoptera*, etc...

Pour la fabrication des allumettes, on emploie principalement le Bo-dé (*Styrax tonkinense*) qui est l'arbre producteur de benjoin, le Muong-cham, Muong-do ou Maucho (*Cassia timoriensis*), le Vang (*Mallotus cochinchinensis*), etc. Le Lautau, du genre *Vatica*, est l'essence la plus recherchée pour la production des jus pyroligneux.

La production de charbon de bois est considérable et donne lieu à une exportation dont la moyenne annuelle a atteint, pour la période triennale 1926-1928, le chiffre de 14.560 tonnes. Il est probable que la vulgarisation des fours portatifs de carbonisation développera encore cette production.

Les produits secondaires de la forêt sont extrêmement nombreux et variés : écorces tannifères et tinctoriales, résines et oléorésines, gomme-gutte, gomme-laque, benjoin, laque, graines médicinales et oléagineuses, essences à fruits ou à graines alimentaires, rotins, etc...

Citons encore la Canelle, fournie par l'écorce de divers arbres du genre *Ginnamomum* et dont l'exportation annuelle atteint actuellement plus de 800 tonnes;

les Cardamomes, fruits de plusieurs espèces de Zingibéracées, appartenant au genre *Amomum*, et dont les Chinois font un grand usage dans leur pharmacopée ; enfin le cu-nau, cu-nas ou faux Gambier, produit par les tubercules de diverses espèces de *Smilax* et de *Diascorea*, très employé comme matière tinctoriale, et qui donne lieu à une exportation annuelle de 4.000 à 5.000 tonnes.

Il convient enfin de mentionner aussi les Bambous, formant dans certaines régions des peuplements très étendus, et dont les multiples usages sont bien connus. Rappelons seulement qu'ils fournissent l'une des meilleures matières premières pour la fabrication du papier et qu'au Tonkin deux usines (fabrique de pâte et papeterie) dépendant de la même firme, assurent actuellement pour une très large part l'approvisionnement de la colonie en papier d'impression, papier à écrire, papier d'emballage et carton.

(Communication de l'Agence Economique de l'Indochine.)

COMMUNICATION

de M. Georges DARZENS

Professeur à l'Ecole Polytechnique

et de M. Pierre GIRARD

Directeur de l'Institut de Biologie de Paris

au nom du Conseil Technique

de la SOCIÉTÉ CHIMIQUE DES DÉRIVÉS] DU PIN

sur les nouveaux procédés de ʃcette Société

———————◆———————

Il importe de développer en France une industrie nationale de la cellulose du bois, tel est en ce moment le grand leitmotif qu'il ne faut cesser de répéter. Il faut, en effet, se rappeler que rien qu'en pâte chimique, c'est plus de 300.000 tonnes annuellement que nous demandons à l'étranger, contre un paiement de 4 à 500.000.000 de francs.

Le problème a commencé à être résolu en partie par les grandes installations en construction ou en projet sur les bords de la Seine, en aval de Rouen, qui, important des bois étrangers, fabriqueront sur place leur pâte chimique ; ce n'est qu'une première étape, car l'industrie nouvelle continuera à avoir besoin de l'étranger et ce n'est qu'en partie que sera réduit notre dur tribut d'importation.

C'est dans notre propre pays que nous devons nous procurer les matières premières nécessaires à cette industrie nouvelle de la cellulose. Les premiers résultats obtenus dans les Landes et dans la Gironde permettent déjà de dire que l'industrie nouvelle nous libérera en grande partie de l'importation des papiers Kraft d'origine scandinave.

L'exposé que nous allons vous faire va vous démontrer que la *Société Chimique des Dérivés du Pin* a résolu le problème de la cellulose chimique non seulement pour la pâte Kraft, mais encore pour la pâte facile à blanchir et la pâte blanchie, et ce, en utilisant toutes les parties du bois sans aucune exception.

En outre, les renseignements que nous donnerons sur la récupération des sous-produits permettront de vous convaincre qu'en dehors de la suppression d'une partie de l'importation, il y aura création de matières pour l'exportation.

Les procédés de la *Société Chimique des Dérivés du Pin* constituent un ensemble de perfectionnements dans les procédés de traitement du bois résineux, tel que le pin sylvestre et le pin maritime, pour en extraire la cellulose, et ils sont caractérisés par ce fait qu'ils donnent simultanément des sous-produits, tels que la colophane et l'essence de térébenthine, dans un état de pureté technique, obtenus d'emblée.

Ces procédés permettent de traiter avantageusement les rondins, les costallans, et même les souches pour fabriquer soit des kraft, soit des celluloses faciles à blanchir, soit, enfin, de la cellulose blanchie pouvant être utilisée aux usages les plus divers, tels que la cartonnerie, la papeterie de journal, la papeterie fine, la soie artificielle, enfin les nitrocelluloses, soit pour les poudres et les explosifs, soit pour les vernis.

Dans ces procédés les bois résineux subissent d'abord un traitement spécial pour en récupérer l'essence de térébenthine et la colophane ; ce premier traitement effectué, ils sont soumis à l'action d'une lessive d'une composition très particulière qui assure l'extraction des matières incrustantes et de la lignine, dans des conditions telles que les fibres de cellulose ne subissent aucune altération profonde.

A côté de cet avantage capital, la consommation d'alcali est beaucoup moindre que par les procédés actuellement en usage, et d'ailleurs la plus grande partie de l'alcali est régénérée, que l'on travaille avec des lessives de soude caustique ou des procédés au sulfate.

Tels sont les avantages principaux de ces nouveaux procédés, mais à côté de cela ils assurent une consommation très diminuée de vapeur, de combustible, et de main-d'œuvre et cela, par un ensemble parfaitement bien étudié et d'une mise au point parfaite de l'outillage.

L'ensemble de ces procédés est le fruit d'une longue expérience et d'une connaissance approfondie des divers procédés utilisés depuis longtemps dans de grandes usines du nord de l'Europe qui ont été le berceau de cette industrie.

Il ont, en outre, été expérimentés à l'échelle d'une production industrielle dans l'usine de démonstration que la *Société chimique des Dérivés du Pin* possède à Croissy-sur-Seine (Seine-et-Oise).

Sans entrer dans plus de détails sur ces procédés, les résultats obtenus peuvent se résumer ainsi :

A partir des rondins de pin maritime, les nouveaux procédés donnent un rendement moyen de 45 à 50 0/0 de pâte Kraft avec une diminution de 10 0/0 dans la consommation de l'alcali. Les fibres obtenues ont de 3 à 4,5 m/m de longueur. A côté de cela, on a une production de 0,85 0/0 d'essence de térébenthine et de 2,4 0/0 de colophane (notons également que si on le désire, on peut récupérer la lignine), ces produits, d'un bel aspect et d'une odeur pure, sont d'une qualité marchande immédiate.

Les costallans traités dans les mêmes conditions donnent une pâte Kraft de même qualité avec le même rendement de 45 à 50 0/0. Le rendement des sous-produits étant légèrement modifié avec une augmentation sensible dans la colophane qui peut atteindre 3 0/0.

Quant aux souches qui sont des matières première abondantes en France et perdues actuellement, elles donnent un rendement de 33 à 39 0/0 de cellulose Kraft, avec un rendement de 1,9 0/0 d'essence de térébenthine et de 6,7 à 8 0/0 de colophane.

Les procédés de la *Société Chimique des Dérivés du Pin* permettent d'obtenir avec les mêmes matières premières, des *celluloses faciles à blanchir* si l'on consent à une petite diminution de rendement, diminution qui ne dépasse pas d'ailleurs 3 0/0.

Enfin, ils donnent des pâtes *parfaitement blanchies* si on consent à une perte un peu plus forte, environ 6 0/0.

Nous insisterons particulièrement sur le traitement des souches, matière première à vil prix, inutilisée en France, qui peut ainsi devenir une source de profits importants par sa transformation, soit en pâte Kraft, soit en cellulose alfa, facile à blanchir

Le traitement des sous-produits des souches est d'ailleurs d'autant plus intéressant que les sous-produits : essence de térébenthine et colophane sont très supérieurs, surtout si on a soin de traiter des souches d'âge moyen.

Les ressources de la France en bois résineux, ne se limitent pas à la région des Landes et de la Gironde ; sur d'autres points du territoire des possibilités importantes s'offrent pour fournir les matières premières de cette industrie nationale de la cellulose, qu'il importe à tout prix de créer dans notre pays.

Le reboisement est de plus en plus à l'ordre du jour. mais en même temps, il ne faut pas céler qu'une certaine émotion s'est emparée des propriétaires de bois résineux à cause de la baisse qu'ont révélée les ventes récentes de pins maritimes faites par l'Administration des Eaux et Forêts, et la diminution du trafic des poteaux de mines.

Il faut donc encourager ce reboisement et rassurer les propriétaires.

Par le court exposé ci-dessus, vous aurez vu que la *Société Chimique des Dérivés du Pin* intéresse non seulement la papeterie, mais encore l'industrie nouvelle de la soie artificielle et celle non moins importante du point de vue de la Défense Nationale, des poudres et explosifs, sans oublier les vernis dont la consommation augmente chaque jour.

C'est donc une perspective de nouveaux débouchés qui vient s'offrir pour tous propriétaires actuels et futurs.

L'industrie de la cellulose du bois est très rémunératrice et nous estimons que l'heure est venue pour les Français d'utiliser les ressources de leur sol et d'employer leurs capitaux à les faire fructifier pour le plus grand bien de notre balance commerciale.

Le Congrès qui s'est proposé d'étudier toutes questions se rattachant à la mise en valeur des ressources forestières et à l'utilisation des produits de la forêt dans tous les domaines de l'économie nationale, voudra, nous en sommes certains, s'associer par un vœu à la propagande nécessaire pour créer en France l'industrie nationale de la cellulose du bois.

COMMUNICATION

de M. MEUNIER

Ingénieur Agronome, Directeur technique de la Société "Le Glucol"

SUR MÉTHODE ET PROCÉDÉS DE TRAITEMENT
DES SUBSTANCES VÉGÉTALES

Le carbone contenu dans les végétaux existe sous forme de produits plus ou moins définis, tels que la cellulose, les résines, les gommes, etc., etc.

Il s'ensuit que dans les végétaux, le carbone n'est pas très concentré et que l'on n'a que des produits à faible pouvoir calorifique.

La concentration du carbone des végétaux est l'objet d'une très grande industrie : l'industrie de la distillation sèche. Par cette méthode on obtient du charbon de bois à pouvoir calorifique élevé et des sous-produits, parmi lesquels les goudrons, acide acétique et l'esprit de bois.

La distillation sèche se pratique surtout sur le bois en bûches et elle n'est pas d'une application facile lorsque l'on a à faire à des produits comme la paille, la sciure, etc...

Il est une autre méthode de traitement des végétaux permettant d'obtenir des résultats peut-être plus avantageux que par la distillation sèche qui est une méthode assez brutale de traitement.

C'est par l'hydrolyse à chaud par les acides dilués que l'on peut résoudre le problème de la concentration des matières végétales en carbone.

Le principe de la méthode est le suivant :

Lorsque l'on traite des matières cellulosiques à chaud par les acides dilués, la cellulose est partiellement ou totalement dégradée ; elle passe à l'état de sucres. Au cours du traitement, une partie de ces sucres est détruite par l'acide hydrolyseur lui-même en fournissant des corps comme les acides acétique et formique, le furfurol, l'esprit de bois, l'acétone, etc., etc.

Industriellement, on opère ainsi :

On place la matière à traiter, réduite en fragments, dans un autoclave tournant, on y ajoute un poids donné d'une solution faible d'acide sulfurique, dans l'eau. Au cours de l'opération de cuisson, on fait traverser la masse en traitement par un courant de vapeur qui exporte les produits volatils et entraînables (furfurol, acides, etc.). L'opération, une fois terminée, on lave la masse méthodiquement ; on obtient ainsi un liquide sucré, d'une part, et un résidu solide que l'on nomme « lignine ». Cette lignine est plus concentrée en calories que la matière initiale.

Ainsi, en partant des sciures de bois fournissant à l'état sec 3.600 calories, on obtient une lignine à 5.000 calories environ. La méthode hydrolytique permet donc de retirer des matières végétales trois groupes principaux de produits :

Le sirop sucré,

Les produits de destruction des sucres,

Et la lignine.

Par des considérations de physico-chimie basées sur l'expérience industrielle, l'auteur est parvenu à déterminer les conditions de traitement pour obtenir un lotissement voulu des trois groupes de produits ci-dessus.

Comme conséquence industrielle, on peut envisager divers processus pour l'utilisation des produits de l'hydrolyse. Ainsi, par exemple, la *Société « Le Glucol »* emploie les sirops sucrés à la fabrication de provendes pour le bétail ; elle brûle sa propre lignine dans l'usine et fabrique des acétate et formiate ainsi que du furfurol et de l'alcool méthylique.

Au lieu d'utiliser le sirop sucré comme ci-dessus, on peut le mettre en fermentation. En partant des bois ; notamment, le rendement en alcool peut être très élevé en conduisant le traitement par la méthode dite des dégradations successives. Cette méthode de dégradations successives consiste à traiter une première fois la matière par la solution acide ; on lave pour extraire les sucres formés et on prend comme nouvelle matière première le résidu solide du lavage.

On peut aussi se contenter d'une seule attaque par laquelle, avec des bois sains, on peut obtenir de neuf à dix litres d'alcool aux 100 kilos de matière traitée calculée sèche.

Une usine fabriquant de l'alcool produira donc de la lignine, des acides acétique et formique, du furfurol et de l'alcool éthylique.

On peut étherifier l'alcool produit avec les acides acétique et formique ; on obtiendra ainsi des éthers combustibles liquides, comme l'alcool. On obtiendra donc, en définitive, un combustible solide à 5.000 calories et des combustibles liquides : l'alcool, les éthers, l'alcool méthylique ou esprit de bois et le furfurol ; ce dernier corps, est, en effet, inflammable ; il brûle, notamment, dans les lampes en donnant une lumière extrêmement fixe. On pourrait l'employer dans des moteurs à combustion interne.

Avec les bois résineux sains, on peut obtenir de 1,5 à 2 % de furfurol, avec les pailles le rendement peut atteindre 10 %.

Un des avantages de l'hydrolyse acide, c'est qu'il peut s'appliquer à toutes matières végétales.

Le seul problème à envisager, étant donné que la technique des procédés est bien au point, c'est l'approvisionnement des usines en matières. Celles-ci sont, en effet, assez légères et très disséminées.

Il est certain qu'une bonne organisation de transports doit être à la base de toute entreprise voulant exploiter le traitement hydrolytique de matières végétales.

A ce point de vue, il semblerait que les grandes Compagnies de Chemin de fer seraient à même de résoudre aisément ce problème de transports, étant données les grandes quantités de déchets végétaux qu'elles pourraient récupérer dans leurs gares de marchandises, notamment, puis les déchets de traverses, les coupes de talus, etc., etc.

En outre du carbone végétal enrichi et sous forme de lignine, ces dites Compagnies disposeraient d'alcool et d'éthers qu'elles pourraient employer pour les voitures de tourisme ou de liaison dont elles développent de plus en plus le trafic.

Quant au furfurol, elles pourraient en envisager l'emploi pour des services d'éclairage ; par exemple, dans les signaux lumineux.

Devant l'initiative prise par la Compagnie P.L.M. en instituant le Congrès du Carbone Végétal, nous avons crû devoir insister sur l'intérêt que pourrait présenter pour les grandes Compagnies de Chemins de fer, l'hydrolyse acide pour transformer les celluloses résiduaires de leurs réseaux qu'elles pourraient transporter à très bas prix dans une usine d'utilisation.

La *Société « Le Glucol »* a établi son usine à Sorgues, où les procédés sont appliqués sur une échelle industrielle dans un appareillage adéquat.

Le traçage d'une grume
à l'aide d'un mètre en acier souple et rigide

COMMUNICATION

de M. CLAUDE ABRIAL

Secrétaire Général du Comité régional Lyonnais
des plantes médicinales

Si la forêt est intéressante par sa haute futaie, il n'en reste pas moins vrai que les nombreux arbustes, arbrisseaux, plantes vivaces, plantes bisannuelles et annuelles des sous-bois, fournissent leur quote-part à l'homme.

Nous n'en voulons pour preuve que les produits que l'herboristerie en retire comme plantes médicinales, plantes à parfum pour la droguerie et la pharmacie.

Beaucoup de végétaux des sous-bois peuvent fournir des aliments importants par leurs graines et leurs fruits.

Dans ce travail, nous nous étendrons surtout sur les plantes des sous-bois, comprenant les arbustes, arbrisseaux et herbes fournissant des fruits que l'on peut utiliser, ainsi que des plantes médicinales.

Enfin dans une dernière partie, nous étudierons les champignons comestibles et vénéneux.

I. — VÉGÉTAUX PRODUISANT DES FRUITS

Nous citerons pour mémoire : l'amandier, le châtaignier commun, le cerisier commun, le noisetier, le cognassier, le figuier, le noyer, le pommier commun, le mûrier, l'olivier, le pêcher, le prunier, le groseillier, le cassis, le rosier, la vigne.

L'Amelanchier commun est un petit arbrisseau buissonnant de 1 à 3 mètres de haut se couvrant de fleurs au printemps. Il se développe dans les bois sur les sols calcaires secs, les fruits gros comme une petite merise sont comestibles et pourraient être facilement transformés en confiture ou marmelade.

Le Marronnier d'Inde (*Aesculus Hippocastanum*. L.). Arbre d'ornement, mais également utile par ses graines farineuses.

L'Arbousier (*Arbutus Unedo*. L.). 4 à 6 mètres de haut, pouvant atteindre 10 mètres. Commun sur toutes les formations siliceuses de la région méditerranéenne, surtout en Corse. Le fruit ou arbouse est consommé à l'état frais ou sous forme de confiture.

La Busserole (*Arctostaphylos Uva-ursi*). Arbrisseau rampant formant des plaques dans les clairières des forêts montagneuses. Commune dans le Jura, les Alpes, les Cévennes, l'Auvergne et les Pyrénées. Les fruits sont peu récoltés.

L'Épine-Vinette pouvant atteindre 2 à 4 mètres de haut se rencontre dans presque toute la France. Les baies nombreuses et acidulées de cet arbrisseau sont comestibles.

Le Micocoulier de Provence (*Celtis australis*. Lin.) fournit des petits fruits. Cet arbre donne un bois très estimé.

Le Cerisier Sainte-Luce, Merisier (*Cerasus Mataleb*. Lin). Petit arbre dépassant rarement 10 mètres, donne un bois susceptible d'un très beau poli. Les jeunes plantes sont utilisées pour le greffage du cerisier commun. On peut utiliser les fruits pour la fabrication d'une eau-de-vie.

Le Caroubier commun (*Ceratonia Siliqua* Lin). Les fruits très nourrissants sont utilisés dans l'alimentation des chevaux. Arbre de la région méditerranéenne. L'Algérie et la Tunisie expédient chaque année en France, environ 250.000 quintaux de caroubes.

Mélangées à la racine de réglisse et à des raisins secs, les gousses servent aux Musulmanes pour la confection de sorbets. La pulpe de ce fruit est laxative, rafraîchissante et adoucissante.

Le Cornouiller mâle (*Cornus Mas*. Lin.). Très commun dans les bois des terrains calcaires, ce petit arbuste se rencontre dans presque toute la France. Le bois très dur sert à fabriquer des manches d'outils. Les fruits pourraient être transformés en confiture.

L'Aubépine blanche (*Cratægus oxyacantha*. Lin.) est un buisson épineux, parfois un petit arbre pouvant atteindre 8 mètres de haut. Répandu dans toute la France et l'Europe, il fournit des petits fruits connus sous le nom de Poire de la Saint-Martin.

Le Hêtre Fayard (*Fagus sylvatica*. Lin.) On le rencontre dans presque toute la France. Le fruit du hêtre ou Faîne comptait certainement parmi les fruits que l'homme primitif cueillait pour son alimentation. Le Faîne renferme une amande dont la saveur rappelle celle de la noisette et qui contient une huile comestible.

Le Fraisier des Bois (*Fragaria vesca*. Lin.) se rencontre dans les bois de toute la France ; outre cette espèce, on trouve également le *Fragaria élatior* et le *Fragaria collina*.

Le Houx commun (*Ilex Aquifolium*. Lin.) est un petit arbre qui peut atteindre 8 à 10 mètres de haut. Son bois très dur est utilisé pour la fabrication des manches d'outils. L'écorce peut être utilisée comme succédané de l'écorce de quinquina, elle sert à préparer la glu. Les fruits sont purgatifs et émétiques.

Les Genévriers (*Juniperus*). Le genre *Juniperus* comprend cinq espèces françaises :

Juniperus communs : arbuste de 2 à 6 mètres, que l'on rencontre dans les bois, dans toute la France.

Juniperus oxycedrus, se rencontre sur les coteaux arides du midi méditerranéen.

Juniperus phœnicea croît dans les fissures, sur les coteaux calcaires arides du midi.

Juniperus sabina : petit arbuste pouvant atteindre 10 mètres, commun sur les rochers et pelouses des hautes montagnes.

Juniperus shurifera : arbuste à tige droite de 8 à 10 mètres, se rencontre sur les rochers calcaires des montagnes du Dauphiné.

Genévrier

Les Baies de genèvre sont utilisées comme condiment dans la charcuterie ; elles rentrent également dans la fabrication de certaines boissons alcooliques.

Le Myrica Gale. Petit arbrisseau de 0 m. 70 à 1 mètre, que l'on rencontre dans les Landes et les marais de l'Ouest de la France, ainsi que dans les Ardennes et dans la Forêt de Fontainebleau.

Les feuilles peuvent être utilisées comme thé. Les écorces sont astringentes Les fruits sont couverts d'une matière cireuse que l'on récolte et qui est utilisée pour l'entretien des parquets et des meubles.

Le Myrte Commun (*Myrtus Communis*). Petit arbuste de 2 à 4 mètres de haut, toujours vert. Cette espèce est caractéristique de la région méditerranéenne et peuple le maquis. Le bois de myrte est utilisé pour la confection de cannes et de menus objets. Les feuilles, l'écorce, les fruits et les fleurs sont astringents, toniques et stimulants.

Le Pin. Deux espèces fournissent des graines comestibles, ce sont : le pin pignon et le pin cembrot.

Le Chêne fournit les glands utilisés pour la nourriture des porcs. Le chêne vert donne des glands assez gros, ceux de sa variété « Ballota » sont utilisés sous le nom de gland doux.

La Ronce bleue. Petit sous-arbrisseau rampant, se rencontre dans presque toute la France. Les feuilles sont utilisées comme astringentes. Les fruits sont consommés frais ou transformés en confiture.

La Ronce des haies. Très commune. Les fruits sont également comestibles Le Loganberry serait un hybride de la ronce des haies avec le framboisier.

Le Framboisier (*Rubus Idaeus*). Petit arbrisseau de 0 m. 80 à 1 m. 50 de hauteur dont la tige a une durée très courte, une année végétative et la seconde fruitière, puis elle meurt à l'automne.

Très commun dans toutes les montagnes de la France. Le fruit très estimé est consommé frais ou transformé en confiture. Les framboises servent également à fabriquer une liqueur.

Le Sorbier. Parmi ce genre, une espèce le *Sorbus torminalis,* arbre de 15 à 18 mètres, fournit des fruits connus sous le nom d'alises et de tores : Comestibles quand ils sont blets, ils servent à préparer une boisson fermentée assez agréable ; distillés ils donnent une eau-de-vie estimée.

Airelle myrtille

Le Sorbier domestique qui atteint 20 mètres de haut, donne également des fruits comestibles lorsqu'ils sont blets. On dessèche les fruits pour les transformer en pruneaux. Ils fournissent une boisson alcoolique au poiré.

Airelles. Une espèce, *surtout le Vaccinium Myrtillus,* fournit un fruit très estimé. L'airelle myrtille est un petit arbrisseau de 40 à 80 centimètres, que l'on rencontre dans les bois et les bruyères, des montagnes siliceuses.

Les fruits entrent dans la fabrication des confitures, de sirops jouissant de propriétés astringentes et antidiarrhéiques.

Viorne Manciane. Arbrisseau de 1 à 3 mètres, que l'on rencontre dans les bois, le long des ruisseaux et des rivières. Les baies sont comestibles, elles ont une saveur agréable quand elles ont terminé leur maturité sur la paille.

II. — PLANTES MÉDICINALES

La forêt fournit une très grande quantité de plantes médicinales dont l'importance de chacune est très variable : les unes sont réclamées en abondance, les autres peu ou point.

Nous nous contenterons de citer les plus importantes, celles utilisées par la droguerie, la pharmacie et la parfumerie.

Aconitum Napellus (*Aconit Napel*). — Belle plante vivace de 1 ou 2 mètres de haut, croissant dans les lieux un peu humides des montagnes. On la trouve dans une grande partie de la France, sauf dans l'Ouest et le Midi. On utilise la racine et les feuilles comme anti-névralgiques et décongestionnante. C'est un poison redoutable. Tonnage annuel : 15.000 kilogs.

Aesculus Hippocastanum. — Marronnier d'Inde. On utilise l'écorce et les graines. Tonnage : 100.000 kilogs de graines.

Anémone Pulsatilla. — Pulsatille commune. — Commune dans les pâturages, dans les clairières, dans presque toute la France. On utilise les feuilles, les fleurs et les racines. Tonnage : 10 à 15.000 kilogs.

Arctostaphylos uva-ursi. — Raisin d'Ours, Busserole. Petit arbrisseau rampant formant des plaques dans les clairières des forêts montagneuses. Toute la plante est astringente et diurétique ; les feuilles sont utilisées contre les affections des voies urinaires. Tonnage : 50 à 60.000 kilogs.

Aristolochia longa. — Aristoloche longue. — Pousse dans les bois et lieux incultes du midi. On utilise la racine.

Arum maculatum. — Arum vulgaire. Gouet maculé. — On utilise le tubercule.

Aspidium Filix-Mas. — Fougère mâle. Cette fougère habite les lieux couverts dans toute la France. Le rhizome est utilisé contre le ver solitaire et la douve de foie. Tonnage : 1.500.000 kilogs.

Ascarum europaeum. Azaret, Oreille d'homme. — Plante vivace rampante. Croît sur les montagnes subalpines à 800 mètres d'altitude dans les bois frais. On utilise la plante entière. Tonnage : 6.000 kilogs.

Asperula odorata. — Asperule odorante, muguet des bois. — Herbe vivace inodore à l'état frais et très odorante lorsqu'elle est desséchée. On utilise les sommités fleuries. Tonnage : 15.000 kilogs.

Atropa Belladona. — Belladone. — Plante vivace de 1 m. à 1 m. 50. Se rencontre dans presque toute la France. On utilise les racines et les feuilles en droguerie et en pharmacie. Tonnage : 100.000 kilogs.

Cistus albidus. — Ciste. — Arbrisseau de 1 m. de haut, que l'on rencontre dans les garrigues et les coteaux calcaires de toute la région méditerranéenne. On utilise la gomme résine « Ladanum », comme balsamique stimulant et en parfumerie. Tonnage : 20.000 kilogs.

Colutea arborescens. — Baguenaudier. — Arbrisseau de 2 à 3 mètres. On utilise les folioles comme purgatives. Tonnage : 5.000 kilogs.

Convallaria maialis. — Muguet de mai. Commune dans presque toute la France, sauf dans le midi. On utilise les fleurs et les feuilles comme diurétique et tonique du cœur. Tonnage : 40.000 kilogs.

Coryllis avellana. — Coudrier, noisetier. — Arbuste de 3 à 8 mètres. Tonnage : 50.000 kilogs

Belladone

Cratœgus oxyacantha. — Aubépine blanche. — On utilise les fleurs Tonnage : 20.000 kilogs.

Cynodon dactylon. — Gros chiendent. — On utilise les rhizomes. Tonnage : 350.000 kilogs.

Daphne Guidium. — Daphné. — Arbrisseau de 0 m. 80 à 1 mètre de haut, croît dans les bois et les lieux sablonneux arides du midi et du sud-ouest. On utilise son écorce sous le nom de Garou. Tonnage : 2.000 kilogs.

Digitalis purpurea. — Digitale pourprée. — Gant de Notre-Dame. On la rencontre dans les lieux incultes, dans les taillis, les champs en friches des terrains siliceux. On utilise les fleurs comme tonique du cœur. C'est une plante dont on récolte les feuilles pour en retirer la digitaline. Les feuilles doivent être récoltées sur des individus de deux ans, au moment même où ils vont fleurir. Tonnage : 100.000 kilogs.

Fragaria vesca. — Fraisier des bois. — On utilise les feuilles et les rhizomes. Tonnage : 25.000 kilogs.

Fraxinus excelsior. — Frêne commun On utilise les feuilles et l'écorce. L'écorce par ses propriétés fébrifuges a été nommée au xviiie siècle : quinquina d'Europe Tonnage : 350.000 kilogs.

Globularia Alypum. — On utilise les feuilles de ce petit arbrisseau, sous le nom de séné des Provençaux. Tonnage : 15.000 kilogs.

Gentiane

Gentiana lutea. — Gentiane jaune. Elle est abondante entre 650 et 1.000 mètres d'altitude. On utilise la racine. Tonnage : 1.200.000 kilogs.

Glechoma hederacea. — Lierre terrestre. Courroie de Saint-Jean. Commune dans les bois et les pelouses dans toute la France. On utilise les feuilles. Tonnage annuel : 20.000 kilogs.

Hypericum nummularium. — Millepertuis Nummulaire, Vulnéraire des Chartreux. Plante peu commune, se rencontre dans l'Isère, la Savoie et les Pyrénées. On prétend que c'est à cette plante que la Chartreuse devait sa si grande renommée. Tonnage : 3.000 kilogs.

Imperatoria ostruthium. — Impératoire. — Plante vivace que l'on rencontre dans les bois des montagnes. On utilise les rhizomes. Tonnage : 10.000 kilogs.

Juniperus communis. — Genévrier commun. Les baies fermentées fournissent le « Gin ». Les baies sont également utilisées comme condiment. Tonnage : 500.000 kilogs.

Juniperus Sabina. — Sabine mâle, sabine femelle. On utilise les jeunes rameaux feuillés. Tonnage : 10 à 15.000 kilogs.

Larix europaea. — Melize. — Les feuilles secrètent la manne de Briançon ou térébenthine de Venise.

Lavandula officinalis. — Lavande. — On la trouve depuis 100 jusqu'à 1.500 mètres d'altitude. La parfumerie emploie l'essence de lavande et l'herboristerie, les fleurs mondées.

Tonnage : 1.200.000 kilogs pour la parfumerie et 60.000 kilogs pour l'herboristerie.

Myrtus Communis. — Myrte. — Arbuste caractéristique de la flore méditerranéenne. On utilise l'écorce, les feuilles, les fleurs et les fruits. Tonnage : 10.000 kilogs de feuilles.

Pinus Pinaster. — Pin maritime. — Fournit l'essence de thérébenthine. — On utilise également les bourgeons.

Pinus Sylvestris. — Pin sylvestre. On utilise les bourgeons. Tonnage : 100.000 kilogs.

Populus nigra. — Peuplier noir. On utilise les bourgeons. Tonnage : 20.000 kilogs.

Quercus Robur. — Chêne rouvre. — Fournit une quantité énorme d'écorces utilisées pour la tannerie et la médecine. Tonnage : 15.000.000 de kilogs.

Rhamnus cathartica. — Nerprun purgatif. — Arbuste pouvant atteindre plusieurs mètres de haut. On utilise les fruits. Tonnage : 30.000 kilogs.

Lavande

Rhamnus Frangula. — Bourdaine. — Arbuste de 4 à 6 mètres, à rameaux noirâtres. On utilise l'écorce des jeunes tiges. Tonnage : 300.000 kilogs.

Rosmarinus officinalis. — Romarin officinal. On utilise les feuilles. Tonnage : 120.000 kilogs.

Salix alba. — Saule blanc. On utilise comme fébrifuge son écorce quelquefois désignée sous le nom de quinquina indigène. Tonnage : 200.000 kilogs.

Sambucus nigra. — Sureau noir. On utilise les fleurs, les fruits et le liber. Tonnage des fleurs : 100.000 kilogs.

Tilia ptalyphylla. — Tilleul à grandes feuilles. Tonnage : 600.000 kilogs de fleurs. La France demande chaque année à l'Italie 300 à 400.000 kilogs de fleurs.

Nerprun

Vaccinium Myrtillus. — Airelle Myrtille. — On utilise les fruits. Tonnage : 500.000 kilogs.

Valeriana officinalis. — Valeriane officinale. Plante vivace que l'on rencontre dans toute la France, sauf dans la plaine méditerranéenne. On utilise les racines. Tonnage : 1 million de kilogs.

Viscum album. — Gui. On utilise les feuilles comme hypotenseur et les fruits pour faire une glu. Tonnage : 20.000 kilogs.

Vinca minor. — Petite pervenche. — Plante herbacée que l'on rencontre dans toute la France, dans les bois, les haies et sur les talus. On utilise les feuilles comme antilaiteuses. Tonnage : 20.000 kilogs.

III. — CHAMPIGNONS

Nous nous contenterons dans cette courte étude de signaler les espèces les plus importantes comme comestibles, poussant en abondance dans nos forêts, que l'on laisse perdre, le plus souvent, faute de connaissance et surtout parce qu'elles n'ont pas cours sur les marchés.

Amanita cœsarea. — Amanite des Césars, Oronge vraie. — Dans les bois du midi de la France, dans les forêts de pin et de châtaignier. Consommé généralement sur place il est quelquefois vendu sur les marchés.

Amanita vaginata. Amanite en étui, grisette. — Très commune à l'orée des bois. Il est consommé sur place, car il est difficilement transportable.

Amanita ovoidea. Amamite ovoïde, Boulet blanc. — Connue dans le midi, sous le nom de Boulet, on rencontre cette espèce dans les bois de chênes ou de pins.

Lepiota procera. Lepiote élevée, Coulemelle, Grisotte. Le pied de ce champignon peut atteindre 40 centimètres, il est moucheté et ressemble à la peau d'un serpent d'où son nom de couleuvrée. Cette espèce pousse dans les clairières. On consomme seulement le chapeau qui est tendre.

Armillaria mellea. — Armillaire de miel. — Très commune sur les vieilles souches, cette espèce est un peu gluante après la cuisson. Son mycelium est dangereux pour les cultures arbustives et donne aux arbres atteints la maladie du pourridié.

Pholiata aegerita. — Pholiote du peuplier, Pivoulade. Il pousse en abondance sur les souches des peupliers, des saules et des ormes. Il a une saveur agréable, mais il est un peu gluant. Il fait néanmoins l'objet d'un commerce important. Ce champignon peut être facilement cultivé.

Psalliota campestris. — Psalliote des champs, Champignon de couche ou de Paris. C'est la seule espèce que l'on cultive industriellement. Les champignonnières de Paris et de Saumur fournissent journellement environ 60.000 kilogs.

Tricholoma georgii. — Tricholome de la Saint-Georges, Mousseron vrai. — Croît dans les pâturages et les clairières, dans les taillis et les bois peu fourrés. Ce champignon forme les ronds de sorcières. Peu abondant, il est consommé sur place. Il se reconnaît facilement à son chapeau blanc et à son odeur de farine fraîche.

Tricholoma nudum. — Pied nu, Pied bleu, vit isolé sur un substratum de débris de bois et de feuilles mortes. On pourrait le cultiver facilement. Peu abondant.

Tricholoma equestre. — Canari. Il pouse dans les forêts de conifères où lès terrains siliceux ; il est l'objet d'un assez grand trafic.

Tricholoma -portentosum. — Tricholome prétentieux, Gris de fer. — Très abondant dans les bois, c'est par milliers de kilogs qu'il est vendu sur le marché de Tarare.

Clitocybe geotropa. — De grande taille, il se récolte dans les bois et les prés

Clitocybe nebularis, a une odeur de farine assez agréable. Il pousse sous les résineux et les feuilles.

Laccaria laccata. — Est très peu récolté à cause de sa petite taille.

Hygrophorus. — Ce genre possède un assez grand nombre d'espèces comestibles.

Collybia. — Quelques espèces de ce genre sont comestibles.

Lactarius. — Lactaire. Ce genre comprend un très grand nombre d'espèces du reste assez grossières, malgré le nom prétentieux de l'une d'elles, le lactaire délicieux, qui croît en cercles sous les sapins et fait l'objet d'un gros trafic.

Russula. — Ce genre possède des champignons à chair grumeleuse et grossière. Toutefois deux espèces sont récoltées en abondance, ce sont : Russula virescens et Russula cyanoscantha que l'on rencontre dans les bois de châtaigniers.

Pleurotus. — Toutes les espèces sont comestibles, sauf une. Parmi les comestibles, nous citerons :

P. Ostreatus. — En forme d'huître, ce champignon se développe sur les souches de peupliers, de chênes, de hêtres. Sa chair est fine et délicieuse.

P. Conchatus. — Ce champignon pousse sur certaines souches d'arbres, notamment sur les saules et fournit une chair blanche, odorante très appréciée. On rencontre ce champignon en automne et en hiver, dans toute la France.

P. Ulmarius. — Il se développe sur les troncs de peuplier et d'orme.

Paxillus involutus. — Se rencontre dans les bois et les prés dans presque toute la France ; c'est un champignon grossier que l'on consomme sur place.

Cantharellus cibarius. — Chanterelle comestible très commune dans les bois de chêne et de châtaignier. C'est un des rares champignons dont on tolère la vente sur tous les marchés. Il porte plusieurs noms vulgaires : Chanterelle,

Girole, Jaunotte. D'une odeur forte, peu savoureux, sa chair est coriace, mais il n'en est pas moins consommé en grande quantité. Cette espèce apparaît vers la fin juin, et la cueillette peut continuer jusqu'en octobre.

Boletus. — Ce genre est constitué par un très grand nombre d'espèces suspectes et comestibles. Parmi les comestibles citons :

B. edulus, Bolet comestible, Cèpe. — De réputation mondiale, sa chair est épaisse, blanche et très appétissante. On le rencontre dans les forêts, dans toute la France et il fait l'objet d'un gros trafic ; on en fait des conserves. On cueille chaque année plus de 500 tonnes de ce champignon.

B. Aerus, Bolet bronzé, tête de nègre. — Il diffère du précédent par son chapeau plus petit et son pied plus gros. On trouve ce champignon dans toute la France et en particulier dans les Cévennes. Une grosse partie de la récolte est séchée sur des claies au soleil, puis mise en sac et vendue sur les marchés.

B. Scaber, Bolet raboteux. On le trouve dans les bois humides et plus particulièrement dans les futaies de bouleau. Il est rarement récolté pour la vente.

Hydnum repandum. — Hydne bosselé, Langue de bœuf. — Il croit par groupes dans les bois ; très commun, il est récolté en abondance et vendu sur les marchés.

Hydnum imbricatum. — Hydne imbriqué, Barbe de bouc. Croît dans toute la France, dans les genêts. C'est une espèce grossière.

Clavaria. — Les clavaires poussent en abondance dans les bois. Ils fournissent des mets grossiers. On les rencontre quelquefois sur les marchés.

Cratarellus cornucoproides. — Craterelle corne d'abondance. Très commun dans les bois. Ce champignon est de saveur agréable. On le récolte depuis le mois d'août jusqu'en novembre. Il est consommé frais ou séché.

Morchella. -- Morilles. — Ce genre comprend plusieurs espèces, qui toutes sont comestibles et fournissent des mets parfumés recherchés des gourmets.

Morchella esculenta. — Morille comestible. D'une saveur agréable, elle croit dans les vergers, les prés, les bois surtout en sol calcaire, dans toute la France. Elle se trouve toujours en petite quantité et n'est jamais vendue sur les marchés.

Morchella conica. — Morille noire. — Pousse dans les bois de conifères sur les montagnes subalpines ; elle est assez commune au printemps et fait l'objet d'un commerce important. Dans certains pays on les fait sécher.

Gyromitia esculenta. — Gyromitre comestible. — Se rencontre en abondance au printemps dans les contrées élevées, les forêts de conifères. Ce champignon est consommé frais, mais surtout sec sous le nom de morille.

Tubermelanosporum. — Truffes. — D'une odeur exquise, il pousse sur les racines d'un bon nombre d'arbres surtout dans les terrains calcaires. La récolte se fait depuis novembre jusqu'en mars.

EXCURSION

DES

MEMBRES du CONGRÈS du CARBONE VÉGÉTAL

au Centre d'Études forestières de Cadarache

———

La Compagnie des Chemins de fer de Paris à Lyon et à la Méditerranée a complété les journées consacrées au Congrès du Carbone Végétal par une excursion au Centre de Cadarache.

Cadarache fait partie du Domaine Forestier de l'État.

Le vieux château de Cadarache

Dépendant de la conservation d'Aix-en-Provence, le Domaine est administré par M. MAGNEIN, conservateur.

Le Domaine de Cadarache, d'une contenance de 1.800 hectares, comprend environ 1.350 hectares de bois, 140 hectares affermés pour la culture et 300 hectares incultes.

La portion du Domaine de beaucoup la plus importante est située sur le territoire de la commune de Saint-Paul-lez-Durance et s'étend aussi sur la commune de Vinon (Var). Fief des Familles de Valbelle et de Castellane, Cadarache fut séquestré pendant la Révolution, puis restitué aux Héritiers naturels en vertu de l'amnistie du 20 Brumaire An XI.

En 1816, M. DE CASTELLANE, ancien notaire à Aix, acquit le château et ses dépendances de Madame DELPHINE DE CASTELLANE, *épouse séparée de biens de M. le Comte* D'ESTOURMEL *et de Madame* ERNESTINE DE CASTELLANE, *épouse, de M.* JOSEPH FOUCHÉ, *duc* D'OTRANTE.

Après de nombreuses mutations, Cadarache devint la propriété de la Ville d'Embrun, qui le vendit en 1907, à M. LABRO.

Redevenu propriété privée, le Domaine, soumis à tous les aléas des bois particuliers, étaient menacé de division, de morcellements qui eussent entraîné la disparition de la Forêt.

Nous tenons à signaler l'action bienfaisante de la Société « Le Chêne » et de son président M. MASSOT, *qui, dès 1910, s'émut de cette question et insistait, déjà à cette époque, sur l'intérêt de ces bois situés au confluent de la Durance et du Verdon et dont la disparition ne pouvait qu'accélérer l'écoulement des eaux pluviales dans ces rivières au régime torrentiel qui menacent de leurs débordements la Vallée de la Durance.*

On a vu récemment, hélas! sur d'autres points de cette Vallée, combien cette crainte était justifiée et quelles dévastations ont subi les localités riveraines.

Après dix années d'efforts auprès des pouvoirs publics, en 1919, un texte de loi approuvait l'échange, entre l'État et M. LABRO, *de terrains boisés du département de la Gironde contre le domaine de Cadarache. L'État devint ainsi propriétaire d'un magnifique domaine de 1.800 hectares dont 1.300 hectares de taillis de chêne vert et blanc, parsemés de clairières recouvertes de mort-bois, de thym et de lavande sauvage; les services des Eaux et Forêts en commencèrent immédiatement l'aménagement.*

Le domaine descend en pente douce et se termine par une plaine cultivée. Son sous-sol calcaire est revêtu d'une couche parfois assez épaisse d'humus.

Les taillis de chênes verts de Cadarache piqués de place en place de résineux de Provence

Le sol en est sec sur les pentes, et cet état presque permanent de sécheresse réduit considérablement le nombre des espèces ligneuses susceptibles d'y prospérer à l'état spontané. Voilà pourquoi on y rencontre surtout les variétés ligneuses de la région méridionale ne craignant ni le calcaire, ni la soif, les chênes vert et blanc.

Le domaine de Cadarache est situé aux confins du Département des Bouches-du-Rhône, un peu en aval d'un point où les trois Départements du Var, du Vaucluse et des Bouches-du-Rhône se réunissent sur les berges de la Durance.

L'emplacement de Cadarache est assez difficile à trouver sur une carte. Nous allons le situer en nous aidant de la carte ferroviaire de la Compagnie.

La ligne de Chemins de fer de Marseille à Grenoble, par Aix et Veynes, dessert le domaine à la station de Mirabeau à quelque cinq kilomètres de distance. La route nationale, venant d'Aix, traverse la Durance à Mirabeau.

La Maison Forestière et les Parquets d'élevage

Le château de Cadarache, date du XIIe siècle, il est campé sur un rocher aux confins d'une plaine située face à la Trouée où s'engage la Durance venant d'Embrun.

Des lignes odoriférantes de lavande, quelques cultures vivrières, des prairies artificielles entourent le rocher de Cadarache.

A mi-côté, face aux croupes boisées du Domaine, l'Administra-

Les taillis de Cadarache, le bûcheron abat l'yeuse et le chêne blanc

tion des Eaux et Forêts a établi un élevage de faisans et autres gibiers destinés au peuplement des bois domaniaux du Sud-Est, généralement peu giboyeux.

Les chênes verts et blancs, dont la croissance est contrariée par l'aridité du sol, forment des taillis plutôt rabougris, ne pouvant guère être utilisés à autre chose qu'à la fabrication du charbon de bois.

Autrefois, à Cadarache, le charbon était fabriqué en employant uniquement l'antique méthode de la meule forestière.

Le bois de chêne vert, de l'Yeuse, comme on l'appelle communément, est une matière première idéale pour la fabrication du charbon

Les meules métalliques en pleine marche à Cadarache

de bois. Il est inutile de le laisser sécher avant de le carboniser ; 15 jours de coupe suffisent pour le ressuyer. La quantité de charbon produit n'augmenterait pas si on prenait, comme pour les autres essences, la précaution d'attendre plusieurs mois de dessiccation dans le but d'améliorer le rendement de la carbonisation. C'est là un fait d'expérience indiscutable et qui mériterait, au point de vue de l'étude de la carbonisation, d'attirer l'attention de nos Savants de laboratoire.

Il résulte, de cette vertu spéciale du bois d'Yeuse, que les coupes peuvent être débarrassées au fur et à mesure de leur exploitation.

L'introduction du procédé de carbonisation à l'aide des meules métalliques a permis d'activer encore le dégagement des coupes.

Le four Delhommeau en pleine marche à Cadarache

Une collection complète d'appareils métalliques ont été achetés par l'Administration des Eaux et Forêts et installés à Cadarache.

La plupart fonctionnent avec une régularité parfaite. Les marques principales portent les noms bien connus de Tranchant, Constructeur du four inventé par M. MAGNEIN, Conservateur des Eaux et Forêts, de Delhommeau et Trihan. Tous ces fours étaient en fonctionnement à l'Exposition forestière de Lyon.

Des appareils d'autres firmes sont également expérimentés à Cadarache, parmi lesquels nous citerons : Barbier, S.E.P.T., et Perfect, de Pont-à-Mousson.

Une visite à Cadarache

Cette nomenclature montre la largeur de vue de l'Administration des Eaux et Forêts, qui a tenu à mettre sous les yeux des visiteurs le plus grand nombre possible de conceptions industrielles.

A la suite d'une manifestation qui eut lieu à Cadarache en 1926, où des fours métalliques avaient été présentés, en plein fonctionnement, à de nombreux visiteurs, on décida de continuer les expériences sous la forme d'un champ permanent d'essais et de démonstrations de carbonisation, organisé sur le parterre même des coupes, c'est-à-dire dans des conditions exactes d'exploitation pratique.

Depuis quatre ans, l'élite des forestiers s'est dérangée pour venir étudier à Cadarache les avantages que présentent les fours de carbonisation sur l'ancienne meule forestière.

On peut, dès maintenant, donner des précisions chiffrées sur les résultats obtenus depuis le début des expériences, continuellement surveillées, avec la plus stricte attention par les Officiers des Forêts.

Il y a lieu de tenir compte, en étudiant les chiffres que nous allons donner, de la qualité du bois d'Yeuse qui constitue la plus grande partie des essences carbonisées.

Nous nous appesantissons sur ce point, parce que les usagers qui carbonisent des essences moins dures dans l'Ouest, dans le Centre et dans le Nord, pourraient s'étonner des résultats obtenus.

Le bois d'Yeuse (chêne vert) possède une densité vraie, supérieure à l'Unité, c'est-à-dire que des cubes réguliers de chêne vert, tassés sur une balance de façon à représenter un litre, accusent un poids au moins égal au kilogramme.

Si nous prenons des rondins ordinaires de grosse et de moyenne charbonnette d'Yeuse convenablement entassés, nous obtiendrons au

Le four Magnein en pleine marche

plus un déchet de 33 %, c'est-à-dire qu'un stère de charbonnette d'Yeuse pèsera au moins 660 kilogs. A Cadarache, le stère d'Yeuse pèse moins à peine 550 kilogs; la cause en est dans l'irrégularité des branches. Le tas de charbon de la figure ci-après en donne une idée.

Ce bois, à raison de 19 % de charbon par stère, dans une meule forestière bien conduite par un charbonnier, donnera une tonne de charbon marchand, par 10 stères de bois d'Yeuse.

Tas de charbon d'Yeuse

L'exactitude de ce rendement a été vérifiée à multiples reprises.

Toutefois, pour donner encore plus de sûreté à nos calculs, nous allons admettre que 11 stères de bois d'Yeuse sont nécessaires pour produire une tonne de charbon par le procédé des meules forestières. Nous tombons ainsi d'accord avec les vieux auteurs qui admettaient qu'un stère de bois d'Yeuse provenant d'un terrain sec fournissait 90 kilogs de charbon de bois.

Ce rendement avait été constaté en carbonisant le bois dans la meule forestière si difficile à bien conduire.

*Mais si on substitue le four métallique à l'ancienne meule, le
rendement est encore meilleur.*

*Avec le chêne vert, on obtient plus de 100 kilogs de charbon par
stère.*

*Ces données nous permettent de calculer maintenant le prix de
revient exact de la tonne de charbon d'Yeuse sur* le carreau de la
mine forestière, *soit qu'on emploie le vieux procédé des meules forestières, ou bien qu'on se serve des fours métalliques à carboniser.*

1° *En se servant du procédé traditionnel pour cuire le bois, il
faudra, par tonne de charbon produit :*

*Bois (valeur sur pied à Cadarache), 11 stères de bois d'Yeuse
à 10 francs* ....   110 francs

*Prix d'une tonne de charbon produit payé à la
tâche (compris abatage, façonnage et cuisson)*........   300 francs

Prix sur place d'une tonne de charbon..........   410 francs

2° *Si on se sert de fours métalliques à carboniser, en admettant
un rendement de 22 %, ce qui est notablement inférieur à la réalité,
il ne faudra plus que 9 stères 1/2 d'Yeuse pour produire au moins
une tonne de charbon; dans ce cas, le prix de revient sera:*

9 stères 1/2 d'Yeuse à 10 francs, sur pied ....   95 francs

*Prix de l'usinage d'une tonne de charbon à
25 francs les 100 kilos, au lieu de 30 francs*........   250 francs

345 francs

*Soit 65 francs d'économie par tonne, avec les fours métalliques,
sur le coût de production des meules forestières.*

*Cela revient à dire que, en tenant compte et de la valeur réelle
du bois sur pied à Cadarache et de la quantité de bois nécessaire pour
produire une tonne de charbon marchand, soit par l'ancien, soit par
le nouveau procédé des fours, l'économie réalisée à l'aide des fours
métalliques est supérieure à 15 %.*

*Cette économie de 15 % est-elle susceptible de permettre l'amor-
tissement rapide du prix d'achat et de payer les frais d'entretien des*

fours, de façon à laisser un bénéfice appréciable avant leur usure complète ?

Déterminons d'abord la durée des fours : leur mise en service est assez ancienne, maintenant, pour nous permettre de baser ce calcul non plus sur les affirmations des constructeurs, mais bien sur des réalités rigoureusement constatées.

Or, d'après des renseignements donnés sur le parterre des coupes surveillées par les Agents de l'État ainsi que ceux fournis par des particuliers dignes de foi, la durée des tôles d'un four bien construit varie, suivant les circonstances, entre 3 et 5 ans, sans réparations autres que celles d'entretien et nous entendons par entretien le redressement d'une tôle ou d'un fer cornière faussés lors d'un transport.

Nous connaissions des fours qui, au bout de cinq années, étaient encore en bon état, mais tenant à donner des chiffres minimum, nous allons nous baser sur une durée de trois ans.

En combien de temps les petits fours de 4 stères qui ne sont pas les plus avantageux dans la pratique, seront-ils amortis ?

Ces petits fours peuvent donner par jour, en carbonisant du bois dur, au moins 300 kilos de charbon (d'après les renseignements donnés par les fabricants, une batterie de 5 fours chargés avec du bois très ordinaire fournit en moyenne 1.500 kilos de charbon par jour). Avec le bois d'Yeuse, la production serait plus importante.

D'un autre côté, nous avons démontré que l'économie donnée par l'emploi des fours métalliques à Cadarache, compte non tenu de l'amortissement du four, est supérieure à 15 %.

En comparant le prix de revient du charbon carbonisé à Cadarache, dans des meules forestières, soit 410 francs la tonne, avec le prix de revient dans les meules métalliques, nous savons que chaque tonne de charbon produit dans les fours métalliques procure une économie de 65 francs, soit 6 fr. 50 par quintal, et pour 3 quintaux de production journalière 19 fr. 50 qui pourront être portés au compte d'amortissement de l'appareil. Au bout de 210 jours de marche, les fours les plus simples de construction seront entièrement amortis puisqu'on les vend rendus dans la plupart des régions de la France seulement 4.000 francs. Cela résulte d'un simple calcul :

$$210 \text{ jours} \times 19 \text{ fr. } 50 = 4.095 \text{ francs.}$$

Les plus coûteux mettront 100 jours de plus à s'amortir, c'est-à-dire que, dans tous les cas, la valeur d'un four métallique est récupérée en moins d'une année de fonctionnement.

Un four Trihan en pleine marche

Nous aurions pu baser cet amortissement sur la valeur vénale du charbon pris sur place, c'est-à-dire en le comptant au moins 450 francs la tonne. Nous eussions diminué considérablement la durée de l'amortissement, soit trois mois de marche pour les fours les moins chers et cinq mois pour les fours les plus coûteux d'achat.

Afin d'éviter le mirage des chiffres, nous avons préféré calculer l'amortissement sur le prix de revient du charbon sur la coupe, sans escompter le bénéfice résultant de sa vente.

Malgré la sévérité de cette méthode de calcul, on peut se convaincre maintenant que la période d'amortissement d'un four métallique n'excède pas le quart de sa durée normale.

Nous avons tenu à mettre en lumière cette vérité que les briseurs d'efforts ont essayé d'éteindre, en raisonnant à priori, sans aucune étude sérieuse de la question.

Les prix de revient du charbon constatés à Cadarache nous ont permis de raisonner avec une rigueur suffisante puisque les expériences ont été longuement entreprises à l'aide d'appareils d'origines différentes et sur le même terrain.

En terminant cette petite étude sur les meules métalliques, étude que nous eussions été incapable d'entreprendre sans les renseignements trouvés à Cadarache, nous tenons également à mettre en garde les usagers contre un bruit absolument faux.

On dit dans certains milieux que les fours à carboniser se rouillent rapidement durant les périodes de repos. Ils s'oxyderont si on ne les entretient pas, mais un simple badigeonnage avec une peinture anti-rouille, quand ce ne serait que du black de dernière qualité, protège admirablement les tôles. Un four démonté, placé sur quatre perches sous un abri, et bien badigeonné de goudron, attendra plus d'une année sans servir et sans se détériorer.

⁂

On ne s'est pas uniquement occupé, à Cadarache, d'étudier la carbonisation de la charbonnette. Une question toute aussi importante a été envisagée : la carbonisation des brindilles.

Lorsqu'on exploite une coupe, les menus bois deviennent, la plupart du temps, tellement encombrants qu'on est obligé ou de les brûler, ou bien de les laisser pourrir sur place en les étalant.

A Cadarache, les Officiers ont noté avec soin à combien se montait la production de ces brindilles. On récolte 200 kilos de ramilles par stère de charbonnette et de bois façonné. Comme un hectare de bois fournit 170 stères, c'est donc 14 tonnes de brindilles qui restent sur chaque hectare de bois exploité.

Pour une coupe annuelle de 20 hectares, la masse totale des brindilles atteint 280 tonnes (14 × 20 = 280).

Le façonnage de ces brindilles en fagots de 15 kilos revient à 0 fr. 40 pièce.

Soit une dépense de 7.450 francs de façonnage en chiffres ronds :

$$\frac{2.800 \text{ kgs} \times 0,40}{15 \text{ kgs}} = 7.466 \text{ francs}$$

Carbonisation des brindilles dans un four " Tunnel ".

pour empiler les brindilles d'une coupe liées en fagots, très difficiles à vendre.

On a essayé de carboniser les fagots afin d'éviter les risques d'incendie. On y est bien parvenu dans un four Tunnel. Quel a été le rendement ? Il ne nous a pas été possible d'obtenir des chiffres précis. On peut, cependant, hardiment évaluer le rendement en charbon à 10 %. C'est donc 28 tonnes de charbon menu qu'on a pu produire au minimum.

Ce charbon menu, mêlé aux poussières de meule, a été vendu dernièrement 300 francs la tonne, pris sur place.

Ce prix semblera élevé à nos carbonisateurs de l'Est qui subissent la concurrence de la houille dans leur voisinage immédiat, mais à Cadarache ce prix de 300 francs est normal.

28 tonnes de charbon de remanents liés en bottes pour 7.450 francs, fournissent un bénéfice brut de 8.400 francs, couvrant entièrement les frais de façonnage (28 × 300 = 8.400). Ce bénéfice doublera quand on aura trouvé un instrument pratique hachant les remanents, puisqu'il sera alors possible de doubler ce rendement en charbon dans une simple meule métallique, en évitant le façonnage en bottes.

Quoi qu'il en soit, le procédé employé à Cadarache est très supérieur à celui de l'incinération qui ne laisse aucun bénéfice, est encore plus recommandable que la méthode d'abandon des brindilles sur les coupes, capables de provoquer des incendies et de faciliter l'éclosion de tous les petits ennemis des arbres.

*
**
* *

Les Officiers de Cadarache continuent leur œuvre. Ils s'inquiètent maintenant de réaliser des procédés pratiques de défense contre le feu.

Pour y parvenir, ils se proposent de compartimenter la forêt à l'aide d'essences à couvert épais.

Des bandes assez larges de cèdres et de pins de la Méditerranée seront plantés assez serrés pour contrarier complètement le développement des morts-bois et des broussailles.

Tout le monde sait que le feu se propage dans une forêt au ras du sol. Les broussailles, les herbes sèches, les buissons s'allument les premiers, puis la radiation de ce tapis de feu grille les feuilles et les brindilles, lèche les troncs, gagne les frondaisons et les enflamme. Voilà pourquoi une forêt brûlée est hérissée de troncs noircis et dénudés.

Tel un margotin, sous une bûche, le petit feu a allumé l'immense incendie. Supprimez le margotin et le grand arbre ne s'allumera pas.

Les bandes à couvert épais formeront autant de murailles vertes

Entrée du château de Cadarache

et humides au pied desquelles le feu ne pourra plus ramper, puisque le sol sera exempt de végétation traçante.

On ne plantera pas que des résineux ; des lignes d'Ostryacarpini-folia compléteront les bandes de défense ;

Cet Ostrya ressemble à un charme ; son couvert est très épais et son feuillage abondant. Il réussit bien dans les terrains calcaires secs.

** **

Après avoir visité la partie de la forêt où se font les expériences de carbonisation, les Congressistes ont admiré la nouvelle construction de la Direction. M. LACARELLE a planté tout autour un petit parc remarquablement dessiné, au bas duquel sont aménagés les parquets d'élevage pour le gibier.

Cette excursion, du plus haut intérêt, s'est terminée par la visite du vieux château de Cadarache, dont les fières murailles semblent encore défier l'ennemi débouchant par la Trouée d'Embrun.

F. L. M.

Cliché *Écho Forestier*

Les Congressistes dans la Forêt de Cadarache

EXPOSITION FORESTIÈRE

Métropolitaine et Coloniale

Lyon 1929

RAPPORT
de M. LE MONNIER

*Délégué du Comité Central de Culture mécanique
près l'Office National des Combustibles liquides,
Commissaire général de l'Exposition*

PRÉAMBULE

En organisant l'Exposition Forestière de Lyon, la Compagnie des Chemins de fer de Paris à Lyon et à la Méditerranée a voulu grouper en une seule manifestation l'ensemble des divers objets qui intéressent l'avenir de la Forêt Française Métropolitaine et Coloniale.

*
* *

Jusqu'à présent, dans les divers Congrès et Expositions métropolitaines organisés depuis l'armistice, les questions forestières avaient été présentées par facettes, au gré des circonstances. Tantôt on y traitait uniquement des bois ouvrables et ouvrés, d'autres fois on présentait les machines à bois, ou bien les fours à carboniser et les moteurs à gazogènes, ou bien encore les tracteurs et les outils d'exploitation ; de telle sorte que pour acquérir une idée d'ensemble, il devenait indispensable de suivre cinq ou six manifestations forestières plus ou moins distantes les unes des autres dans l'espace et dans le temps.

*
* *

A l'encontre de ses devancières l'Exposition Forestière de Lyon laissera une trace plus vaste et plus profonde. Tous les chapitres sylvestres y ont été présentés et développés en même temps, autant que le permettait la surface de quinze mille mètres carrés qui lui avait été réservée.

*
* *

Pour la première fois ont été conviés à la même œuvre, non plus uniquement les Français de la Métropole, mais la plus grande France tout entière, c'est-à-dire la vieille Métropole, ornée de son incomparable manteau colonial.

*
* *

Non seulement y ont trouvé place les praticiens mais aussi les théoriciens : ceux qui réalisent et ceux qui enseignent.

En tête figurait la Section de l'Enseignement et non loin d'elle, au centre même de cette longue ligne de stands qui s'étendait du Pont de la Boucle jusqu'au Palais de la Foire, on avait ménagé un emplacement de choix aux initiatives officielles et privées, dont l'action féconde est peu connue de l'opinion publique.

On ne saurait trop honorer l'effort continu, l'apostolat, devrait-on dire, des Sociétés particulières et de la Direction générale des Eaux et Forêts pour le développement de nos richesses forestières.

*
* *

Il ne faut pas oublier que si notre sol permet à la Sylve de s'épanouir et de fixer dans ses tissus l'énergie solaire, créant ainsi, sans arrêt, des réserves de carbone continuellement renouvelées, notre sous-sol est pauvre en éléments carbonés ; nos mines de charbon, bien que merveilleusement exploitées, n'arrivent pas à satisfaire notre consommation ; nos gisements de lignite, à l'encontre des gisements allemands, sont d'une exploitation difficile ; malgré les actives recherches de notre Office National des Combustibles liquides, c'est à peine si nos gisements de pétrole laissent suinter quelques milliers de tonnes de naphte, nous laissant ainsi à la merci de l'importation étrangère.

C'est ce qu'a si bien compris la direction de la Motorisation de l'Armée, qui, depuis l'armistice, n'a cessé d'encourager toutes les entreprises se donnant pour but de remplacer l'essence étrangère, jusqu'à présent indispensable à l'alimentation de nos poids lourds, par le Carbone Forestier.

A Lyon, six camions militaires primés par le Ministère de la Guerre, figuraient à la place d'honneur, tous étaient munis de gazogènes.

*
* *

Toutes les catégories de machines étaient représentées. Les industries des sous-produits, les appareils d'industrialisation forestière, les fours à carboniser, les moteurs à huiles végétales et à gazogènes, les tracteurs, en un mot tout ce qui concerne l'utilisation du carbone végétal avait trouvé place dans l'Exposition.

Le bois lui-même y figurait dans des sections particulières aux différents stades de sa croissance.

Un Arboretum de la Forêt Française, petite forêt en miniature, organisée par M. LACARELLE, réunissait les exemplaires vivants de toutes nos essences forestières métropolitaines ; aussi bien les petits plans repiqués, destinés aux repeuplements, que les arbres déjà formés servant à ombrager les berges de nos canaux et les talus de nos grand'routes.

A côté des arbres vivants s'allongeait une collection de grumes centenaires et de bois débités de nos essences métropolitaines et coloniales : en planches, en traverses, en potaux et aussi en échantillons nombreux exposés par les gouvernements coloniaux.

****

Pour compléter la collection des bois ouvrés, le Secrétaire général de l'Exposition avait demandé au Service du Matériel de la Compagnie P.L.M., de montrer aux visiteurs l'importance du rôle que jouent les bois Métropolitains et Coloniaux dans la décoration des voitures de luxe de la Compagnie.

Dépassant notre désir, le service du Matériel a présenté des maquettes de wagons en grandeur naturelle dont les parois intérieures étaient revêtues, avec un art consommé, de panneaux de bois précieux.

Ces maquettes ont vivement intéressé les visiteurs et leur présence a largement contribué au succès de l'ensemble.

****

Tels les petits ruisseaux alimentant continuellement les grandes rivières, les petits métiers, dont la production modeste, mais ininterrompue, est une des causes les plus constantes du niveau élevé de notre richesse nationale, n'avaient pas été dédaignés : ils formaient à Lyon une section spéciale, celle de l'Artisanat.

****

Développés sur une faible profondeur tous ces stands, toutes ces machines, alignés sous les grands arbres de l'avenue du Quai de la Tête d'Or, formaient comme un grand panorama, permettant d'embrasser d'un coup d'œil, l'ensemble des activités dépendant de la forêt.

Nous allons passer en revue les différentes classes de l'Exposition, nous en fixerons la physionomie en présentant la plupart des objets exposés, non pas dans une sèche nomenclature, mais en publiant les notices des exposants eux-mêmes.

*
* *

L'Exposition Forestière Métropolitaine et Coloniale de Lyon se survivra à elle-même et la publication entreprise par la Compagnie des Chemins de fer de Paris à Lyon et à la Méditerranée constituera pour les différentes firmes venues à Lyon, comme un grand catalogue, dans lequel pourront venir puiser les usagers.

Les exposants qui ont répondu à l'appel des organisateurs trouveront dans cette publicité gratuite et efficace la récompense de l'effort accompli.

Inauguration de l'Exposition Forestière
11 Novembre 1929

INAUGURATION DE L'EXPOSITION

Le Dimanche 11 Novembre, à 10 heures, M. CORDIER, Président du Conseil d'administration de la Compagnie des Chemins de fer de Paris à Lyon et à la Méditerranée, assisté de MM. MARGOT, Directeur Général de la Compagnie, MUGNIOT, Ingénieur en Chef de l'Exploitation, et RAYBAUD, Inspecteur Principal, Chef du Service Agricole, ont reçu, devant le Secrétariat général de l'Exposition, MM. le Président HERRIOT, maire de Lyon, et VALLETTE, Préfet du Rhône, qui venaient inaugurer l'Exposition Forestière Métropolitaine et Coloniale.

Conduit par M. le Professeur MATIGNON, membre de l'Institut, Président du Congrès du *Carbone Végétal*, le cortège officiel était accompagné de nombreux membres du Parlement, parmi lesquels nous avons reconnu : MM. BARTHE, CHOUFFET, GRATIEN, GUILLEAUMON, INIZAN, LAMBERT, LEBRET, PIC et ROBERT ;

des délégués officiels des gouvernements étrangers : MM. le comte GOBLET D'ALVIELLA, représentant la Belgique, MERENDI, Président du Touring Club Italien, le professeur DEVOTO, Président de la Société d'Hydrologie de Milan, et ROLLMO, attaché commercial à l'Ambassade de la République Argentine ;

des délégués officiels des Ministères : MM. CARRIER, Directeur général des Eaux et Forêts, représentant M. le Ministre de l'Agriculture, le Colonel BARREAU, représentant M. le Ministre de la Guerre, AUCLAIR, représentant l'Office National des Recherches et Inventions, PINEAU, Directeur de l'Office National des Combustibles liquides, LABBÉ, Directeur général de l'Enseignement technique, le Professeur ETESSE, représentant M. le Ministre des Colonies, DE LA BROSSE, Directeur de l'Agence Economique de l'Indo-Chine, les Administrateurs des Colonies représentant les gouvernements généraux de l'Afrique Equatoriale Française et de Madagascar, MM. CHAPLAIN, Inspecteur général des Eaux et Forêts, GUILLON, Inspecteur général de l'Agriculture, MAITROT, Inspecteur général du Génie Rural, et de nombreux conservateurs des Eaux et Forêts, parmi lesquels MM. les Conservateurs d'Aix-en-Provence, de Bordeaux, de Nîmes, Nice, Draguignan, Narbonne et Chambéry ;

des délégués des grandes Associations : MM. le Marquis de VOGÜÉ, Président de la Société des Agriculteurs de France, membre de l'Académie d'Agriculture, CHAIX, Président du Touring-Club, le Vicomte de ROHAN, Président de l'Automobile-Club de France, le Président BARBET et M. TOMY HUBET, représentant la Société des Ingénieurs Civils de France, le Professeur DUPONT, de la Faculté des Sciences de Bordeaux, Directeur de l'Institut du Pin, MM. BOUVET, Président de la Société Forestière de Franche-Comté et des Provinces de l'Est, MASSOT, Président de la Société « Le Chêne », Charles ROUX, Président du Centre d'information du Carbone, DUTILLOY, Directeur général de l'Association Nationale du Bois, JAGERSCHMIDT, Inspecteur principal des Eaux et Forêts, délégué du Comité des Forêts, COLLIN,

Président du Groupement général des Bois en France, Vallanet, Président de la Chambre Syndicale des Bois à brûler, Martelli, de l'Association « Colonie-Sciences » ;

des Représentants des Services de la Compagnie des Chemins de fer de Paris à Lyon et à la Méditerranée : MM. Lavie, Ingénieur principal du Matériel et Traction, et Belon, Ingénieur du Service des Approvisionnements.

des Représentants des Grands Réseaux . MM. Le Bouder, Inspecteur divisionnaire des Chemins de fer d'Alsace et de Lorraine, Charrière, Ingénieur agronome, Chef des Services agricoles des Chemins de fer l'État, Campan, Inspecteur du Chemin de fer de Paris à Orléans, Penic, Inspecteur des Chemins de fer du Midi, Vèze, Secrétaire général de la Compagnie de Chemins de fer départementaux.

De nombreuses personnalités lyonnaises avaient bien voulu prendre part à cette cérémonie :

MM. Narps, Inspecteur principal, et Leclerc, Inspecteur du Service Commercial de la Compagnie P.-L.-M., le représentant de M. le Général Gouverneur de la Place de Lyon, le Professeur Bauverie, de la Faculté des Sciences de Lyon, MM. le Président Lignon, Victor, Administrateur Délégué, et Touzot, Secrétaire général de la Foire de Lyon, MM. les Président et Vice-Présidents de la Chambre de Commerce de Lyon, Sylvestre, Président de la Société Pomologique de France, Grand-Clément, Président du Groupe du Bois à la Foire de Lyon, le Président de la Société Linéenne, Ponsard, Directeur des Services Agricoles du Rhône, Marsot, Directeur de l'Ecole d'Agriculture de Cibeins.

Nous avons également noté la présence de MM. les Rapporteurs aux Congrès du Carbone Végétal : Charles Colomb, Conservateur des Eaux et Forêts, Auclair, Correspondant de l'Institut, Président du Comité de Mécanique de l'Office National des Recherches et Inventions, Guiselin, membre du Conseil National Economique, Bétourné, Méniaud, Chef du Service des Bois Coloniaux de l'Agence Générale des Colonies, Perrin, Secrétaire général de l'Office National des Matières Premières Végétales, de Messieurs les Colonels Ferrus et Lucas-Girardville, Présidents des Sections Techniques de l'Automobile Club de France, Lacarelle, Vice-Président de la Société de Sylviculture de France ; de Messieurs les Représentants de la Presse spéciale : André Bodin, de *Bois et Résineux*, Brulet, du *Moniteur des Scieries*, Larguier, de l'*Echo Forestier*, Labée, du *Carbone*, Kimpflin, de la *Journée Industrielle*.

Tous les journaux de Lyon étaient également représentés et ont publié des comptes rendus.

Les stands ont été présentés aux invités de la Compagnie par MM. Le Monnier, Commissaire général, et Cancel, Secrétaire général de cette manifestation.

LES SECTIONS

DE

L'EXPOSITION FORESTIÈRE

En organisant l'Exposition Forestière Métropolitaine et Coloniale de Lyon, le Service Agricole de la Compagnie P.L.M. s'est évertué à présenter dans un ordre logique les différents objets exposés.

En les groupant suivant leur nature, chaque classe est apparue comme une petite exposition particulière répondant à un titre précis.

Nous allons énumérer les différentes classes de l'Exposition.

CLASSES

I.	Enseignement	XI.	Appareils de transports
II.	Utilisation des sous-produits	XII.	Gazogènes et camions
III.	Industrialisation forestière	XIII.	Locomotives, tracteurs
IV.	Initiatives officielles et privées	XIV.	Moteurs à huiles lourdes et végétales
V.	Artisanat forestier	XV.	Fours portatifs à carboniser le bois
VI.	Outils et machines à bois	XVI.	Foyer à déchets
VII.	Protection de la Forêt	XVII.	Exposition coloniale
VIII.	Industrie des dérivés du bois	XVIII.	Arboretum de la Forêt française
IX.	Injection des bois	XIX.	Wagons de luxe de la Cie P.L.M.
X.	Bois métropolitains et coloniaux	XX.	Traverses de chemin de fer

La plupart des Exposants ont bien voulu nous adresser des notices concernant leurs différentes spécialités. Nous allons les présenter dans l'ordre choisi et tel qu'on pourra en retrouver l'emplacement sur le plan dépliant qui fut distribué aux Membres du Cortège, le jour de l'inauguration, et aux visiteurs qui en faisaient la demande.

Ce plan est reproduit à la fin de cet ouvrage.

DESCRIPTION
des Stands et des Machines exposées

CLASSE I

ENSEIGNEMENT

Nous avons cru devoir donner à l'Enseignement la première place et le classer en tête de toutes les autres classes. L'enseignement, aussi bien lorsqu'il s'agit de Sylviculture que d'Agriculture, constitue le moyen le plus efficace de Progrès Economique.

Cette classe comprenait le Stand très important et très complet de la Librairie et de la Presse spéciale. On y trouvait, outre de nombreux livres, ayant trait à la littérature, à la science et à la pratique forestières, des journaux et revues traitant spécialement du bois, de la tourbe et des mélanges de charbons végétaux et minéraux.

La Société Linéenne avait installé une splendide collection de Champignons frais, cueillis chaque matin dans les bois du Lyonnnais.

Un ensemble complet de plantes médicinales occupait à lui seul tout un stand organisé par M. de POUMEYROL.

L'Ecole de Papeterie de Grenoble avait tenu à montrer ses efforts pour développer l'Industrie de la fabrication du Papier et de la Pâte de Bois que la France importe encore en grande partie de l'étranger.

Le Cinéma Gaumont avait apporté une collection complète de ses productions ayant trait aux questions forestières.

Enfin l'Ecole d'Artisanat de Cibeins, organisée par M. le Président HERRIOT, avait aménagé un Stand où l'on pouvait examiner les travaux de ses jeunes élèves.

Enseignements par le livre, par le journal, par l'aspect, par l'Ecole : tous les modes d'instruction étaient ainsi groupés dans la même classe et au même endroit.

PRESSE SPÉCIALE

Représentée à l'Exposition Forestière de Lyon

LE BOIS

Directeur : **M. VASSE**, 163, Rue du Faubourg-Saint-Honoré — PARIS

*Organe de la Fédération Nationale des Syndicats d'Exploitants forestiers
et des Industries qui s'y rattachent*

Revue paraissant tous les Jeudis

BOIS ET CHARBONS

Rédacteur en Chef : **M. DANIEL A. WIDMANN**, 70, Boulevard Beaumarchais — PARIS

Organe Spécial des Bois, des Combustibles et des Industries qui s'y rattachent

Revue paraissant les 1ᵉʳ et 15 de chaque mois

BOIS ET RÉSINEUX

Directeur : **André BODIN**, 26, Cours du Chapeau-Rouge — BORDEAUX

Journal de Défense Forestière et Économique

Paraissant le Dimanche

LE CARBONE

Fondateur : **A. Charles ROUX**, 47, Avenue Gambetta — MAISONS-ALFORT

*Organe Périodique et Publications d'Études, de Documentation, d'Information
et de Diffusion du Carbone*

L'ÉCHO FORESTIER

Directeur : **L. LARGUIER**, 5, Villa Poissonnière — PARIS (18ᵉ)

Journal tri-mensuel fondé en 1873, paraissant le 5, 15 et 25 de chaque mois

Organe officiel de l'Association Nationale et Industrielle du Bois

LE MONITEUR DES SCIERIES

Directeur : **A. PETIT-JEAN**, 78, Boulevard Beaumarchais — PARIS (11ᵉ)

Organe Spécial du Bois et des Industries qui s'y rattachent

Revue de 90 pages paraissant le Samedi

LES LIBRAIRIES FLAMMARION

Galerie de l'Odéon et 4, Rue Rotrou — PARIS (Vᵉ)

Succursale : Place Bellecour, à Lyon

Les Librairies Flammarion avaient apporté à l'Exposition forestière une importante bibliothèque forestière. Il nous suffira d'en relever les différents chapitres pour donner une idée de son importance.

NOMENCLATURE ET NOMBRE DES OUVRAGES EXPOSÉS

	Ouvrages		Ouvrages
1 - Botanique. — Flore. — Faune	36	8 - Sylviculture pratique	45
2 - La Forêt dans la Littérature	35	9 - Arboriculture forestière	40
3 - Les Beaux ouvrages illustrés de la Forêt	4	10 - Sciences et Génie rural	30
4 - Forêts et Bois coloniaux	15	11 - Parcs et Jardins	20
5 - Industries du Bois. — Cubage	45	12 - Pisciculture et Pêche	15
6 - Plantes médicinales	5	13 - Chasse et Braconnage	50
7 - Législation forestière et rurale	16	14 - Ouvrages sur les Champignons	20

PLUS DE QUINZE CENTS VOLUMES REPRÉSENTANT 375 OUVRAGES DIFFÉRENTS

Le Stand était orné d'Œuvres d'art représentant des Scènes forestières

ECOLE FRANÇAISE DE PAPETERIE
44, Avenue Félix-Viallet
GRENOBLE

Cet Établissement avait exposé des échantillons des pâtes et papiers obtenus dans ses laboratoires avec des matières premières nouvelles : Le Cyprès chauve, le Pin noir d'Autriche, l'Ailanthe, le Parasolier, le Filao (Casuarina), le Palétuvier de Madagascar, le Palétuvier blanc (Avicennia), le Papyrus, le Sorgho du Sénégal. Ces études qui tendent à la mise en valeur de notre domaine forestier métropolitain et colonial ont été le plus souvent exécutées en collaboration avec les Eaux et Forêts et l'Institut national d'Agriculture coloniale. L'École exposait aussi un projet de plantation de Peupliers du Canada dans la basse vallée du Grésivaudan. L'idée première fut lancée par M. Micol DE PORTEMONT au Congrès forestier tenu à la foire de Lyon en Mars 1928. En vue de la fabrication de la pâte mécanique pour papier journal on pourrait faire des plantations sur les deux rives de l'Isère, entre Grenoble et Montmélian; sur la rive gauche elles arriveraient jusqu'à la voie ferrée.

Cette exposition montre la croissante activité de l'École depuis sa récente réorganisation. Depuis le 1er Janvier 1929 le Syndicat des Fabricants de papiers et cartons de France a créé une Société Anonyme (présidée par M. Achille BERGES) qui subventionne largement l'École et qui conjointement avec l'État en assure la haute direction. Cet organisme est représenté à Grenoble par un Comité local présidé par M. THOUVARD (de Renage); M. le professeur GOSSE, Doyen de la Faculté des Sciences et Directeur de l'Institut Polytechnique, en est l'Administrateur délégué.

....

Au Congrès du Carbone, l'École de Papeterie a été représentée par son Directeur M. VIDAL

RÉPUBLIQUE FRANÇAISE

MINISTÈRE DE L'AGRICULTURE

MINISTÈRE
INSTRUCTION PUBLIQUE
DES BEAUX-ARTS

ection générale
de
IGNEMENT TECHNIQUE

VILLE DE LYON

ÉCOLE d'AGRICULTURE de CIBEINS
par MIZÉRIEUX (Ain)

SECTION D'ARTISANAT RURAL

Une École pratique d'Artisanat rural a été annexée à l'École d'Agriculture de Cibeins.

Elle a pour but ·

1° de donner aux élèves de l'École d'Agriculture l'habileté manuelle qui leur est nécessaire dans la majorité de leurs travaux, et qui leur permet, en particulier, d'assurer la conduite du matériel agricole, de l'entretenir et de lui faire subir les réparations les plus élémentaires, d'entretenir de même les bâtiments, et de confectionner des objets simples pendant les périodes d'hiver ou de mauvais temps ;

2° de former dans une section spéciale des artisans ruraux, c'est-à-dire des ouvriers spécialisés capables de subvenir à tous les besoins de la campagne.

Cette section comprend deux sous-sections, fer et bois :

La section du fer forme des forgerons-ajusteurs, avec comme métiers accessoires : la maréchalerie, la serrurerie, l'électricité, les moteurs à essence et l'automobile.

La section du bois comporte comme métier principal le charronnage avec des notions de forge, et comme métiers accessoires, la menuiserie, la charpente, la peinture et la vitrerie.

Dans les deux sections sont données quelques notions de maçonnerie : scellements, bâtis de machines, emploi du plâtre, du ciment, etc., d'un usage courant en agriculture.

Les deux sections passent presque tout leur temps à l'atelier ; des cours théoriques d'enseignement général · français, mathématiques, dessin, comptabilité, législation, etc., leur sont faits. En plus, ils passent une demi-journée à la ferme pour apprendre à connaître toutes les ressources que l'on peut tirer d'un jardin légumier et fruitier, d'un bout de champ, et se mettre au courant de la conduite des instruments agricoles, afin de pouvoir réaliser des machines adaptées au milieu auxquelles elles sont destinées.

Les cours communs d'enseignement général sont répartis comme suit, par semaine :

	NOMBRE DE COURS de 1 h. 1/4		
	1re Année	2e	3e
Français	1	1	1
Calcul pratique	1		
Géométrie pratique	1		
Mécanique appliquée	1	1	
Génie rural	1	1	1
Comptabilité et organisation des ateliers		1	
Economie commerciale et législation du travail			1
Hygiène humaine et des ateliers			1
Dessin	3	3	3
Totaux	8	7	7

L'enseignement pratique est donné dans un atelier neuf comprenant tout l'outillage à main et les machines nécessaires.

Les élèves y sont occupés 38 heures par semaine environ.

ADMISSION

L'école recevra :

1° Les élèves âgés de 12 ans, munis du Certificat d'Études ;

2° Des élèves de 13 à 15 ans.

Les conditions de l'internat sont celles de l'École d'Agriculture.

Pour tous renseignements, s'adresser à M. le Directeur de l'École de Cibeins, à Mizérieux (Ain).

Société des Établissements Gaumont

35, rue du Plateau, PARIS (19ᵉ)

Le stand de cette Société renfermait :

a) **Des spécimens de vues cinématographiques et des agrandissements** d'images extraits, soit de la série des films forestiers édités ou en cours d'édition avec la collaboration du Ministère de l'Agriculture, sous la direction technique de M. l'Inspecteur Principal des Eaux et Forêts JAGERSCHMIDT, soit des films de propagande pour le carbone végétal utilisé comme carburant qu'elle a récemment établis.

Les films ainsi présentés ont été réalisés avec le concours de nombreuses personnalités du Service des Eaux et Forêts. Ce sont les suivants :

CUBAGE DES BOIS ABATTUS — CUBAGE DES BOIS DE FEU — EXPLOITATION FORESTIÈRE
DÉBARDAGE DES BOIS — FUTAIE DE CHÊNES — TAILLIS DE CHATAIGNIERS
BOISEMENT DES TERRES INCULTES (plateau de Millevaches) — ENRÉSINEMENT DES TAILLIS RUINÉS (Périgord)
PÉPINIÈRES FORESTIÈRES — DÉBOISEMENT — INCENDIES DE FORÊTS
TAILLIS SOUS FUTAIE — GAZ DES FORÊTS — EXTRACTION DE LA TOURBE
RALLYE DES CARBURANTS NATIONAUX — CONGRÈS DE LA TOURBE 1927 ET 1928, ETC...

L'ensemble de ces films constitue, dès maintenant, une très intéressante cinémathèque sur la Forêt, le Bois, le Carbone carburant.

b) **Des spécimens de vues cinématographiques et des agrandissements** d'images pris dans quelques-uns des nombreux films de propagande industrielle, commerciale ou touristique, édités par ses Services de Propagande.

Citons, parmi ces films, ceux

DE LA SAVONNERIE LEVER — DES MESSAGERIES HACHETTE
DU SYNDICAT AGRICOLE DU LOIR-ET-CHER — DE LA COMPAGNIE ÉLECTRO-CÉRAMIQUE D'IVRY
DE LA PARFUMERIE PIVER — DU COMPTOIR FRANÇAIS DE L'AZOTE
DES USINES AUTOMOBILES PEUGEOT
DE LA CHAMBRE SYNDICALE DE LA BIJOUTERIE ET DE L'ORFÈVRERIE, ETC...

c) **Matériel Cinématographique.**

Le stand renfermait en outre deux modèles de poste pour projections cinématographiques :

Le premier, dit poste d'enseignement, d'une construction extrêmement soignée et d'un maniement très simple, est destiné aux Écoles, aux Associations rurales. aux Œuvres d'enseignement.

Le second poste, construit avec le même soin, est plutôt réservé aux salles de spectacle.

Les Services de Propagande, Encyclopédie et Enseignement de la Société des Établissements GAUMONT peuvent donc procurer à tous : professeurs, conférenciers, industriels, commerçants, associations diverses, un matériel cinématographique irréprochable et tous films d'enseignement ou de propagande dont la nomenclature se trouve dans le « Répertoire général des Films de l'Encyclopédie Gaumont ». Ils peuvent mettre à la disposition des intéressés l'organisation la plus parfaite : studios, matériel moderne avec groupes électrogènes, opérateurs spécialisés, en vue de l'établissement de nouveaux films, se rapportant à l'Enseignement général ou à la propagande industrielle, agricole ou commerciale, indispensable de nos jours. Sur demande, ils fournissent, après étude, tous renseignements, projets, scénarios, prises de vues relatives à l'établissement de ces films.

d) **Services « Radio » et « Photographie ».**

Le stand renfermait aussi quelques appareils présentés par ces services et parmi lesquels nous pouvons citer :

Deux postes « Elgédine » idéal moderne dont la présentation soignée, la sélectivité remarquable et le réglage automatique ont séduit les amateurs avertis de T.S.F.

Quatre hauts-parleurs de modèles différents, choisis dans la gamme des hauts-parleurs créée par les Établissements Gaumont.

Un amplificateur de puissance et un haut-parleur « Tribun », pour grandes réunions publiques, meetings politiques, manifestations sportives, etc...

Et aussi deux modèles de stéréodromes spécialement destinés à l'examen des épreuves stéréoscopiques et qui ont obtenu, auprès des nombreux visiteurs, un succès que méritent leur robustesse et leur fonctionnement irréprochable.

ÉTABLISSEMENTS DE POUMEYROL
Herboristerie -:- Droguerie en Gros

PRODUITS POUR LA PHARMACIE ET LA DISTILLERIE

Installation électrique pour le broyage, concassage et pilage
de toutes matières, toutes plantes, fleurs et racines récoltées en Forêt

Grande-Rue Saint-Clair, 157, LYON

SOCIÉTÉ LINÉENNE DE LYON
L'un des plus anciens instituts scientifiques de France

Toutes déterminations
de Plantes et de Champignons

DIRECTEUR : Docteur RIEL
33, Rue Bossuet, à LYON

Une vue de l'Exposition Forestière

CLASSE II

UTILISATION DES SOUS-PRODUITS

Dans la plupart des industries travaillant des matières premières, l'utilisation des sous-produits entre pour une part de plus en plus importante dans les bénéfices de l'entreprise.

Aussi avons-nous tenu à attirer particulièrement l'attention sur l'emploi des sous-produits autrement qu'en les carbonisant.

On peut les distiller et les employer à l'état cru pour chauffer des foyers spéciaux adaptés à des générateurs de vapeur.

Grâce à cette vapeur produite à bon compte, on peut faire fonctionner économiquement des séchoirs à bois ; la durée d'entreposage des bois verts s'en trouve ainsi considérablement diminuée.

A l'aide de la vapeur on peut également fractionner les produits de la distillation dans des appareils spéciaux.

On peut transformer les sciures sans valeur marchande en briquettes d'une vente facile, en les comprimant dans des presses à débit continu.

On est arrivé également à construire des cuisinières capables de brûler les déchets de bois, avec une très grande régularité.

LES ÉTABLISSEMENTS BARBET

Les **ÉTABLISSEMENTS BARBET** entreprennent, depuis bientôt quarante ans, la construction des appareils de distillation et d'évaporation des liquides.

Le tonnage annuel sorti de leurs ateliers de Brioude s'élève à 300 tonnes de cuivre usiné.

Installation d'une distillerie de goudron

Les **ÉTABLISSEMENTS BARBET** ont installé de nombreuses usines de distillation des bois et de récupération des sous-produits.

La concentration du méthylène et de l'acide acétique et des acétates de chaux, le fractionnement des goudrons de toute nature en leurs différents éléments, ont été spécialement étudiés par la Maison BARBET qui a pris de nombreux brevets sur la matière.

Les **ÉTABLISSEMENTS BARBET** ont équipé de nombreuses usines dans le monde entier.

SOCIÉTÉ PARISIENNE DES SCIURES

Applications Industrielles, Agglomérés, Matériaux

Usines à PANTIN et à LYON, quai Perrache, 54 et 56
Siège Social et Bureaux, 22, Rue de Flandre, à PARIS (XIXᵉ).

PROPRIÉTÉS et PRINCIPALES UTILISATIONS des SCIURES

La sciure de bois est utilisée pour ses diverses propriétés physiques, elle est légère, absorbante, isolante, combustible.

Agglomérée avec certains produits, comme la magnésie, les résines synthétiques, elle forme un enduit plastique, incombustible, imperméable à l'eau et résistant aux acides.

Au point de vue chimique, la sciure est principalement formée de cellulose, et renferme plus ou moins d'essences diverses, par distillation se carbonise en vase clos; on peut en extraire de nombreux produits tels que l'acide acétique et oxalique, l'alcool méthylique, l'acétone et autres dérivés, des charbons spéciaux, différents goudrons, etc.

Brute, la sciure sert au balayage des poussières, et à l'assèchement du sol, au nettoyage des carrelages céramiques, aux manèges et gymnastes; à l'épuration des huiles et du gaz d'éclairage.

Séchée et divisée, elle est utilisée pour le séchage des pièces métalliques après dérochage, pour la petite métallurgie électrolytique (dorure, argenture, cuivrage, chromage, nickelage, etc.), le polissage au tonneau des pièces métalliques, des boutons, des perles, pour le dégraissage et le lustrage de la pelleterie, pour la fabrication des savons spéciaux, pour la panification comme fleurage et comme adjuvant à des produits chimiques.

Dans les mêmes conditions, elle est employée également à l'emballage d'objets fragiles, des primeurs et conserves alimentaires et à l'isolation des habitations contre la chaleur et le froid, et à celle des frigorifères et groupes évaporatoires; pour le saurissage des poissons, le fumage des jambons et autres produits alimentaires; à la fabrication d'agglomérés plastiques, pour parquets sans joints, briques isolantes contre la chaleur et la sonorité, d'objets moulés, de produits ligniformes ou isolants pour l'électricité, des jouets, linoléum, lincrusta, panneaux décoratifs, certains papiers de tenture ou à dessin, etc.

Enfin la sciure est employée comme combustible dans des foyers spéciaux, ainsi que sous forme de briquettes agglomérées par compression pour le chauffage des fours de boulangerie et pâtisserie, ainsi que dans certains foyers domestiques.

SOCIÉTÉ PARISIENNE DES SCIURES

L'agglomération des sciures en briquettes denses et suffisamment résistantes aux chocs, obtenues sans addition de produits étrangers, constituait un problème ardu dont la solution a été trouvée par les Ingénieurs de la Société Parisienne des Sciures.

Le Service Technique de la Compagnie a mis au point *une presse continue* qui agglomère en petites briquettes de dureté et de forme régulière, les sciures préalablement mélangées et chauffées.

Presse continue à briquettes de Sciures de l'Usine de la S.P.S., à Lyon

Ce sont ces briquettes qui servent aux boulangers de Lyon de combustible très actif pour réchauffer rapidement les fours durant la journée de double fournée, précédant le repos hebdomadaire des boulangeries.

Ainsi a pu être résolue, à l'aide des fours ordinaires, l'approvisionnement en pain d'une grande ville tout en permettant aux boulangeries de chômer ensemble durant une même journée.

La même presse est capable de comprimer de la tourbe séchée en briquettes possédant un très fort pouvoir calorifique.

SCIURE et CHALEUR

GRENOBLE

Poêles et Cuisinières à sciure
Dispositifs d'encollage avec Chauffe-cales
Chaudières à sciure, eau chaude et vapeur toutes pressions
Avant-foyers à sciure

SÉCHOIRS A BOIS

Les prix croissants des bois de toutes essences rendent de plus en plus indispensables les **séchoirs** et **étuves** qui permettent d'employer les bois dans des délais très courts après abatage.

La majorité des industries du bois est dans la nécessité de travailler des bois parfaitement secs et, à l'heure actuelle, il n'est malheureusement plus possible de conserver les bois sur chantier pendant deux, trois ans et plus. Cette méthode, qui donne sans aucun doute des matériaux parfaits à tous les points de vue, oblige à des immobilisations de capitaux telles, qu'elle est en fait impraticable.

Au contraire, le lavage des sèves par la vapeur libre dans des **étuves de dessèvage** permet ensuite le séchage à l'air libre en trois fois moins de temps que pour les bois non traités par cette méthode.

Le **dessèvage** donne en outre aux bois une coloration uniforme et les bois ainsi traités perdent le pouvoir de travailler, de se gauchir et de se fendre; on dit que le nerf du bois est cassé.

Le **séchage** ultérieur des bois déjà « dessèvés » dans un **séchoir** à air chaud permet de ramener la durée de cette opération à quelques jours.

Les **séchoirs** destinés à traiter au maximum dix à vingt mètres cubes de bois par opération sont généralement établis à fonctionnement discontinu.

Pour les gros débits atteignant de cinq à dix mètres cubes de bois et plus par jour, nous préconisons les **séchoirs continus** ou **séchoirs tunnels,** dans lesquels la manutention des bois sur wagonnets réduit au strict minimum l'emploi de la main-d'œuvre. Suivant les cas, nos **séchoirs** sont établis à ventilation naturelle par gaines ou à ventilation mécanique.

Nos **séchoirs** fonctionnent à l'air chaud à des températures maximum de 40 à 50 degrés et nous pouvons garantir, pour les bois sans nœud, le séchage complet avec des pertes pour fentes, gerçures et torsions ne dépassant pas 2 à 3 %.

Dans la majorité des cas, les bois ainsi traités peuvent être ouvrés un mois après abatage.

Il devient ainsi possible de s'approvisionner en bois, sinon au jour le jour, du moins annuellement et le seul intérêt des capitaux rendus disponibles de ce fait, permet d'amortir, dès la première année, les frais de premier établissement de l'étuve ou du séchoir.

Il est enfin à noter que la même chaudière utilisée pour le séchoir peut en même temps alimenter des bains-marie, des tables chaudes, des placards à cales et tous appareils d'encollage, ainsi que des radiateurs de chauffage-central.

ÉTUDE, PLANS, DEVIS

—— Gratuits sur demande ——

*Nous pouvons nous charger de l'étude de tous projets de **séchoir, étuves, appareils d'encollage** ou* **chauffage central,** *et établir des devis de fourniture de tout l'appareillage nécessaire à toutes installations nécessitant une production d'eau chaude ou de vapeur.*

Adresse : *SCIURE et CHALEUR, GRENOBLE (Isère)*

LE SYNTHO-CARBONE

Procédés Charles ROUX, brevetés S.G.D.G.

Le **SYNTHO-CARBONE** est un combustible pour gazogènes composé en proportions équilibrées de Combustibles Minéraux et Végétaux, suivant une technique appropriée, qui permet d'utiliser pour sa fabrication le Bois, la Tourbe, les Lignites et la Houille

C'est le Prototype du Carburant National économique

Voiture de Tourisme fonctionnant au Syntho-Carbone

CONCESSION DE LICENCES D'EXPLOITATION

CONSTRUCTION D'USINES DE FABRICATION

Le Syndicat du SYNTHO=CARBONE ne vend pas ce produit
IL DÉLIVRE DES LICENCES D'EXPLOITATION POUR TOUS PAYS

Prière d'adresser toute demande concernant le SYNTHO-CARBONE au
SYNDICAT DU SYNTHO-CARBONE
47, avenue Gambetta, MAISONS-ALFORT (Seine)

CLASSE III

INDUSTRIALISATION FORESTIÈRE

Dans tous ses développements la forêt est lente ; les essences les plus vigoureuses mettent des décades à dominer les sous-bois, les panneaux des grandes portes et des lambris de nos palais ont été débités dans des grumes centenaires.

Si la croissance de la forêt est lente, il en a été de même des progrès de son exploitation.

Tandis que, dans les champs cultivés, bordant les taillis et les futaies, les machines agricoles étaient déjà venues prêter leurs bras d'acier aux cultivateurs, les muscles des hommes exploitaient encore directement la vieille Sylve.

Mais la forêt commence à manquer de main-d'œuvre, et, de tous côtés, les esprits clairvoyants, surtout depuis quelques années, ont essayé de répandre l'Idée de l'Industrialisation forestière.

La classe III de l'Exposition de Lyon a été suffisamment développée pour donner une image précise des progrès accomplis jusqu'à ce jour. On y trouvait une importante collection d'outils et d'instruments mécaniques adaptés au travail forestier.

Essai d'un appareil pneumatique pour l'abatage automatique des pins
dans une Forêt des Landes Labouheyre

A.T.I.M.A.

8, rue de la Chaussée-d'Antin, PARIS

Agent exclusif pour la France de Sherman et Sheppard

Le treuil vendu par A.T.I.M.A. est de fabrication américaine. Il a été mis au point par les frères Dorsay, à Elba, dans l'État de l'Alabama. C'est un matériel robuste, présentant toutes garanties d'un fonctionnement impeccable. Par l'emploi de moufles, il peut atteindre la force

de traction formidable de 180 tonnes. Il est capable d'arracher d'énormes troncs d'arbres. Le treuil arrache-souches Dorsay est le plus robuste des appareils conçus pour arracher les arbres.

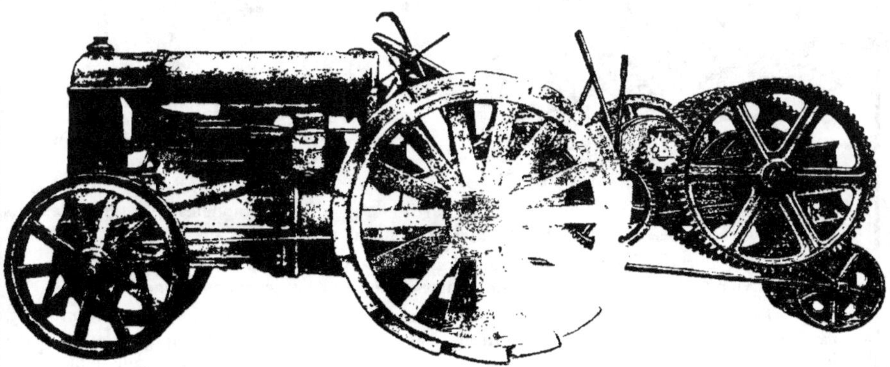

Le treuil Dorsay, accouplé à un tracteur Fordson ou During, constitue l'appareil de traction le plus puissant. Il permet la solution de bien des problèmes de traction jusqu'à présent démunis, à peu près économiquement insolubles.

R. BISSONI et F. RICHE

26, Rue Lacharrière, PARIS

MANUFACTURE DE SCIES ET OUTILS EN BOIS

La Société **BISSONI et RICHE**, Société à responsabilité limitée, Capital 300.000 francs, est depuis longtemps spécialisée dans tous les genres de scies à bois.

Cette société a exposé à la Foire de Lyon, outre des scies circulaires, scies passe-partout, alternatives, scies à ruban, **des scies à denture rapportée** qui sont maintenant très prisées, **surtout dans nos colonies d'Afrique**, étant donné le faible entretien qu'elles demandent dans les exploitations où la main-d'œuvre est à la fois rare et primitive.

La Société **BISSONI et RICHE** a exposé aussi tout l'outillage forestier pour la fabrication duquel elle a récemment ouvert un département.

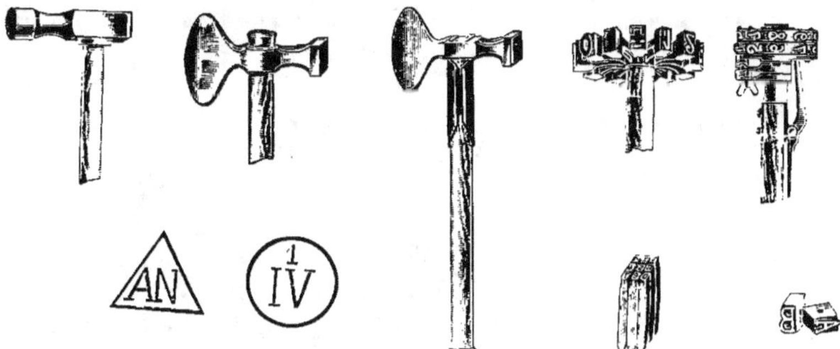

Cet outillage qui comporte toutes les hachettes, marteaux numéroteurs de tous modèles, matchettes, lances & boucles, etc., a rencontré un très vif succès, aussi bien par la qualité de sa fabrication que par les facilités que les exploitants coloniaux ont trouvé, de pouvoir confier à une seule maison des commandes qu'ils étaient auparavant obligés de répartir entre de nombreuses firmes.

Nous donnons ci-dessous la reproduction d'un cric dont la Maison **BISSONI et RICHE** possède une collection complète et de lances à boucles.

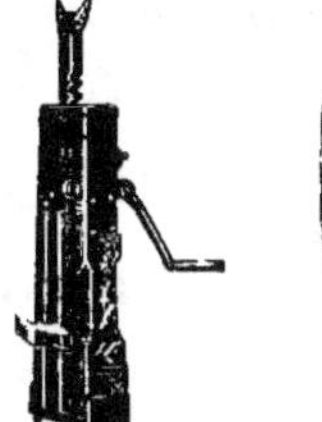

Cric B et R
de
toutes puissances

Lances à Boucles diverses

C. THOMASSET

Ingénieur-Constructeur

à LA CLUSE (Ain)

ÉTUDES ET CONSTRUCTIONS DE MACHINES SPÉCIALES
MACHINES A GRAND DÉBIT POUR BOIS DE CHAUFFAGE

Groupe scie fendeuse mobile, permettant de scier et de fendre en même temps,
d'où maximum de rendement

Machine automatique et appareil à serrer les ligots

Poches à sciure et déchets
Four à résiner - Scies spéciales à bûches

APPAREIL à LEVER LE LIÈGE

Système BONELLO

Cet appareil constitue un grand progrès sur l'ancienne méthode de levée du liège. Son action régulière protège le liber ou écorce vive qui n'est plus détruite par les coups mal portés de la serpe du « Rusquier ».

L'appareil très léger (environ 1 kg. 200) est muni d'une chaîne coupante calée sur un pignon rotatif mis en mouvement par l'intermédiaire d'un flexible. Cette chaîne produit des incisions longitudinales et transversales guidées par un dispositif spécial. Une tige de sécurité évite l'attaque du liber. On peut alors, à l'aide d'une spatule, dégager le corset de liège.

Ce même appareil avec dispositifs spéciaux sert également à fabriquer des granulés de liège en récupérant le liège des branches et des troncs morts. Il rend également de grands services dans la confection des poignées de limons d'escalier.

Pour tous renseignements,

s'adresser au Service de Diffusion du Centre du Carbone
47, avenue Gambetta — MAISONS-ALFORT (Seine)

CONSTRUCTIONS MÉCANIQUES

Henri GONY

Bureaux et Ateliers : 27-16, Rue de Sassenage - GRENOBLE

....

TRANSPORTEURS AÉRIENS

pour toutes applications

et spécialement pour Exploitations Forestières

PIPES A SABOT		POULIES A GORGES
PIPES A GALET		CITRES — CHARIOTS

Photographie du Stand de M. GONY, à l'Exposition Forestière

Plans inclinés -:- Blondins

Câbles acier de toutes dimensions et résistances

Plans -:- Devis -:- Études

EXEMPLE D'INDUSTRIALISATION FORESTIÈRE

Abatage d'un arbre centenaire
à l'aide d'un treuil mû par un petit moteur

CLASSE IV

LES INITIATIVES OFFICIELLES ET PRIVÉES

Faisant escorte aux Institutions Nationales était venue se ranger dans une longue suite de vingt stands, la majorité des grandes associations privées reconnues d'utilité publique s'intéressant à l'avenir forestier et les Comités et Syndicats de propagande pour les carburants nationaux.

Tous ces organismes ont bien voulu nous remettre des études spéciales définissant leur action et résumant leurs efforts. Nous publions cette documentation dans l'ordre occupé par les différents organismes.

Des photographies représentant une partie des stands faciliteront la compréhension de l'idée qui présida à l'organisation de cette classe : *Faire comprendre l'importance des efforts gratuits qui tendent à augmenter le bien-être des citoyens en facilitant le développement de la richesse collective nationale.*

Un des Stands du " Centre du Carbone "

MINISTÈRE DE LA GUERRE

MOTORISATION DE L'ARMÉE

M. le Ministre de la Guerre avait bien voulu envoyer à l'Exposition forestière de Lyon, six camions primés au dernier concours de camions à gazogène, organisé par ses soins.

Sous l'active impulsion des services de l'armée, l'emploi du camion à gazogène, au bois, au charbon de bois et aux agglomérés de charbon de bois, prend de plus en plus d'importance.

Les camions à gazogène, classés aux épreuves, reçoivent de l'État une prime variant, suivant leur puissance, de 14.000 à 18.500 francs, somme représentant plus de 20 % de leur valeur.

L'octroi de cette prime a singulièrement aidé au développement de l'industrie des gazogènes.

L'Armée Française possédera, d'ici quelques années, un nombre important de camions à moteurs utilisant le gaz pauvre par la simple adjonction d'un gazogène spécial au moteur à explosion.

Il deviendra enfin possible de ménager nos réserves d'essence minérale dont la disette, durant la grande guerre, a souvent placé nos armées dans une situation critique.

Le camion et le tracteur à gazogène augmenteront, dans une très large mesure l'indépendance de notre défense nationale, jusqu'à ce jour, entièrement tributaire du naphte d'outre-mer que le sol de la France semble incapable de nous fournir.

Les Forêts de France compenseront la carence de notre sous-sol.

LES CAMIONS MILITAIRES A GAZOGÈNES

présents à l'Exposition Forestière de Lyon (1929)

Les camions de la Guerre exposés à l'Exposition Forestière de Lyon appartenaient aux marques françaises suivantes :

Berliet, gazogène au bois, Berliet-de-Diétricht — Dewald, gazogène Rex, au charbon de bois — Renault, gazogène Renault, au charbon de bois — Panhard et Levassor, gazogène Panhard, au charbon de bois.

Ces six camions étaient en ordre de marche et accompagnés de leurs servants le jour de l'Inauguration de l'Exposition.

Les camions militaires braqués devant le stand central
de l'Exposition de Lyon

La Description des Camions à gazogènes primés au dernier Concours du Ministère de la guerre est donnée plus loin. Voir Classe XII, Gazogènes et Camions à gazogènes.

CENTRE TECHNIQUE et COOPÉRATIF DU CARBONE

Groupement Coopératif d'Étude, d'Expérimentation, de Documentation, d'Information et de Diffusion des Techniciens, Producteurs, Transformateurs, Distributeurs et Usagers du Carbone

CENTRE DU CARBONE

BUT

Développer par tous moyens utiles, la production et l'utilisation du Carbone, richesse nationale se trouvant dans le sol, et sur le sol national et colonial, et se chiffrant par centaines de milliards, au point de vue français et en liaison avec les pays ayant des intérêts connexes aux intérêts français.

PROGRAMME

Pour réaliser ce but, effectuer toutes études et recherches scientifiques et chimiques, en vue de sa réalisation pratique au profit de la masse des consommateurs et création des moyens susceptibles de servir de trait d'union entre Producteurs et Consommateurs.

Vue de l'entrée de la grande Cour centrale du Centre du Carbone à Maisons-Alfort
Une délégation officielle examine un camion à gazogène présenté par un Constructeur

ORGANISATION

L'organisation comprend la création de grands services techniques : Etudes, Expérimentation, Démonstration, Documentation, Information, Diffusion complétés par un Service Commercial de Coopération.

MÉTHODE

La méthode mise en œuvre est basée sur la coopération dans un cadre libre, extrêmement simple, dégagé de toutes entraves administratives. Coopération à la production de la part des Chercheurs, Techniciens, Producteurs. Coopération à la consommation de la part des usagers de tous degrés.

ACTION

Les moyens d'action du Centre du Carbone sont déjà fort étendus, car ils sont le fruit d'une préparation laborieuse consécutive à dix années de recherches, d'études, d'expérimentation et de propagande de la part de ses fondateurs.

Le Centre du Carbone est une association d'intérêt national sans but lucratif

SIÈGE - DIRECTION - ADMINISTRATION - ÉDITIONS - SERVICES ET LABORATOIRES
CENTRE DU CARBONE
47, Avenue Gambetta — MAISONS-ALFORT (Seine)
Téléphone : ENTREPOT 12-93

DIVISION DES SERVICES DU CENTRE DU CARBONE

SERVICE D'ÉTUDES

Laboratoire de recherches - Laboratoire Industriel - Analyse de toutes matières carbonifères
Bois - Charbon de bois - Tourbe - Lignite - Déchets - Résidus - Goudrons - etc...
Estimations Forestières - Prospection de Tourbières - Etudes Minières.

SERVICE D'EXPÉRIMENTATION

Essai et contrôle de tous les appareils de carbonisation, distillation et gazéification du Carbone.
Expérimentation et vérification de tous procédés intéressant l'exploitation industrielle du Carbone.
Expérimentation de tous combustibles et carburants à l'échelle industrielle.
Vérification du rendement de tous les appareils domestiques et industriels de combustion.

SERVICE DE DÉMONSTRATION

Démonstrations de carbonisation, distillation, gazéification et d'utilisation du Carbone au moyen d'appareils
de tous systèmes : Fours à carboniser avec et sans récupération, gazogènes fixes. gazogènes mobiles sur tracteurs,
camions, voitures de tourisme de toutes marques, appareils de chauffage domestique et chauffage industriel
de tous systèmes

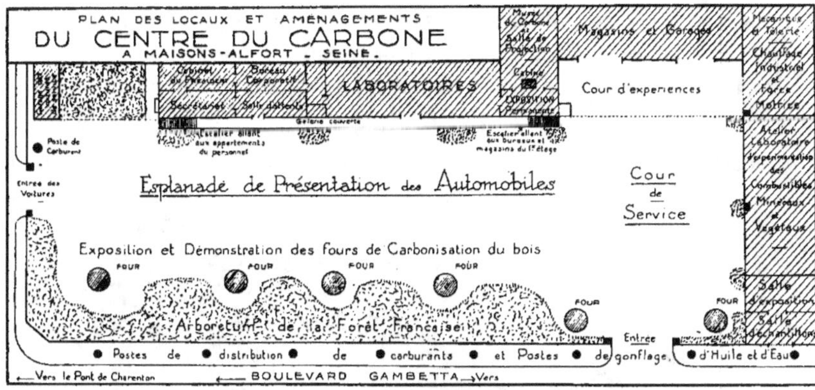

SERVICE DE DOCUMENTATION

Centralisation de la documentation scientifique, technique, industrielle et commerciale du Carbone.
Etablissement de dossiers, de catalogues dans toutes les branches des Industries du Carbone.
Musée documentaire du Carbone - Bibliographie du Carbone - Législation du Carbone.

SERVICE D'INFORMATION

Centralisation de toutes les nouvelles et informations concernant le Carbone - Calendrier des Concours -
Congrès - Expositions - Adjudications - Réglementations, se rapportant au Carbone.

SERVICE DE DIFFUSION

Cours du soir gratuits pour jeunes gens et adultes - Enseignement technique et pratique du Carbone -
Organisation de conférences et de radio-diffusion - Publication de tracts - Distribution, diffusion de catalogue,
notices, réclames pour les Constructeurs - Participation et groupement de collectivité dans les Expositions
Françaises et Etrangères - Organisation de propagande collective dans les journaux et revues publicitaires -
Exposition permanente du Carbone. de son appareillage, produits et dérivés. Publication des Editions du
carbone.

SERVICE DE COOPÉRATION

Service commercial coopératif de liaison entre Producteurs et Consommateurs.
Bureau de commande pour transmission d'ordres d'achats au Service des Consommateurs.

Les Éditions du Carbone comprennent :
Le Bulletin trimestriel " *Le Carbone* " organe de vulgarisation technique et de
défense économique. — Journal spécial des Combustibles et Carburants nationaux.
La Documentation du Carbone. — Les Cahiers du Carbone. — Les Carnets du Carbone.

LE CHÊNE

Société Forestière Méditerranéenne et Coloniale

(Fondée le 1ᵉʳ Mars 1908)

La Société forestière Méditerranéenne et Coloniale « **LE CHÊNE** », dont le siège social est à MARSEILLE, a pour but de participer, par tous les moyens, à l'œuvre si importante du reboisement, à la propagation du goût de la sylviculture par la parole, les écrits, les cours, la propagande scolaire; à étudier les moyens d'éviter les incendies de forêts et toute destruction inutile de la forêt; à encourager l'embellissement des voies, squares et jardins publics au moyen de plantations; enfin à l'aide des excursions et du tourisme faire aimer les arbres, la forêt, les paysages et les sites, pour en assurer la protection et la conservation.

Depuis trois, ans « **LE CHÊNE** » a donné un essor nouveau à l'initiative soumise au 'Congrés du reboisement organisé par la Compagnie P. L. M. à MONTPELLIER,

Le Stand du " Chêne ", à l'Exposition Forestière de Lyon

en 1927, initiative qui tend à propager l'amour de l'arbre et de la forêt chez les enfants, en pénétrant de cette nécessité les élèves des écoles normales d'instituteurs et d'institutrices, futurs maîtres d'école. Dans ce but, des cours de sylviculture sommaire ont été créés dans les écoles normales d'une vingtaine de départements, à l'heure actuelle. Ces cours sont donnés par l'officier forestier du ressort et se termine,

LE CHÊNE
Société Forestière Méditerranéenne et Coloniale

en fin d'année scolaire, par une excursion en forêt qui sert d'illustration et de démonstration pratique à l'enseignement théorique reçu.

Avec le concours du Ministère de l'Agriculture et de nombreux officiers des Eaux et Forêts, « **LE CHÊNE** » a poursuivi ce programme avec activité et avec des résultats déjà appréciables. Il a pu, en 1928 et en 1929; participer, grâce au bienveillant concours de la Compagnie P. L. M., à l'Exposition Forestière de LYON

Les initiatives et les réalisations de la Direction des Eaux et Forêts présentées par " Le Chêne " à l'Exposition Forestière de 1929

et il a eu la satisfaction profonde de retenir l'intérêt, non seulement des amis de l'arbre, mais encore du grand public. Par ailleurs, de nombreux nouveaux instituteurs ou institutrices, ayant reçu à l'École normale les notions de sylviculture et convaincus de la nécessité de protéger la forêt, sont devenus, à leur tour, pour les enfants qui leur sont confiés, de véritables propagandistes.

Mais « **LE CHÊNE** » engagé ainsi dans une voie qui sera longue, fait appel à toutes les bonnes volontés et à tous les concours.

Adhérer au « **CHÊNE** », c'est participer à une œuvre de régénération Nationale.

Le Président :
P. MASSOT

L'ASSOCIATION NATIONALE ET INDUSTRIELLE DU BOIS

Siège Social : *23, avenue de Messine, Paris (8ᵉ)*
Bureau : *3ᵇⁱˢ, rue Jadin, PARIS (17ᵉ)*

Pourquoi une Association nationale du Bois ?

C'est la première question que sont en droit de poser ceux à qui l'on parle aujourd'hui d'une association qu'ils ignorent. N'y a-t-il pas déjà des Sociétés forestières, des syndicats d'exploitants, des groupements de négociants en bois, des chambres syndicales de toutes les industries consommatrices de matière ligneuse ? La cause de la Forêt et celle du Bois ne sont-elles pas suffisamment défendues ? Certes, tous ces organismes existent, vivent et travaillent; mais c'est justement du fait de leur activité qu'est né le besoin d'une cohésion plus profonde de tous les usagers de la Forêt, d'une liaison plus étroite de tous ceux qui, au premier chef, sont décidés à défendre nos massifs boisés dont ils mesurent toute l'importance, non seulement corporative, mais nationale. Aussi retrouve-t-on côte à côte, au sein du Conseil d'administration et des Comités d'Etudes de l'A. N. I. B., les Présidents des plus puissants groupements de sylviculteurs, de commerçants et d'industriels du bois et de ses dérivés et les Parlementaires amis de la Forêt, que M. ELBEL, directeur général fondateur, aujourd'hui directeur des accords commerciaux au Ministère du Commerce, a su grouper sous la présidence de M. LE TROQUER, député, ancien ministre.

Et c'est pourquoi, tous ceux qui s'intéressent à la Forêt, tous ceux qui comprennent son rôle doivent venir à nous, isolés ou groupés, pour nous permettre, à brève échéance, soutenus par une opinion puissante, de faire triompher une politique claire et féconde du Bois.

Le comité de Législation de l'A. N. I. B. a mis sur pied un programme déjà très complet. Le vote de l'amendement présenté par M. SÉROT, Président du Groupe Forestier de la Chambre, concernant les droits de mutation, en serait une première réalisation effective.

D'autres mesures suivront qui peuvent rapidement nous mener au terme du premier objectif que nous visons : un cadre législatif approprié à la Forêt.

P. DUTILLOY

Directeur Général de l'Association Nationale
et Industrielle du Bois.

COMITÉ PERMANENT de la TOURBE

A la suite du premier Congrès National de la Tourbe, tenu avec succès à N.-D.-de-Liesse en 1927, fut créé, sous les auspices de l'Office National des Combustibles liquides, un Comité de la Tourbe chargé de fixer le programme d'un nouveau Congrès International, devant se tenir à Laon en 1928.

Ce Comité avait choisi comme Président M. Dumanois, Ingénieur en chef du Génie maritime (CR) et Directeur des Services techniques de l'Office National des Combustibles liquides; M. Fernand Le Monnier, Président du Comité d'organisation du premier Congrès et Délégué du Comité central de Culture mécanique près l'Office National des Combustibles liquides, accepta la vice-présidence.

Stand du Comité permanent de la tourbe

Le Comité de la Tourbe délégua ses pouvoirs à MM. Dumanois, Le Monnier et Charles Roux, et MM. les Ingénieurs Alain Le Monnier, Bihoreau et Burgart.

COMITÉ PERMANENT DE LA TOURBE

Le Congrès International de la Tourbe eut un grand retentissement; toutes les Nations européennes possédant des tourbières de quelque importance : l'Allemagne, la Pologne, l'ancienne Russie, le Gouvernement central des Soviets, l'Italie, l'Irlande, l'Angleterre, la Belgique, avaient désigné des rapporteurs.

Le Congrès fut divisé en quatre Groupes :

GROUPE I. — Étude scientifique de la Tourbe.

GROUPE II. — Prospection et aménagement des Tourbières.

GROUPE III. — Extraction, traitement et utilisation de la Tourbe.

GROUPE IV. — Organisation économique des Industries de la Tourbe.

Pour la première fois dans un Congrès fut présentée la technique agricole des marais tourbeux. Les efforts Russes, couronnés de succès, pour transformer les tourbières en sources d'énergie ont donné lieu à des communications abondantes, illustrées et donnant sur ce sujet les vues les plus modernes.

Le compte rendu du Congrès a été édité par les soins de l'O.N.C.L.

Magnifique volume in-8° : **40 francs** l'exemplaire, franco.

Prière de s'adresser pour la vente à :

M. BURGART O.N.C.L., **85, boulevard du Montparnasse (Paris).**
Remise importante par dix exemplaires.

TRAIT DES ÉTUDES AGRICOLES DE LA DOCUMENTATION DU CARBONE

LA TOURBE, fumier Fossile

Malgré mon bétail de plus en plus abondant, je manque de fumier. Les hauts rendements que j'obtiens dégraissent mes
s, les engrais minéraux, que j'ajoute en abondance, ne sont plus guère qu'un condiment qui donne aux semences sélectionnées
re plus d'appétit pour absorber l'humus. »

« A mesure que nos rendements progressent, je constate la nécessité de fumer en matières organiques plus copieusement
fonds si je ne veux pas en voir diminuer la valeur culturale. »

C'est ainsi que me parlait, il y a trois ans, l'un des intendants du prince de Monaco, gérant de ce merveilleux domaine
Marchais, ressuscité grâce aux conseils du professeur Hitier, aux capitaux du Prince et à la pratique éclairée de ces cultivateurs
Aisne, qu'on peut donner en exemple au monde entier.

« Mais, lui dis-je, vous avez un fumier fossile tout trouvé, il vous suffirait d'extraire la tourbe qui abonde autour de votre
aine, elle augmenterait sensiblement la proportion d'humus de vos terres. »

« J'ai essayé, m'a-t-il répondu, j'ai charrié de la tourbe sur l'un de mes champs, je l'ai concassée à la herse, je l'ai roulée
finir de la déliter. Tout cela m'a demandé beaucoup de temps et de main-d'œuvre et je n'ai pas obtenu de résultats appré-
es. Et il concluait : « Voyons, Monsieur, tout cela était de la théorie, la tourbe n'est pas un engrais. »

Cependant je réfléchissais aux preuves du contraire. Je me rappelais le parti que tirent de la tourbe les maraîchers d'Amiens
leurs hortillonnages.

Mais il est peut-être utile de vous dire ce que sont les hortillonnages d'Amiens.

Ce sont des prairies basses, très tourbeuses, dont le sol a été exhaussé en creusant des canaux, véritables chemins d'eau
où les maraîchers évacuent leurs récoltes et apportent leurs engrais.

Cette Venise maraîchère produit à l'hectare plus de matière riche alimentaire que les meilleures cultures de nos plaines
e nos vallées. Seuls les jardiniers voisins des grandes villes, qui se procurent à bon compte les déchets urbains et cultivent
véritable terreau, peuvent prétendre à des rendements comparables.

A quoi attribuer cette longue fertilité, qui date de plusieurs siècles ? Très vraisemblablement à la tourbe, qui forme le sous-sol
hortillonnages.

En effet, les hortillonneurs d'Amiens se donnent la peine de défoncer périodiquement leur sol et de ramener à la surface
certaine quantité de tourbe qu'ils mélangent soigneusement à la couche arable.

Cette pratique exige un surcroît considérable de travail qu'ils n'hésitent pas à effectuer, parce qu'ils savent, par une expé-
ce centenaire, que ceux qui la négligent voient diminuer, au bout d'un certain temps, la fertilité de leurs potagers.

L'action lente de l'humus fossile de la tourbe assure, de toute évidence, la fertilité légendaire des hortillonnages.

Mais comment expliquer la lenteur de cette action ? Un vieux souvenir va nous éclairer sur ce point.

Il y a quelque cinquante ans, s'amoncelaient, autour des hauts fourneaux de Lorraine, des amas de scories grises provenant
a déphosphoration de la fonte par le procédé imaginé par Thomas Gilchrist.

Ces résidus servaient à empierrer les routes, à remplir les fondrières ; on les donnait pour rien.

Mais, un jour, un maître de forges, possédant des hauts fourneaux, s'aperçut qu'un cultivateur des environs choisissait
parties les plus fines qui garnissaient la base de la montagne de scories, au lieu de charger son tombereau de blocs favorables
empierrements.

Les années suivantes, il vit d'autres cultivateurs en faire autant.

Après enquête, il apprit, à son grand étonnement, que les terres où ce sable de scories était enfoui devenaient plus fertiles.

Et il comprit immédiatement que les scories, inertes en gros blocs, étaient assimilables par le sol dès qu'elles étaient pulvérisées.

Entre la scorie inerte et l'engrais agissant, il n'y avait que l'épaisseur d'un broyeur.

Les scories réduites en poudre impalpable par des procédés mécaniques devinrent ainsi un engrais de haute valeur qui fit
dement une concurrence souvent triomphante aux superphosphates eux-mêmes.

Un phénomène identique se produit ailleurs de nos jours. Une riche mine de phosphates africains vend des phosphates
urels en poudre impalpable, et les phosphates finement écrasés, considérés comme inertes lorsqu'ils sont en poudre gros-
e, donnent, dans les terrains acides, d'excellents résultats.

Corpora non agunt nisi soluta, disaient les alchimistes du Moyen Age ; ce qui veut dire : les corps ne réagissent les uns sur
autres qu'à l'état de solution, au moins pour l'un d'eux.

Mais une solution ne représente, en réalité, que la division extrême d'un corps solide dans un solvant. Il est possible
ssimiler un corps solide finement pulvérisé à une solution, c'est-à-dire à la dissémination moléculaire de ce solide dans un solvant.

Le fumier, lui-même, subit dans la terre cette transformation, grâce aux façons culturales qui le divisent à l'extrême, aux
nts microbiens qui le digèrent, aux infiniments petits qui le triturent et tapissent de leurs déjections humifères les particules
terre. Le fumier devient une poudre fine de matière fertilisante que les racines des plantes absorbent sans peine.

Cette action est, en réalité, très lente. Aussi l'expression « vieille graisse », employée par nos cultivateurs, explique-t-elle
ctement l'action progressive des façons culturales qui, divisant à l'extrême l'humus du fumier, pralinent la poussière du sol
n vernis de fertilité, continuellement renouvelé.

Afin d'imiter l'action lente des agents physiques, des chimistes avisés ont essayé de faire subir à la tourbe desséchée une
vérisation préalable.

C'était répéter la modification d'état physique que le maître de forges fait subir à ses scories pour les transformer en engrais.

De cette pulvérisation de la tourbe, assez difficile à réaliser dans la pratique, est résulté l'effet qu'on en attendait. Réduite
poussière très ténue, elle est rendue rapidement assimilable, *surtout quand on l'additionne d'une petite quantité d'éléments miné-
x appropriés et capables d'exciter l'appétit des ferments du sol.*

La plante, plongeant ses racines dans un pareil milieu, y trouve, non plus la vieille graisse péniblement accumulée, mais
véritable humus immédiatement digestible et capable de rendre aux terres usées leur fertilité naturelle.

Cette vieille fertilité était autrefois attribuée au repos de la terre laissée en jachères durant une année sur trois ; nous pouvons
intenant l'obtenir sans attendre le bon vouloir du temps et le travail mystérieux des agents du sol.

La fine poussière d'humus fossile constituée par la tourbe digérée mécaniquement avant d'être incorporée au sol reculera
plusieurs siècles l'épuisement de notre terre arable.

Comment parvient-on pratiquement à réaliser le miracle ?

Ceci est une autre histoire que je raconterai.

F. LE MONNIER.

*Pour tous renseignements techniques et pratiques se rapportant à l'emploi de la Tourbe, s'adresser au Service de Documentation
Centre du Carbone, 47, Avenue Gambetta, à Maisons-Alfort (Seine) qui répondra gratuitement à toute demande.*

" LE CARBONE "

ulletin Trimestriel des Combustibles, Carburants et Fertilisants Nationaux

ENTRE DU CARBONE : 47, Avenue Gambetta - MAISONS-ALFORT (Seine)

OFFICE NATIONAL

des Recherches Scientifiques et Industrielles et des Inventions

1, avenue Galliéni — BELLEVUE (Seine)

La Direction des Recherches Scientifiques et Industrielles et des Inventions dépend du Ministre de l'Instruction Publique.

Elle a pour objet d'aider pratiquement de toutes manières aux Recherches Scientifiques et Industrielles, à la solution des questions techniques qui peuvent être utiles au développement et au progrès de l'Industrie Nationale, à la réalisation des projets d'invention intéressants.

Les moyens d'action à la portée de l'O.N.R.I. sont très variés : étude par les Comités Techniques de la Direction ou par les Spécialistes, recherches de laboratoire, études par le Bureau de dessin de la Direction, construction de modèles et d'appareils par les Ateliers de la Direction.

Les inventeurs peuvent adresser leurs projets à l'Office; ces projets sont examinés par la Commission Supérieure des Inventions et son jugement peut entraîner la mise au point et la réalisation d'un premier modèle.

L'O.N.R.I. n'est pas une institution fermée, il se déplace même pour initier le grand public à son œuvre.

Ses expositions à la Foire d'Automne de Lyon sont encore présentes à toutes les mémoires.

Office National des Recherches et Inventions

L'exposition forestière de Lyon, organisée en parfait accord avec l'Administration des Eaux et Forêts par les Chemins de Fer P.L.M., a été pour l'Office National des Recherches et Inventions, une nouvelle occasion de montrer au public ses efforts en ce qui concerne l'étude du Carbone Végétal.

L'extrême importance du développement des carburants nationaux n'a pas échappé à la Direction de l'O.N.R.I.

C'est ainsi que l'étude scientifique des gazogènes à charbon de bois a donné lieu, de la part des services de l'Office, à de multiples recherches. C'est sur l'initiative de l'Office que les premiers concours de camions à gazogènes ont été organisés. L'étude de cette question de la substitution du charbon de bois à l'essence, comme source d'énergie des moteurs à explosion, intéresse tout particulièrement l'avenir de la Forêt Française, métropolitaine et coloniale.

À l'aide d'une très libérale subvention de l'Office National des Combustibles Liquides, l'Office National des Recherches et Inventions a construit un laboratoire d'essais de machine qui doit être exploité, en commun, par les deux organismes.

La figure ci-dessous montre l'ensemble de ces réalisations.

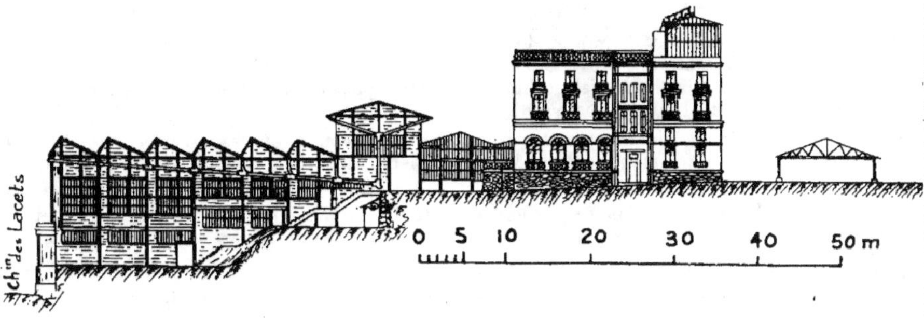

Élévation des bâtiments de l'Office des Recherches et Inventions et de la Station

À *droite*, l'ancien bâtiment de l'O.N.R.I. à partir duquel se développent, *à gauche*, les nouvelles constructions de la station d'essai.

Tout à fait à droite, on voit un petit bâtiment dont l'importance ne doit pas être jugée d'après son volume. L'Office y a organisé l'étude des voûtes et ouvrages en ciment armé. Les modèles d'ouvrages hydrauliques y sont chargés par pression hydrostatique de mercure. L'Office dispose d'une réserve de **1.500 litres** de ce métal, évaluée à **Deux Millions de francs**. Aussi, envisage-t-on l'organisation, à Bellevue, d'une station internationale d'essais des ouvrages hydrauliques dont la création est rendue possible par cet important stock de mercure.

Ce nouvel organisme aiderait singulièrement au perfectionnement des ouvrages hydrauliques dont la construction, sous forme de barrages, constitue avec la Forêt, les meilleurs régulateurs des eaux.

SOCIÉTÉ FORESTIÈRE
de FRANCHE-COMTÉ et des Provinces de l'EST

Le Stand de la Société Forestière de Franche-Comté et des Provinces de l'Est comprenait, indépendamment d'une collection de son Bulletin trimestriel et de publications nombreuses, œuvres de ses membres, un grand tableau, sur lequel étaient mis en évidence les portraits de son premier président, M. Armand Viellard, de MM. Bourdin et Algan, ses anciens secrétaires généraux. Au centre l'un des diplômes de la Société, véritable œuvre d'art de M. d'Assigny. Le tout entouré d'inscriptions rappelant la date de la fondation de la Société (1890), le nombre de ses membres, son but et ses moyens d'action.

Mais cette exposition ne pouvait donner qu'une idée très imparfaite de l'importance de cette Société, forte actuellement de 1.500 membres.

Fondée le 7 Novembre 1890 à Besançon, sous le nom de Société Forestière de Franche-Comté et Belfort, avec le concours de propriétaires de bois, de forestiers, de marchands de bois et d'amis des forêts.

Elle a été ultérieurement approuvée par décision ministérielle du 18 Septembre 1901. — Ses statuts disent :

« Elle a pour but de rapprocher des hommes ayant la forêt et ses produits comme « points de contact, et de les faire benéficier des avantages d'une Association libre. Elle « s'efforcera de faire apprécier et aimer les forêts qui sont la principale richesse du pays et « contribuera de tout son pouvoir :

« 1° A l'avancement et à la propagation des connaissances diverses, théoriques et « pratiques, se rapportant à l'économie forestière, ainsi qu'à l'exploitation et aux divers « emplois des produits des forêts ;

« 2° A la conservation des richesses existantes, à l'amélioration des forêts de peu de « valeur, au boisement des terres incultes, au progrès des industries forestières, etc. »

La Société de Franche-Comté débuta en faisant établir. pour la première fois en France, des *droits de douane* sur les bois ; le tarif qu'elle fit adopter est resté en vigueur jusqu'à ces dernières années.

Depuis lors, par ses Congrès annuels, ses concours, ses récompenses et ses subventions, elle n'a pas cessé de faire progresser l'attachement des populations à leurs forêts, le reboisement des friches et la vulgarisation des connaissances forestières.

Son Bulletin trimestriel y a largement contribué ; il a été dès le début, une tribune où venaient s'exposer librement les opinions les plus contradictoires ; habilement dirigé par les secrétaires généraux successifs de la Société, il a publié des études du plus haut intérêt sur toutes les questions à l'ordre du jour.

La publication de l'Agenda forestier, réédité sous le nom de Vade-Mecum du Forestier. premier recueil de ce genre paru en France, est un des titres de gloire de la Société de Franche-Comté.

La *première société scolaire pastorale et forestière* a été fondée à Avignon, près de Saint-Claude, dans le Jura. — La Société Forestière de Franche-Comté patronna et favorisa aussitôt cette utile institution, par laquelle, le Service Forestier et celui de l'Instruction Publique unissant leurs efforts, l'œuvre du reboisement est rendue sympathique et familière aux jeunes générations.

C'est vers la même époque que la Société de Franche-Comté préconisa et fit passer dans la loi le partage de l'affouage communal *par tête d'habitant*, mode de répartition éminemment favorable aux familles nombreuses.

La Société Forestière de Franche-Comté s'est constamment efforcée de pousser à la *production du bois d'œuvre*, qui manque à la France et aux pays du Sud de l'Europe. — Cette question, vitale pour notre pays, a été l'objet d'une *propagande incessante* tant dans *son Bulletin que dans ses Congrès*.

Elle a préconisé à cet effet *l'enrésinement des taillis de montagne*, par l'introduction du sapin (abies pectinata), — les *balivages intensifs* dans les coupes de taillis, spécialement dans celles des quarts en réserve, — *la conversion de ceux-ci en futaie* résineuse ou feuillue.

La Société de Franche-Comté a insisté avec force pour qu'après avoir enrichi les taillis communaux *par des balivages intensifs*, au point d'y accumuler 150 à 200 mètres cubes de bois d'œuvre à l'hectare, la conservation de ce matériel et même son augmentation soient assurées par le seul moyen qui rende tout retour en arrière impossible, c'est-à-dire par *un aménagement de futaie* et un décret prescrivant définitivement le régime du taillis.

Les résultats de cette propagande sont manifestes : *l'enrésinement* bat son plein sur le premier plateau du Jura; — les *balivages intensifs* ont presque partout dans la plaine fait des taillis communaux et particuliers de véritables *futaies sur taillis;* — la conversion en futaie des taillis communaux a fait en Haute-Saône l'objet d'un décret d'aménagement déjà sur plus de 8.000 hectares appartenant à plus de 50 Communes; elle y est appliquée sur près de 100.000 hectares en attendant la décision des Communes; — *dans le Doubs*, les décrets d'aménagement en futaie s'étendent déjà à plus de 30 Communes; — *dans le Jura*, le mouvement est commencé et se développe dans la plaine; en montagne l'enrésinement se répand partout.

La grosse question des *améliorations pastorales*, c'est-à-dire la mise en valeur de nos immenses parcours communaux, aujourd'hui envahis par la brousse a été développée et lancée par Émile Cardot au Congrès de 1900 à Pontarlier; depuis lors la Société Forestière de Franche-Comté n'a cessé de faire une propagande acharnée en leur faveur et une filiale de la Société, la Section d'Économie Alpestre des Monts-Jura tient chaque année, successivement dans le Doubs, le Jura et l'Ain, un concours sylvo-pastoral, où elle distribue 5.000 francs de primes aux particuliers et aux communes qui ont effectué les travaux de reboisement ou d'améliorations partorales les plus intéressants.

Depuis le retour de l'Alsace et de la Lorraine, à la patrie française la Société de Franche-Comté a élargi son rayon d'action et a adopté la dénomination de **Société Forestière de Franche-Comté et des Provinces de l'Est**

Sous cette dénomination comme avant, depuis 40 ans, cette Société continue à servir de toute ses forces la cause des forêts et par suite à travailler à la richesse et à la prospérité de la France.

C'est la première Société de ce genre qui ait été créée en France; son action et son exemple ont provoqué la fondation d'autres sociétés similaires de propagande, telles que celle de l'Arbre et l'Eau dans le Limousin, celle des Amis des Arbres avec ses nombreuses sections locales existantes, celle du Chêne en Provence, etc.

L'heureuse iniative de la Société Forestière de Franche-Comté et des Provinces de l'Est a donc eu, même hors de l'Est, les résultats les plus féconds.

Maurice BOUVET,

*Secrétaire Général dès la fondation
de la Société de Franche-Comté en 1890,
Président de 1905 à ce jour.*

OFFICE NATIONAL

des combustibles liquides

85, boulevard du Montparnasse — PARIS

....

Annales de l'Office National des Combustibles liquides

....

Reflet de l'activité de l'Office National, cette publication s'efforce de présenter une vue aussi exacte que possible du problème des carburants, dont l'évolution est constante.

De nombreuses études sur la technique du pétrole et les carburants de remplacement, dues aux savants les plus qualifiés, procurent au lecteur une documentation précise et vivante sur des questions où les découvertes scientifiques modifient fréquemment les idées acquises.

Les Annales de l'Office National des Combustibles liquides publient également l'ensemble des textes législatifs et réglementaires qui régissent la matière des combustibles liquides. Cette codification, parfaitement à jour, dispense de recherches fastidieuses les juristes, techniciens, industriels et commerçants obligés de se tenir au fait des modifications apportées au régime des pétroles au point de vue administratif, douanier et fiscal.

Chaque numéro contient enfin d'abondants documents scientifiques, statistiques et économiques concernant la France et l'Étranger.

Au cours de l'année 1929, les Annales de l'Office National des Combustibles liquides ont publié, parmi d'autres, les études ci-après :

— **Recherches sur les combustibles pour gazogènes à moteurs**, par M. P. LEBEAU, Professeur à la Faculté de Pharmacie de Paris.

— **Étude des goudrons solubles de bois de pin maritime**, par MM. G. DUPONT, Professeur à la Faculté des Sciences de Bordeaux et J. LUSSAUD.

— **Action des catalyseurs sur la distillation du bois**, par MM. G. Dupont, Professeur à la Faculté des Sciences de Bordeaux, J. LERARD et KUPPERBERG.

— **La culture du ricin dans le midi de la France et en Afrique du Nord**, par M. Émile André, Pharmacien en chef de l'Hospice de la Salpétrière, Directeur de laboratoire à l'École pratique des Hautes Études.

— **Étude sur les Lauracées de la région guyano-brésilienne**, par M. CHEVALIER, Directeur du laboratoire d'Agronomie coloniale à la Faculté des Sciences de Paris.

— **Recherches sur la tension interfaciale entre les huiles minérales et les solutions aqueuses d'électrolytes**, par MM. H. WEISS, Directeur de l'École Nationale Supérieure du Pétrole et des combustibles liquides, et E. VELLINGER.

— **Sur l'emploi des alcools méthyliques et éthyliques comme carburant**, par M. LOUIS, Ingénieur diplômé de l'École Nationale du Pétrole et des Combustibles liquides.

Prix de l'abonnement (6 numéros par an) { **60** francs pour la France.
{ **70** francs pour l'Étranger.

Pour la publicité, s'adresser à M. LE DIRECTEUR DE L'OFFICE NATIONAL DES COMBUS-TIBLES LIQUIDES, 85, Boulevard du Montparnasse, Paris.

ÉCOLE NATIONALE SUPÉRIEURE DU PÉTROLE
et des Combustibles Liquides
8, rue Boussingault. — STRASBOURG

L'école Nationale Supérieure du pétrole et des Combustibles liquides a été crée en 1924 par l'Office National des Combustibles liquides, auprès de l'Université de Strasbourg.

L'École pourvoit à la formation de techniciens spécialisés dans l'industrie du pétrole et comprend trois sections : Géologie, Exploitation, Chimie, entre lesquelles sont réparties les élèves. La section Exploitation est elle-même divisée en deux groupes : l'un destiné à la formation d'ingénieurs pour le forage, l'autre à la formation d'ingénieurs pour le raffinage.

La durée normale des études est d'une année, à l'issue de laquelle les élèves subissent un examen sur l'ensemble des matières enseignées, qui leur permet, en cas de succès, d'être admis en stage dans diverses usines et exploitations françaises ou étrangères et de recevoir le diplôme de l'École.

Les frais d'étude sont fixés à 1.000 francs par semestre; il est consenti aux élèves de nationalité française une réduction de 50 % sans préjudice de certaines autres exonérations. De plus, des bourses peuvent être accordées aux plus méritants d'entre eux.

A l'heure où l'industrie du raffinage va prendre en France un développement important, il convient de signaler que l'École Nationale Supérieure du Pétrole et des Combustibles liquides, par son enseignement spécialisé et adapté aux besoins présents, ouvre les plus intéressants débouchés.

Des renseignements détaillés sur l'Ecole sont fournis, sur demande, par l'Office National des Combustibles liquides, 85, boulevard du Montparnasse. — Paris.

TOURING-CLUB DE FRANCE

65, avenue de la Grande-Armée, PARIS (XVIᵉ)

Cette Association, reconnue d'utilité publique, a pris part à l'Exposition Forestière de Lyon dans un but de propagande générale.

Par son **Manuel de l'Arbre**, le chef-d'œuvre d'Émile CARDOT, elle rappelle son rôle dans l'enseignement sylvo-pastoral. Par les comptes rendus des **Congrès Forestiers Internationaux** organisés à Paris en 1913 et à Grenoble en 1925, elle souligne l'importance qu'elle attache aux problèmes forestiers.

Divers documents sur les publications destinées aux écoles, sur la Caisse Forestière du T. C. F., sur le legs Janssen (qui va permettre au Touring-Club de France de développer son action en matière de reboisement), étaient également placés dans le stand,

Enfin une série de **Photographies d'art**, extraites des **Archives Photographiques** du T. C. F., évoquait les joies du Tourisme en Forêt et montrait les aspects variés des massifs, suivant les régions.

Chalet-remorque STELLA exposé devant le Stand du T. C. F. à LYON

Ce Chalet-remorque se monte en 15 minutes et suit facilement une voiture de 7 HP

Stella-Remorque, 111, Faubourg Poissonnière

INSTITUT DU PIN

FACULTÉ DES SCIENCES
20, cours Pasteur -:- BORDEAUX

L'Institut du Pin, rattaché à la Faculté des Sciences de Bordeaux, et subventionné par le Ministère de l'Agriculture, a été créé dans le but d'aider au développement des industries dérivées du Bois et des produits résineux.

L'Institut du Pin comporte dans ce but :

1º Un laboratoire de recherches;

2º Un laboratoire d'analyses;

3º Un enseignement technique;

4º Un office de documentation et de renseignements.

I. — Laboratoire de recherches.

Le laboratoire de recherches comprend quatre services ou sections :

1ᵉ SECTION. — *Récolte et traitement de la gemme* :

Amélioration des procédés de gemmage;

Étude comparative des divers procédés de distillation, leur amélioration; utilisation des sous-produits.

2ᵉ SECTION. — *Essence de térébenthine et ses dérivés* :

Étude théorique des diverses essences de térébenthine et de leurs constituants;

Utilisation industrielle de ces essences ou de leurs constituants dans les synthèses déjà connues; recherches d'applications nouvelles;

Étude des essences terpéniques, en général.

3ᵉ SECTION. — *Colophane et ses dérivés* :

Étude théorique des diverses résines et colophanes, et de leurs constituants. Composition et propriétés des huiles de résine. Applications industrielles de ces recherches aux industries déjà existantes et à de nouvelles synthèses et utilisations.

4ᵉ SECTION. — *Bois et sous-produits forestiers* :

Cette section comprend deux sous-sections : celle de la Papeterie, et celle de la distillation du Bois, qui recherchent spécialement l'utilisation du Bois (et en particulier du Pin) dans ces deux branches d'industrie, l'amélioration des procédés existants, et poursuivent l'étude, en vue de leur utilisation pratique, des divers constituants et dérivés du Bois.

II — Laboratoire d'analyse.

Analyse des matières premières et des produits fabriqués par les industries susmentionnées.

Service de la Répression des Fraudes en matière de produits résineux.

III — Enseignement technique.

Cet enseignement comporte :

1º un enseignement théorique — cours publics, professés à la Faculté des Sciences, sur les résines, les terpènes, les parfums, les bois et les industries se rattachant à ces produits.

2º un enseignement pratique — les étudiants et ingénieurs désireux de se perfectionner dans l'étude du Bois et des produits résineux, peuvent entreprendre, sous la direction du personnel du laboratoire, soit des recherches originales en vue d'obtenir le grade de "diplômé d'études supérieures", " de docteur", ou " ingénieur-docteur" , soit des travaux de mise au point industrielle.

IV — Office de Documentation.

Le *Bulletin de l'Institut du Pin* publie mensuellement les comptes rendus des travaux originaux effectués dans les laboratoires de l'Institut du Pin, et la documentation relative aux produits résineux et au Bois.

Le laboratoire fournit aux intéressés les renseignements relatifs aux industries susmentionnées.

Automobile-Club de France

8, place de la Concorde - PARIS (VIIIe)

L'automobile-Club de France, Société d'Encouragement pour le développement de l'Industrie automobile, rappelait, par sa présence à l'Exposition du Carbone Végétal, les efforts qu'il n'a cessé de faire depuis 10 ans pour nous soustraire à la tutelle de l'étranger, en vulgarisant pour l'automobile l'emploi des produits forestiers, métropolitains et coloniaux (bois, charbon de bois, huiles végétales).

Depuis 1922, date du premier concours de camions à gazogène, la Commission Technique de l'Automobile-Club de France n'a pas organisé moins de cinq concours et trois Rallyes de carburants nationaux. Ils ont été organisés en étroite collaboration avec les ministères français intéressés (Guerre, Commerce, Agriculture, Marine), et, pour certains d'entre eux, avec le concours du Royal-Automobile-Club de Belgique.

Rallyes et concours sont autant de chapitres de la conquête des carburants nationaux. De 1922 à 1925, trois concours ont marqué les étapes successives du développement du gazogène à bois ou à charbon de bois en France. Aujourd'hui, grâce aux efforts persévérants qui ont mis ces combustibles en lumière, on peut dire que le bois et le charbon de bois sont enfin appréciés à leur juste valeur par l'industrie, par le commerce et par l'armée, et quelques milliers d'exemplaires de camions à gaz des forêts circulent déjà sur nos routes, aussi bien en territoire métropolitain que dans nos colonies de l'Ouest et du Centre Africain.

En 1926, grâce à la collaboration du Laboratoire de l'A. C. F. et du Comité Central de Culture Mécanique, un concours de moteurs alimentés aux huiles végétales les plus diverses (palmes, arachides, ricin; etc.) a démontré que les objections soulevées par l'emploi de ces huiles étaient absolument injustifiées et que ces excellents carburants pouvaient jouer un rôle important dans la mise en valeur de nos colonies.

La même année eut lieu le premier Rallye des Carburants nationaux, véritable exposition ambulante de tous ce que nos chercheurs et nos

Automobile-Club de France

inventeurs présentaient pour écarter la sourde menace de la pénurie ou du trustage de l'essence d'importation. Ce premier Rallye parcourut les routes de l'Ouest et du Nord ; le deuxième Rallye (1927) traversa le Centre de la France, le Sud-Est, le Midi et le Sud-Ouest, et en 1928 le troisième Rallye passa par le Nord-Est et la Belgique, pour rentrer par l'Est de la France. Le succès de ces manifestations alla grandissant et ces caravanes de trente ou quarante véhicules marchant à n'importe quoi, sauf à l'essence (bois, charbon de bois, huiles lourdes, alcool méthylique, etc.) eurent le grand mérite d'attirer l'attention non seulement des usagers et des pouvoirs publics français, mais encore des pouvoirs publics des nations étrangères.

Non contente de pousser activement la recherche des combustibles solides et liquides de remplacement, la Commission Technique de l'Automobile-Club de France a tenté, depuis trois ans environ, de rénover

l'emploi des combustibles gazeux pour la locomotion automobile. Elle a pu, avec l'appui de l'Office National des Combustibles Liquides, créer un Laboratoire mobile de compression et d'étude des gaz capable de se rendre dans un centre industriel quelconque pour y essayer l'emploi des carburants gazeux que l'on trouve sur place. Cette initiative a été comprise et suivie, et l'on peut dire aujourd'hui que la cause est gagnée, puisque des autobus de la S. T. C. R. P. marchent journellement au gaz de ville.

Enfin, l'activité de l'Automobile-Club de France se manifeste quotidiennement par les moyens d'essais et de contrôle qu'il met à la disposition des inventeurs et des usagers de l'Automobile dans son laboratoire de Neuilly.

CLASSE V

L'ARTISANAT FORESTIER

L'usine, en ruinant l'ancien artisanat rural, a diminué l'indépendance ouvrière et creusé un fossé entre l'Industrie et l'Agriculture.

Cette division de la production a vidé nos campagnes. Autrefois, dans nos régions de petite culture, qui sont les plus nombreuses en France, la chaumière abritait presque toujours un métier. Les longues soirées d'hiver, les périodes de pluies et de frimats, ne laissaient pas inoccupés les habitants des villages et des hameaux.

Alors on entendait le rythme régulier des métiers tissant la toile. Près de l'âtre, la grand'mère garnissait les fuseaux en dévidant au rouet les bobines de fil.

A l'orée des taillis, le tour vrombissait, en détachant les copeaux de bois sec. La Forêt prochaine avait fourni la matière première des objets en bois tourné : pions de jeux de dames, pièces de jeux d'échecs, fuseaux, navettes, hanches des petits instruments de musique, sifflets, manches d'outils, et tout ce qu'on peut tirer du bois, lorsque la branche est trop menue pour fournir des planches et des madriers.

Il y avait là, pour les habitants de nos régions boisées, une source de profits supplémentaires qui s'ajoutaient au gain principal tiré du sol.

Vivant chez lui, en famille, trouvant dans sa propre demeure le moyen d'entretenir son goût inné de l'effort objectif, le villageois, ignorant le chômage, détestait l'inaction et les plaisirs vulgaires.

L'artisanat fut durant une bonne moitié du xixe siècle, la cause principale de l'Indépendance de nos ouvriers ruraux et forestiers ; il fut aussi pour la nation une source facile de richesse, car les artisans, travaillant sans frais généraux, pouvaient livrer à bon compte leurs produits ouvrés.

La création des grandes usines détruisit cet âge d'or de la production manufacturière.

Les hommes, pour gagner un peu plus, délaissèrent le petit bien familial, ils répondirent en masse au chant de la Sirène Usinière : d'hommes libres qu'ils étaient, ils devinrent les serviteurs des esclaves d'acier.

L'harmonie entre les deux productions, manufacturière et agricole, était rompue.

La répercussion du développement de la grande Industrie sur l'exploitation forestière se manifesta plus lentement ; toutefois ce qui fut d'abord évident pour l'agriculture le devient maintenant pour la culture Sylvestre.

Cependant quelques traces d'Artisanat forestier existent encore. Le Service agricole de la Compagnie P.L.M. a tenu à en réunir les débris dans cette section de l'Exposition forestière.

Peut-être, en attirant sur l'Artisanat l'attention de l'opinion des gens avisés reverra-t-on renaître des villages forestiers, centres heureux de productions familiales, facilitées maintenant par l'emploi des petites machines et de l'énergie électrique.

Les Sabotiers

CE QUE LES ARTISANS

peuvent exécuter avec un faible courant électrique

Le **Volt-Outil** est l'instrument des petits artisans et de tous ceux qui veulent occuper leurs loisirs en travaillant eux-mêmes à la création de menus objets vendus très chers dans le commerce.

Le **Volt-Outil** peut être disposé en perceuse verticale à l'aide de pièces spéciales.

Il peut percer jusqu'à 10 $^m/_m$ de diamètre dans le métal. La figure de gauche représente un **Volt-Outil** disposé en perceuse.

Le **Volt-Outil** scie jusqu'à 40 $^m/_m$ d'épaisseur de bois avec sa lame normale et même davantage en utilisant des lames d'un plus grand diamètre.

Le VOLT-OUTIL fixé horizontalement
permet de tourner le Bois et le Métal

Hauteur des pointes : 90 ^{m} ^{m}

Distance entre pointes : 450 ^{m} ^{m}

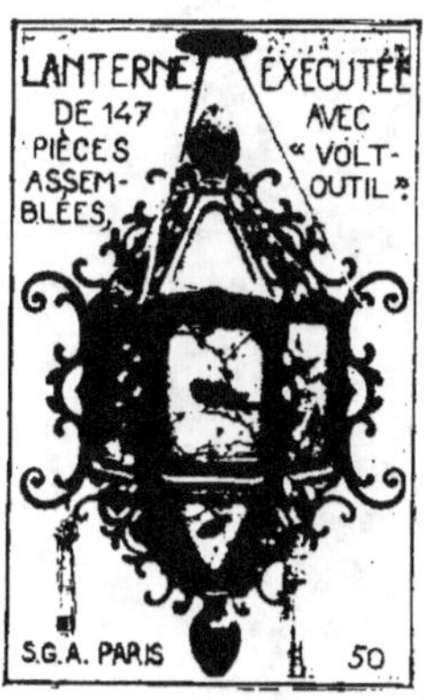

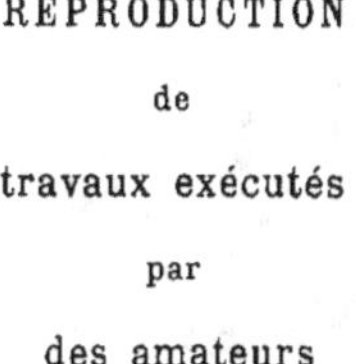

REPRODUCTION

de

travaux exécutés

par

des amateurs

avec l'aide du

VOLT-OUTIL

S.G.A., 44, rue du Louvre — PARIS-Ier

VOLT-OUTIL (18 usages) de la S. G. A.

SOCIÉTÉ GÉNÉRALE AGRICOLE

44, rue du Louvre - PARIS

Fournisseur des Écoles Nationales des Eaux et Forêts

LE VOLT-OUTIL REPRÉSENTE

tout un atelier en miniature pour l'artisan, le particulier, l'amateur

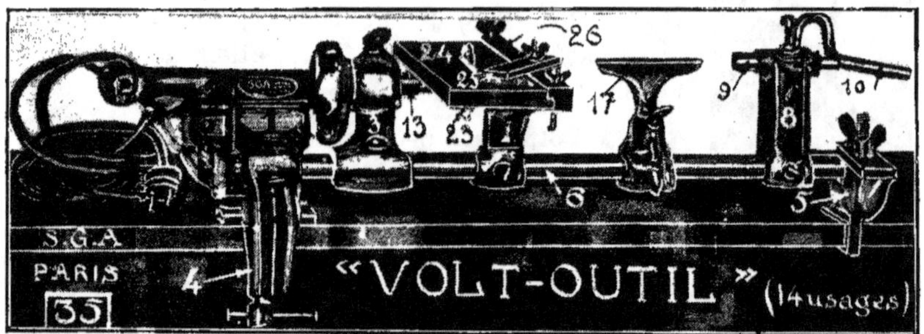

"VOLT-OUTIL" n'est pas un jouet, mais une machine robuste et d'usage

Travail du Bois, etc.   PRÈS de 20 USAGES !   Travail des Métaux, etc.

1. PERCE (Perçage fixe horizontal fig. 35).
2. PERCE (Perçage fixe vertical fig. 44 au verso).
3. PERCE (en formant perceuse portative).
4. FRAISE les trous.
5. TOURNE.
6. SCIE en LONGUEUR.
7. SCIE en TRAVERS.
8. SCIE en ONGLET (fig. 35).
9. POLIT.

10. PERCE (Perçage fixe horizontal fig. 35).
11. PERCE (Perçage fixe vertical fig. 44 au verso).
12. PERCE (en formant perceuse portative).
13. TOURNE.
14. SCIE en TRAVERS.
15. SCIE en ONGLET.
16. MEULE et LIME.
17. AFFUTE.
18. Constitue enfin une force motrice électrique permanente avec un arbre démultiplicateur (non figuré), muni d'une poulie de renvoi à trois étages, permettant de mouvoir toute petite machine indépendante.

"VOLT-OUTIL" S. G. A. :-: 50 organes principaux, outils et accessoires

Peut être branché sur courant lumière. Il absorbe 200 watts à l'heure c'est-à-dire quelques centimes

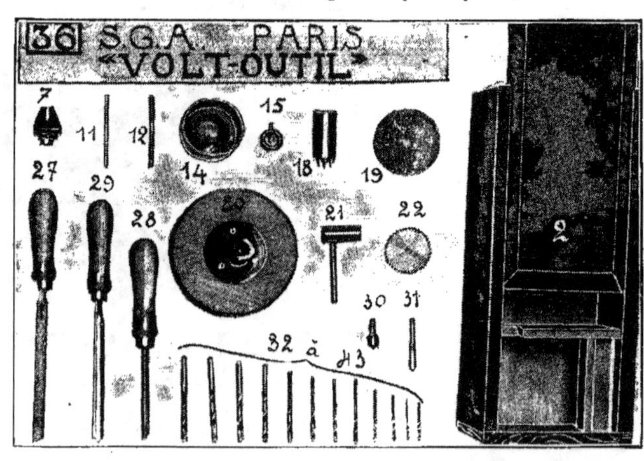

VOLT-OUTIL est robuste. Plusieurs milliers d'appareils en service chez les artisans du bois et du métal

TOURNERIES de DORTAN (Ain)

OBJETS TOURNÉS
en
BUIS et en BOIS

JEUX

INSTRUMENTS

OUTILS

FABRIQUE DE TOURNERIE
USINE HYDRAULIQUE

Arthur LEGER à DORTAN (Ain)

MANUFACTURE DE TOURNERIE EN TOUS GENRES

BOIS — BUIS ET BOIS EXOTIQUES
Spécialement de jeux d'échecs et pions de dames
ÉTUIS MENTHOL

Henri CHAVET à DORTAN (Ain)

VINCENT Ernest à DORTAN (Ain)
Président de la Chambre Syndicale des Fabricants

TOURNERIE EN BOIS EN TOUS GENRES

VINCENT Albert à DORTAN (Ain)

TOUS ARTICLES TOURNÉS EN BOIS ET BUIS

BAYET ET CURIAL à DORTAN (Ain)

MANUFACTURE DE TOURNERIE

Fédération des Coopératives de Saint-Claude
et de la région de Saint-Claude

FÉLIX MERMET

Secrétaire de la Fédération

Faubourg Étienne-Dolet — SAINT-CLAUDE (Jura)

Les pipes de Saint-Claude sont célèbres dans le monde entier. Elles sont souvent dénationalisées et vendues sous des appellations " Étrangères " ; mais leur qualité est tellement hors de pair qu'elles supportent facilement l'augmentation de prix résultant de leur changement d'origine.

Piquetage des souches de bruyères en Corse
Cliché Boyer

Les pipes de Saint-Claude sont fabriquées avec les meilleures racines de Bruyère arborescentes du Midi de la France. La Corse, particulièrement, fournit à l'Industrie de Saint-Claude des racines de première qualité.

Comment se fait-il que cette industrie de la pipe ne s'est pas implantée sur les lieux même de production de la matière première ?

C'est que les traditions artisanes existaient depuis des siècles dans la région de Saint-Claude. La race Jurassique, endurcie par une vie rude, menée sur un sol souvent ingrat, a pris, depuis des siècles, l'habitude de chercher dans l'effort manufacturier le complément de Bien-Être que seuls les travaux du sol étaient incapables de lui fournir. D'où la naissance de ces petits métiers, tels que la fabrication des pipes et du façonnage des bois tournés qui sont devenus depuis déjà longtemps de véritables et très prospères industries.

Polissage de pipes dans un atelier de Saint-Claude

CLASSE VI

OUTILS ET MACHINES A BOIS

Il y a cinquante ans, l'emploi des machines était encore peu répandu dans les ateliers qui transforment le bois brut en bois ouvrés. Actuellement l'industrie du bois n'a plus rien à envier aux industries métallurgiques, elle aussi est devenue de plus en plus automatique.

Cette transformation a eu pour conséquence, non pas de diminuer la valeur marchande des objets, mais de modérer la montée des prix, conséquence des exigences de la main-d'œuvre spécialisée de plus en plus recherchée.

D'ailleurs la hausse ininterrompue de la matière première en s'ajoutant à l'augmentation des frais de transformation eût bientôt fait de rendre absolument prohibitif les prix de vente des objets ouvrés en bois si les machines et les outils perfectionnés n'étaient pas venus apporter leur aide aux fabricants.

La Section VI aurait dû présenter un bien plus grand nombre de machines. Toutes n'ont pu y trouver place ; cependant cette section des machines à bois a été suffisamment développée pour permettre aux visiteurs de se rendre compte du degré de perfection et d'ingéniosité auquel sont parvenues les modernes machines à bois.

GUILLIET Fils et Cie

AUXERRE (Yonne)

L'usine modèle d'Auxerre

La maison **GUILLIET Fils et Cie**, d'AUXERRE, est bien connue de tous nos lecteurs. L'industrie des machines à bois lui doit d'être à la tête des industries de construction mécanique. Grâce à l'activité et à l'esprit d'entreprise de ses dirigeants, on peut même dire que peu d'usines en France ont une organisation aussi poussée et disposent de moyens aussi perfectionnés. Une brève énumération des perfectionnements récemment introduits dans les ateliers d'AUXERRE, montrera à quel point ces usines ont poussé l'exécution de leur programme de modernisation.

La fonderie a été équipée dans ces 5 dernières années en machines à mouler de toutes puissances. De fort intéressantes descriptions en ont paru dans les revues techniques. Elle est considérée comme la Fonderie d'Europe ayant poussé le plus loin le moulage mécanique et l'École Supérieure de Fonderie l'a visitée deux années de suite, en voyage de fin d'études. Un très important perfectionnement y a été apporté cette année avec la mise en route d'une installation de moulage continu pour petites machines. De telles installations n'existent encore en France que dans quelques grosses fonderies de pièces de très grande série, comme les fonderies d'automobiles ou de radiateurs. Encore celles que nous connaissons sont-elles moins perfectionnées et moins automatiques que celle de la fonderie **GUILLIET** qui est actuellement le modèle du genre. Encouragée par ce succès, la maison **GUILLIET** étudie actuellement pour réalisation très prochaine, l'installation de plusieurs autres circuits de moulage continu, même pour ses grosses pièces, installations encore sans exemple en Europe.

Si la fonderie a été ainsi perfectionnée, les autres ateliers n'ont pas été oubliés. La forge a été elle aussi profondément modifiée par l'installation d'un nouveau marteau-pilon à grande puissance, d'une puissante presse Bliss et d'une machine Bulldozer automatique à plier et couder les fers. Le tout a été complété par l'installation d'une batterie de fours de forge et fours de chauffage divers. Le rendement de cet atelier a été ainsi triplé.

Dans le même ordre d'idées, une série de machines Calow à grand rendement pour dresser, décalaminer, tourner et rectifier les barres d'acier ont été installées en 1929. Ces machines très perfectionnées donnent à cet atelier une production décuplée pour une précision dans l'exécution du travail très supérieure à celle antérieurement réalisée.

La station centrale a été doublée cette année et munie d'un portique avec monorail pour le déchargement des bateaux, installation entièrement étudiée et réalisée par l'usine **GUILLIET**.

Si nous ajoutons à ces grosses installations, les perfectionnements constants de l'outillage par l'achat de machines modernes à grande production, l'installation de grues et ponts roulants de toute puissance, le développement des méthodes de chronométrage destinées à augmenter le rendement de la main-d'œuvre, les constructions en cours d'ateliers nouveaux spécialement étudiés pour le travail rationnel de certains groupes de machines, le montage en série, etc., on aura une idée de la puissance de la maison **GUILLIET**.

En même temps que ces perfectionnements tendent à améliorer la cadence de fabrication et à abaisser le prix de revient, de grands efforts ont été faits pour satisfaire de plus en plus complètement la clientèle. Les études de machines nouvelles ont reçu une nouvelle impulsion.

Signalons seulement les nouvelles raboteuses à grande puissance à cylindres sectionnés, à vitesse d'avancement variable, les machines de tous modèles à commande directe par moteurs électriques, sans courroie, en particulier les toupies avec moteurs à 6000 tours, les nouvelles scies à grumes perfectionnées, en particulier une scie automatique à volants de 2ᵐ 100 de diamètre qui sera mise prochainement sur le marché.

Enfin, la perfection du montage des machines qui a depuis longtemps fait la renommée de la maison **GUILLIET** a été encore augmentée par l'institution d'un service de contrôle des pièces à tous les stades de la fabrication, grâce à quoi la clientèle a toutes garanties d'une impeccable exécution et d'une rigoureuse interchangeabilité des pièces de rechange.

Ce bref aperçu donne une idée de l'ardeur avec laquelle la maison **GUILLIET** est entrée dans la lutte industrielle et de la place de premier plan qu'elle y tient sans conteste. Nous ne pouvons, en terminant, que recommander à nos lecteurs, s'ils veulent étudier plus amplement cette belle organisation, d'aller visiter les Usines **GUILLIET** à AUXERRE. Tous les industriels y reçoivent toujours l'accueil le plus empressé.

Forte scie à ruban pour le débit des bois en grumes avec commande automatique de la division brevetée S G D G type A. R. O.

Machine combinée
à raboter, dégauchir, percer et mortaiser.

Nouvelle machine à raboter
à grande production

Vue des Usines Guillet fils et Cⁱᵉ à Auxerre

CLASSE VII

LA PROTECTION DE LA FORÊT

La Forêt est continuellement menacée par de nombreux ennemis.

Le plus terrible d'entre eux, c'est le feu. Puis, par ordre de malfaisance, viennent les champignons, les animaux et les hommes.

Le feu peut être prévenu par le débroussaillement des sous-bois ; nous avons présenté une débroussailleuse dans la section de l'Industrialisation forestière.

Partout où il est possible d'avoir de l'eau, les pompes à incendie peuvent arrêter les feux forestiers, c'est ainsi qu'en Gascogne des puits sont forés de place en place, dans la Forêt Landaise, pour assurer le ravitaillement en cas d'incendie.

Les maladies cryptogamiques sont plus difficiles à combattre à cause de l'énorme quantité de matières insecticides qu'elles exigent sur les grandes surfaces forestières et des difficultés d'application.

Cependant, lorsqu'il s'agit de détruire de petits foyers isolés, de purifier des pépinières forestières, les pulvérisateurs à haute pression et à grand travail donnent d'excellents et rapides résultats.

Un tracteur de débroussailleuse en Forêt des Landes

ÉTABLISSEMENTS PHILLIPS ET PAIN

41, Avenue de Friedland, PARIS (8ᵉ)

PROTECTION CONTRE L'INCENDIE

Les Établissements PHILLIPS et PAIN, 41, avenue de Friedland à Paris (8°), ont présenté au Public quelques-unes de leurs créations les plus efficaces et les plus simples d'appareils de Premier Secours.

Les incendies dans les exploitations forestières sont particulièrement graves et tout à fait à l'ordre du jour.

Un incendie doit être combattu à son début, faute de quoi les moyens humains s'avèrent souvent impuissants à limiter le fléau.

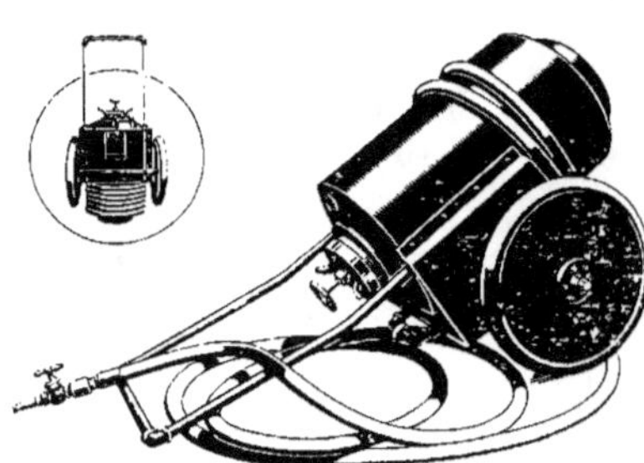

Il est difficile de concevoir les faibles quantités de liquide qui doivent être mises en jeu pour couper court à l'extension d'un incendie.

C'est ainsi que l'extincteur PP de 10 litres, à liquide ignifugeant, peut balayer une large aire de feu à une distance qui peut atteindre une quinzaine de mètres de longueur et une dizaine de mètres en hauteur.

Bien entendu, l'extincteur sur roues, qui se fait en capacité de 30 à 200 litres, est d'une puissance beaucoup plus considérable. Sa manœuvre en est à la portée du premier venu. Il est pourvu d'une longueur de tuyau suffisante pour lui permettre d'avoir un large rayon d'action. Son jet massif et puissant « noircit » tout ce qu'il touche, c'est-à-dire qu'il fait tomber les flammes et qu'il permet de se rendre maître du sinistre en déblayant et en prenant les précautions habituelles.

Le matériel d'incendie doit absolument être à la portée du premier venu : ce résultat a été obtenu avec les appareils précités, comme ont pu s'en rendre compte les visiteurs de ce stand.

SOCIÉTÉ ANONYME FRANÇAISE " L'INCOMBUSTIBILITÉ " — PARIS

A côté de ses extincteurs, l'**INCOMBUSTIBILITÉ** présente deux nouveaux engins, un fusil et mortier lance-grenade, plus spécialement destinés, en cas de danger, à combattre les incendies à distance, notamment les feux de forêts.

Dus à la collaboration éclairée de **M. NIVERT,** Ingénieur Principal de la **Compagnie P. L. M.,** ces appareils permettent de projeter à des distances variant de **30** à **80** mètres, des grenades d'un poids de **1** à **10** kilogs, contenant un liquide ignifuge.

Grâce à ces appareils, il est aujourd'hui possible de combattre en profondeur et à distance les incendies forestiers et, d'autre part, d'éviter aux sauveteurs d'avoir à pénétrer dans la zone sinistrée où les risques d'asphyxie ou même de combustion sont aussi fréquents que fatals.

Le Jour prochain où l'action combinée de l'Administration des Eaux et Forêts et des Groupements intéressés Départementaux ou Inter-communaux aura permis l'installation de postes multiples de fusils et mortiers, système **NIVERT**, il n'est pas exagéré de dire que la lutte contre les incendies sera entrée dans une phase décisive.

Société Anonyme des Usines RENAULT

BILLANCOURT (Seine)

MOTO-POMPE 10 CV RENAULT

débitant 45 m³ à l'heure sous une hauteur de 60 mètres

POUVANT ÊTRE TRAINÉE A BRAS D'HOMME

LA MOTO-POMPE EN ORDRE DE MARCHE

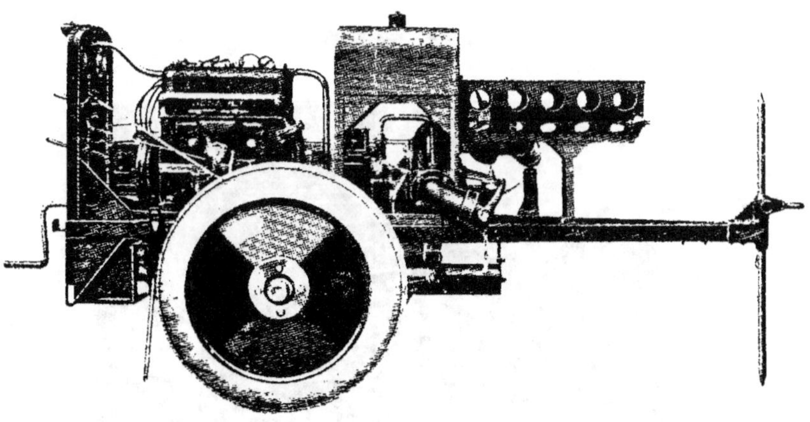

VUE DU MOTEUR ET DE LA POMPE

ÉTABLISSEMENTS VERMOREL

VILLEFRANCHE (Rhône)

PULVÉRISATEURS SPÉCIAUX POUR LE TRAITEMENT DES ARBRES

Appareils à grand travail

Moto-pulvérisateur Phénix sur camionnette VERMOREL. Pulvérisation très fine sous forte pression

Un appareil à débroussailler sur son chariot

CLASSE VIII

INDUSTRIES DES DÉRIVÉS DU BOIS

Le Bois n'est pas seulement une matière première qu'on façonne et qu'on carbonise.

On le transforme de plus en plus. Sans décomposer ses fibres, on arrive à en séparer certains éléments précieux, tels que des essences, des huiles, des résines.

Les goudrons bruts provenant de sa distillation pyrogénée sont eux-mêmes fractionnés.

Nous avons présenté des exemples d'appareils de fractionnement dans la section des sous-produits.

Dans cette nouvelle section, nous avons classé les industries qui donnent aux produits dérivés du bois une valeur capable d'augmenter considérablement celle du produit principal.

L'usinage du liège, la fabrication du papier, des essences, des huiles, prennent chaque année un plus grand développement.

La fabrication de la pâte à papier, tout particulièrement, constitue un débouché de plus, intéressant pour la Forêt Française et l'Economie Nationale.

Cette industrie a reçu des perfectionnements tels que nous pouvons prévoir, d'ici quelques années, une forte diminution des importateurs de ce produit.

Cliché Pontueau aîné

Conditionnement des bouchons de liège

20

... LE LIÈGE ...

Le chêne-liège habite le littoral de la Méditerranée. la Corse, l'Algérie. On le trouve également dans les Landes Il n'y en a pas qu'en France. L'Espagne et le Portugal possèdent de magnifiques forêts de chênes-liège.

La croissance du chêne-liège est lente; il possède cependant, sur les autres variétés de chênes, un avantage incontestable. Son aubier se transforme en une enveloppe subéreuse qu'on détache une première fois lorsque l'arbre atteint environ $0^m,33$ de tour.

A cette grosseur le chêne n'est pas encore exploitable pour son bois, mais il donnera déjà un produit marchand.

La première exploitée n'a pas grande valeur. spongieuse dont faire que de la pou-tance éminemment les Espagnols se baller les raisins dure, destinés à les Pays du Nord.

Le liège que appellent le " liège par grandes pla-avec précaution coins de bois. Cette tion s'appelle le

Sur le liber une seconde cou-

Opération du démasclage

couche de liège cependant une C'est une masse on ne peut guère dre de liège, subs-athermane, dont servent pour em-de table à peau l'exportation dans

les forestiers mâle " est découpé ques et détaché du liber avec des première opéra-" démasclage ".

mis à nu se formera che de liège dont la finesse et l'homogénéité dépendra de l'état du liber au début de sa formation, c'est-à-dire de la sécheresse, des intempéries et des blessures que les ouvriers auraient pu lui faire subir au moment du démasclage.

Cette seconde couche de liège est exploitable une dizaine d'années après le démasclage. C'est ce liège, appelé " liège femelle ", qui sert de matière première à l'industrie des bouchons. Les débris de la fabrication des bouchons donnent lieu à une nouvelle industrie, celle du liège aggloméré, en plaques, en coquilles calorifuges, en briques insonores.

PONTNEAU Aîné, à Soustons (Landes)

MANUFACTURE DE BOUCHONS DE LIÈGE

Magasin de vente à Paris, au prix de fabrique : 74, boul. du Montparnasse (14ᵉ)

En s'adressant directement chez le producteur, les acheteurs bénéficieront des conditions les plus avantageuses.

Nous donnons ci-contre toutes les phases de l'Industrie du liège qui occupe de nombreux ouvriers dans le Sud-Est ; l'usine de M. Pontneau Aîné qui avait exposé à l'Exposition forestière métropolitaine et coloniale de Lyon à bien voulu nous prêter les clichés que nous reproduisons.

Sélection des lièges

La figure ci-contre montre une masse de liège femelle dont ou a retiré l'épiderme rugueux. On peut alors classer les plaques par qualité en réservant celles dont le liège est le plus homogène et le plus élastique à la fabrication des bouchons.

Ces plaques sont ensuite mouillées pour les assouplir et entassées sous pression de façon à leur donner une façon régulièrement plane.

Les plaques parfaitement

Découpage du liège en bandes

horizontales sont découpées en bandes à l'aide de couteaux circulaires pour que le bout des bouchons soit glacé avec le moins de piqûres possibles. Puis ces bandes de liège sont portées dans les ateliers de découpage.

Pour les bouchons cylindriques, le découpage se fait économiquement dans la bande de liège à l'aide d'emporte-pièces spéciaux. On obtient ainsi une régularité de calibre absolue.

Découpage mécanique des bouchons

PONTNEAU Aîné, à Soustons (Landes)

MANUFACTURE DE BOUCHONS DE LIÈGE

Découpage des bandes en carrés

Quand on veut faire des bouchons coniques, les bandes de liège sont d'abord divisées en carrés afin d'obtenir une régularité de grosseur parfaite. Puis le tournage des carrés en bouchons se fait avec des machines à main quand il s'agit de bouchons fins. Pour les bouchons très ordinaires, de prix réduit, le tournage se fait à la machine automatique.

Une fois terminés, les bouchons sont classés par grosseur et qualité. Cette opération est effectuée entièrement à la main et un par un, afin que le choix soit irréprochable.

Les bouchons sont ensuite mis dans des sacs sur lesquels sont indiqués la quantité, la qualité et le

Tournage des carrés en bouchons coniques

poids, méthode qui offre le maximum de garanties à la clientèle.

Les clichés aimablement prêtés par la Maison PONT-NEAU nous ont permis de donner un aperçu exact de l'Industrie du Liège depuis sa naissance dans la forêt jusqu'à entière utilisation.

Le triage des bouchons

CLASSE IX

INJECTION DES BOIS

L'Industrie de l'Injection des bois a pris en France une importance considérable. Non seulement les traverses de chemins de fer, qui reposent directement sur le sol et sont continuellement exposées aux intempéries , mais encore les poteaux supportant les fils distribuant l'énergie électrique, les étais de mine, les pavés en bois, doivent être rendus imputrescibles.

On peut dire que l'invention de nombreux procédés employés avec succès pour protéger efficacement les matières ligneuses contre l'action de l'humidité, des champignons et des insectes a rendu économiquement possible l'emploi du bois dans un très grand nombre de circonstances.

SOCIÉTÉ
INJECTION RAPIDE et CONSERVATION du BOIS
Société Forestière Anonyme, au capital de 1.550.000
Fondée en 1919

Siège Social :
SAINT-VIT (Doubs)
Téléphone : 14
R. C. Besançon 6441

Usines et Chantiers
GRAY (Haute-Saône)
SAINT-CLAUDE (Jura)

Sa Situation

La Société I. R. C. B. possède à Gray (Haute-Saône) un chantier d'une superficie de 4 *hectares*, relié d'une part aux réseaux des *Chemins de fer de l'Est* et du *P.-L.-M.*, d'autre part à la *Saône* navigable.

Bien située, entre le Jura, les Vosges et le Morvan, à proximité de la Suisse et de la Forêt-Noire, elle se fournit aux plus belles et aux *meilleures forêts* de France et de l'Europe Centrale.

Cuves d'imprégnation du bichlorure

Ses Fabrications

Imprégnation au bichlorure de mercure
LA KIANISATION

La Kianisation consiste à dilater les tissus ligneux et en même temps de remplacer la vapeur d'eau surchauffée qui a servi à dilater les tissus ligneux par une dissolution froide de sublimé introduite dans la cuve bien close. On obtient ainsi une pénétration profonde du sublimé. C'est la Diakianisation ou Kianisation profonde, qui peut être complétée par une injection localisée à la Créosote.

SOCIÉTÉ ANONYME
des
ÉTABLISSEMENTS CHARMASSON
Au Capital de 2.000.000 de francs
Siège social : GAP (Hautes-Alpes)

❖❖❖

Spécialiste de l'imprégnation des bois, par tous les procédés modernes

Fournisseur des Administrations des POSTES ET TÉLÉGRAPHES
des COMPAGNIES DE CHEMINS DE FER françaises et étrangères

USINES : à GAP (Hautes-Alpes) — à LA CLUZE (Ain)
à VOREY-SUR-ARZON (Haute-Loire)

CHANTIERS : à PRUNIÈRES et MONTDAUPHIN (Hautes-Alpes)

La **SOCIÉTÉ ANONYME DES ÉTABLISSEMENTS CHARMASSON** est spécialisée, depuis de longues années, dans l'imprégnation des bois et a acquis, par son expérience, une place prépondérante pour la fourniture de poteaux télégraphiques et de mâts de transport et de force.

Les diverses Usines et chantiers des **ÉTABLISSEMENTS CHARMASSON** couvrent une superficie d'environ 18 hectares et produisent annuellement environ 200.000 poteaux.

Les fournitures de bois en grumes ou bois débités, se chiffrent par plusieurs milliers de mètres cubes.

Société Anonyme des ÉTABLISSEMENTS CHARMASSON, à GAP (H.-A.)

Ces différentes Usines, établies dans les principaux centres forestiers de notre pays, se sont spécialisées chacune dans des imprégnations différentes.

L'Usine de Gap traite tous les bois en autoclave, par les procédés : RUPING, DESSEMOND ou ESTRADE, employant soit la créosote, soit le sulfate de cuivre.

Les **ÉTABLISSEMENTS CHARMASSON** sont d'ailleurs concessionnaires des brevets ESTRADES, de plus en plus demandés par les Administrations des POSTES ET TÉLÉGRAPHES et par l'Industrie, par suite des qualités de ce procédé.

L'Usine de La Cluze (Ain), d'une superficie de 50.000 mètres carrés, s'est spécialisée dans l'imprégnation des bois au bichlorure de mercure, par le procédé KYAN.

Son approvisionnement lui est donné, pour une certaine partie, par les massifs forestiers des départements de l'AIN, des deux SAVOIES et du JURA, et le complément par des bois de provenance de la FORÊT NOIRE.

Cette installation, très moderne, permet aux **ÉTABLISSEMENTS CHARMASSON** de concurrencer, au point de vue qualité et délai, tous les poteaux fournis précédemment par l'Industrie étrangère.

Le Chantier de Vorey-sur-Arzon traite les bois au sulfate de cuivre par le procédé BOUCHERIE

Les **ÉTABLISSEMENTS CHARMASSON** ont édité un album très bien illustré, donnant une étude très documentée sur la fabrication des poteaux en bois, depuis la forêt, en passant par tous les stades de la fabrication. Cet album sera envoyé gracieusement à toute personne qui en fera la demande, et sera un objet de travail permettant de juger utilement la valeur que l'on doit donner à chacun des procédés employés pour la conservation des bois.

CLASSE X

BOIS MÉTROPOLITAINS et COLONIAUX

Dans cette section avaient été groupés principalement les négociants présentant des échantillons de bois débités prêts à être livrés aux différentes industries de la charpente, de la menuiserie, de l'ébénisterie et de la caisserie.

Certains exposants avaient également amené des bois en grumes qui avaient été placés, face à l'Exposition Coloniale.

Collection des grumes coloniales exposée à Lyon par la Maison A. Charles, du Havre

REGIS PRAL

Usine et Commerce de Bois

VALENCE-SUR-RHONE (Drôme)

———◎———

Notice relative à l'Exposition de Placages faite par "l'USINE PRAL"

Depuis la guerre il s'est produit, dans l'art de l'ébénisterie, une double évolution relative à **l'ornementation des meubles** et à **la nature des matériaux employés.**

La suppression presque totale dans les meubles modernes des sculptures et des moulures a nécessité l'emploi des feuilles de placages pour rehausser la valeur de ces meubles et leur donner plus d'éclat.

D'autre part, l'emploi de plus en plus généralisé, dans les appartements, du chauffage central a obligé les ébénistes à utiliser, pour la confection des parois des meubles, des contre-placages résistant à l'action de la chaleur constante.

C'est ce qui explique le développement en France de l'industrie du placage dont les nombreuses installations suffisent largement à alimenter les fabriques de meubles.

Valence-sur-Rhône est devenu à ce sujet, l'un des centres les plus importants de cette nouvelle industrie.

C'est précisément dans cette ville, à proximité des régions productrices du noyer, l'essence la plus recherchée, qu'a été créée la puissante firme Regis Pral, bénéficiant également du climat très aéré de la vallée

du Rhône qui lui permet le séchage facile de ses bois, tant en hiver qu'en été.

L'Usine "Régis Pral" vend non seulement des feuilles de placage de diverses essences mais s'occupe également du tranchage à façon.

———

Pour tous renseignements, s'adresser à "REGIS PRAL"
Usine et Commerce de Bois
près la gare, **Valence-sur-Rhône (Drôme)**

CLASSE XI

APPAREILS DE TRANSPORT

Cette classe a été réservée aux appareils de transport sur rails et aux voies ferrées portatives.

Ces appareils auraient pu figurer dans la Section de l'Industrialisation Forestière, mais en réalité leur emploi n'est pas particulièrement forestier.

Leur place normale est plutôt dans les chantiers et dans les scieries, où ils facilitent considérablement le déplacement des bois ou bien servent à leur transport rapide de la gare à l'usine et vice versa.

Cependant, dans les terrains très humides, là où les tracteurs ne pénètrent qu'avec difficulté, les voies ferrées portatives, calées sur des lits de fascines, permettent l'évacuation des grumes, des bûches, de la charbonnette et des fagots. Elles jouent, dans ce cas, un rôle analogue à celui des transporteurs aériens dans les exploitations des forêts en montagne.

Cependant, tandis que les transporteurs aériens facilitent surtout la manutention des bois en terrain accidenté, le wagonnet sur voie portative est plutôt indiqué dans les forêts de plaine ou de plateau.

A ce titre, les wagonnets équipés pour le transport des bois et les voies qui les supportent, méritent de figurer dans une section spéciale d'une exposition forestière.

SOCIÉTÉ ANONYME DES USINES
A. PÉTOLAT
DIJON

CAPITAL : 3.000.000 de francs

Fournisseurs des Ministères de la Marine, de la Guerre, des Colonies, des Travaux Publics
et des Compagnies de Chemins de Fer

BUREAU A PARIS : 49, Avenue JUNOT (18ᵉ)

A côté de la construction du matériel roulant de Chemins de fer, les Usines **A. PÉTOLAT** à Dijon, sont spécialisées depuis bientôt 50 ans dans la fabrication des " CHEMINS DE FER PORTATIFS ", leurs Ateliers de Dijon livrent absolument tout le matériel qui se rattache à cette branche et en particulier : les **voies portatives, croisements, plaques tournantes** et autres appareils pour voies légères, ainsi que les types

les plus variés de **wagons** et **wagonnets** destinés à circuler sur ces voies, avec les appareils de traction correspondants tels que : les **locotracteurs** alimentés à l'essence ou à l'huile lourde.

C'est ainsi qu'à l'exposition forestière de Lyon, elles présentaient un réseau de petites voies ferrées, sur lesquelles étaient disposés

des wagonnets spéciaux, très fréquemment utilisés dans les exploitations forestières, les scieries et en général dans toutes les industries utilisant le bois.

Pour le transport des grumes de grande longueur, soit en forêt, soit sur les chantiers, l'emploi des " wagonnets forestiers " à plate-forme, munis d'une traverse pivotante avec ranchers, accouplés deux par deux, permet la manutention extrêmement facile des bois de toutes dimensions. Ces wagonnets peuvent tourner en plaques, circuler dans de faibles rayons, sans la moindre difficulté, et leur utilisation est possible sur tous les chantiers.

Pour les billes tronçonnées, prêtes à passer à la scie, le " wagonnet plate-forme à deux essieux " convient parfaitement et il peut s'établir pour toutes les forces, suivant le volume des billes à débiter et quel que soit leur poids.

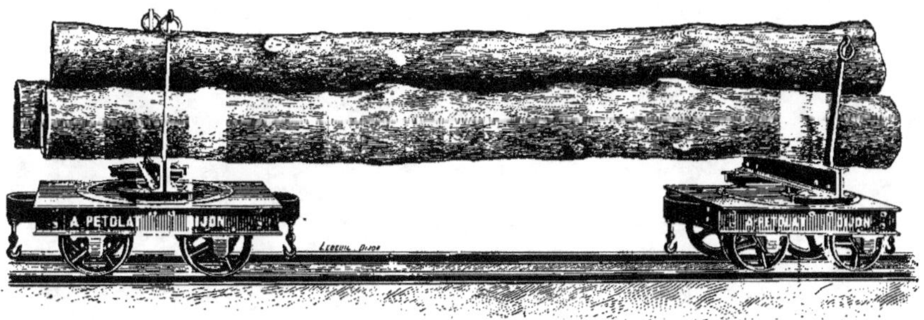

Enfin, ces mêmes wagonnets plate-formes, munis de ranchers, soit en bois, soit métalliques, ou bien équipés avec des panneaux pleins démontables, permettent d'assurer le transport de tous les débits et de tous les déchets des scieries.

Des installations de chemins de fer portatifs, desservies dans les grandes exploitations à l'aide de locotracteurs, assurent dans les meilleures conditions et aux moindres frais, les transports et l'amenée à pied d'œuvre de tous les produits forestiers, si pénibles et coûteux à véhiculer par les mauvais temps.

Nous signalerons, comme autres spécialités très activement suivies par les Usines **A. PÉTOLAT,** les **concasseurs à mâchoires** permettant d'obtenir les produits les plus divers, depuis le sable de maçonnerie jusqu'au gros ballast, et les **broyeurs à marteaux** plus particulièrement étudiés pour le broyage des matériaux tendres et mi-tendres.

Usines A. PÉTOLAT -:- Dijon

CLASSE XII

GAZOGÈNES et CAMIONS à GAZOGÈNES

Les camions à gazogènes commencent, seulement, à prendre droit de cité dans la Métropole.

C'est grâce aux efforts du Ministère de la Guerre que leur emploi tend à se généraliser. Les initiatives de l'Automobile Club de France, de l'Office National des Recherches et Inventions, de l'Office National des Combustibles liquides et de la plupart de nos grandes associations nationales ont beaucoup aidé à la diffusion des carburants de remplacement.

Les Français ont été les premiers à s'inquiéter de cette question de défense et d'indépendance nationale. Les principaux inventeurs des gazogènes à charbon de bois sont Français.

Aussi avons-nous pu présenter facilement, dans cette section, de nombreux exemplaires de gazogènes et de camions à gazogène dont les monographies que nous publions permettent de juger des efforts accomplis depuis dix ans.

Avant cette date, c'est à peine si on pouvait trouver deux ou trois essais de camions et de tracteurs à gazogènes dignes d'attention, tandis qu'à l'Exposition Forestière de Lyon, nous avons réuni tout un ensemble de conceptions remarquables, bien au point et qui donnent entière satisfaction aux usagers.

L'emploi de ces appareils est encore plus intéressant pour nos Colonies que pour la Métropole, parce que l'essence atteint, dans la plupart des régions de la France d'Outre-mer, un prix inabordable et que la forêt tropicale peut fournir en abondance l'énergie motrice.

Le raid accompli par la Mission Panhard-Levassor, en Afrique, durant cette année même, en a été une éclatante démonstration.

LA CARBONITE

Société anonyme au Capital de 30 Millions de francs

89, Boulevard Haussmann, PARIS (VIIIe)

Les Gazogènes "REX"
à l'Exposition Forestière de Lyon
(Novembre 1929)

Sans insister sur la description du gazogène " REX " qui est mainte-nant trop connu pour qu'on ait besoin de présenter ses organes principaux, nous appuyerons sur des faits généralement trop ignorés et qui ont été contrôlés une fois de plus lors de la Foire de Lyon.

Disons tout d'abord que le gazogène "REX" est simple : simple à monter, simple à conduire, simple à entretenir.

La simplicité du montage trouve son explication dans les nombreuses études qui ont été réalisées sur les principaux camions et tracteurs français et étrangers, par la Société "LA CARBONITE" qui fabrique le "REX". Le gazogène, monté suivant un système standardisé, est susceptible d'être adapté par n'importe quel mécanicien non spécialiste, au moyen des plans très détaillés qui lui sont remis par "LA CARBONITE".

Le gazogène "REX" est simple à conduire. Le départ étant obtenu à l'essence, le passage au gaz pauvre se fait sans aucune difficulté. Par la suite, pourvu que les arrêts ne soient pas supérieurs à une demi-heure, il

LA CARBONITE

est possible de repartir directement sur le gaz. Au cas ou l'arrêt doit être plus long, sans dépasser deux à trois heures, l'appareil peut être mis en veilleuse, ce qui permet de repartir directement sur le gaz. L'argument qui consiste à dire que l'appareil consomme à l'arrêt est particulièrement inexistant, car l'expérience a été faite à Lyon et pour deux heures d'arrêt, la consommation a été insignifiante.

L'entretien du gazogène "REX" porte surtout sur l'épurateur. Or l'épurateur, étant constitué par des filtres en toiles de soie, il suffit de les brosser chaque matin afin d'éviter les encrassements qui seraient susceptibles d'entraver la bonne marche de l'appareil.

Les autres opérations d'entretien se réduisent à des visites de l'appareil qui doivent être faites tous les huit ou quinze jours.

D'autre part, on a beaucoup dit que la marche au gaz pauvre entraînait une diminution de puissance d'environ 30 % et qu'un véhicule équipé à gazogène n'était plus apte à tous les travaux qu'il effectuait à l'essence.

Si la première partie de cette affirmation est exacte, la seconde ne l'est pas du tout.

En effet, la marche au gaz pauvre entraîne une diminution de puissance de 30 %, puisqu'on utilise un gaz moins riche que l'essence dans un moteur construit pour marcher à l'essence.

Mais cette diminution de puissance est intégralement rattrapée par une transformation du moteur qui a pour but d'augmenter le taux de compression pour le porter au voisinage de 5,8. Cette transformation une fois réalisée, on peut dire que le moteur a exactement la même puissance avec le gazogène "REX" que celle qu'il avait à l'essence.

On peut prendre comme illustration de cette affirmation, l'exemple du car SAURER que La Carbonite présentait à Lyon.

Le car chargé au maximum est allé à Genève, à Milan, à Toulouse et Bordeaux. Bien que totalisant à l'époque près de 50.000 kilomètres, il a pris part au Circuit des Routes pavées de 1929 où il a réalisé une moyenne de 40 kilomètres à l'heure.

On peut dire que le gazogène "REX" est simple et robuste et qu'il permet, sur un véhicule quelconque, de réaliser le même travail qu'à l'essence.

Société Anonyme d'Exploitation des Procédés MALBAY

1bis, Rue Billaut, LA COURNEUVE (Seine)

R. C. Seine 219-631 B

Adresse Télégraphique : PROMALBAY-LA COURNEUVE *Téléphone :* NORD 84-17

TRACTEURS A GAZOGÈNE
LOCOMOBILES A GAZ MIXTE

GROUPES FIXES POUR TOUTES FORCES, TOUTES APPLICATIONS
APPAREILS DE CARBONISATION AVEC OU SANS RÉCUPÉRATION DE SOUS-PRODUITS
ÉCONOMIE DE 70 A 80 % SUR L'EMPLOI DE L'ESSENCE

Nos gazogènes s'adaptent d'une façon parfaite sur locotracteurs pour toutes largeurs de voies.

Nous équipons les différentes marques : Baudet, Donon, Billard, Campagne, etc...
sur appareils de travaux publics (concasseurs, bétonnières, compresseurs d'air, etc...)

Nous avons équipé notamment des concasseurs Campistrou, des bétonnières Weitz, des compresseurs Worthington, etc..., etc...
ainsi que sur moteurs fixes, tracteurs agricoles, véhicules automobiles, etc...

NOUS CONSULTER POUR TOUTES INSTALLATIONS

étudiée pour résister à tous les chocs aussi bien qu'à toutes les différences de température.

L'air aspiré par le moteur arrive dans un tube circulaire, puis il est violemment projeté vers le foyer par de nombreuses tuyères de dimension soigneusement étudiée.

Le FAISCEAU REFROIDISSEUR est composé de tuyaux à ailettes.

L'ÉPURATEUR, partie principale, sinon la plus délicate d'un gazogène, se compose d'un laveur et d'un double filtre à sec.

Des expériences et des analyses répétées à l'infini nous ont démontré l'utilité incontestable du barbotage des gaz dans l'eau qui se renouvelle chaque jour.

Un CARBURATEUR SPÉCIAL permet l'allumage instantané et le passage rapide sur les gaz de charbon de bois.

ÉCONOMIE

65 p. **100** sur la consommation d'essence.

65 p. **100** sur les impôts.

ETABLISSEMENTS LYONNAIS

ROCHET-SCHNEIDER

Société anonyme au Capital de 8.700.000 francs

LYON, 57, Chemin Feuillat, 57, LYON

CODES
A. B. C. 4e Édition   A. Z. Français
A. B. C. 5e Édition   Lieber
Westernunion

R. C. Lyon n° B 1.561
TÉLÉGRAMMES : Rochneider-Lyon

TÉLÉPHONES
Vaudrey 01-61
Vaudrey 11-74
Inter. 14-11

et

GAZOGÈNE "ALSO" AU BOIS

de la Société d'Albret, à Nérac (L.-et-G.)

à double foyer et réduction spéciale des goudrons

Breveté S.G.D.G. en France et à l'Étranger

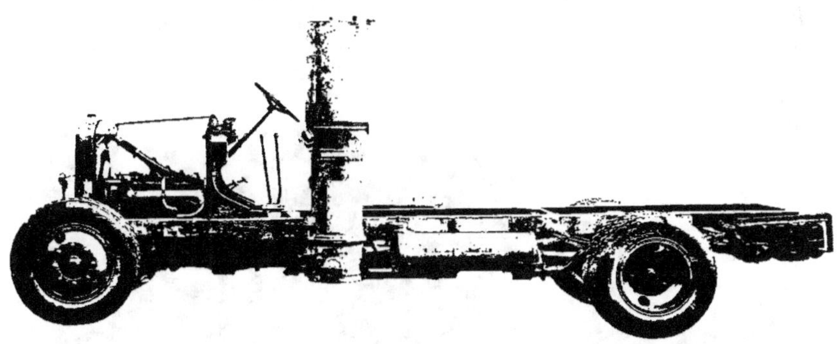

Vitesse moyenne commerciale en charge sur 750 kilomètres sans arrêt : 30 kilomètres heure
Vitesse en palier en charge : 45 kilomètres
Mise en route rapide - Grande souplesse - Excellent ralenti - Bonnes reprises - Faible dépense - Entretien facile
Consommation : 55 kilos de bois aux 100 kilomètres

Le Gazogène "ALSO" tire du combustible le maximum d'effet ;

1 litre d'essence est remplacé par 2 kilogrammes de bois au lieu de 1 kilogramme de charbon (qui nécessite 5 kilogrammes de bois pour sa production.)

Le Gazogène "ALSO" utilise le bois de toutes les essences,

mêmes résineuses.

Le Gazogène "ALSO" alimente d'une façon particulièrement

régulière et sans provoquer ni usure ni encrassement tous genres de moteurs à explosion.

Le Gazogène "ALSO" se construit en 4 grandeurs :

Gazogène n° 1 pour moteur à essence de 3 à 8 CV. | Gazogène n° 3 pour moteur à essence de 20 à 35 CV.
   —   2   —   12 à 20 CV. | —   4   —   35 à 45 CV.

Société Anonyme des Usines RENAULT

BILLANCOURT (Seine)

LE GAZOGÈNE "RENAULT"

Il a été démontré depuis plusieurs années qu'il est possible d'alimenter les moteurs du type automobile par le gaz pauvre. Les gazogènes employés jusqu'à maintenant présentaient les défauts suivants :

Trop grande complication rendant lourd et encombrant l'ensemble des appareils;

Entretien difficile et malpropre;

Encrassement des moteurs, pertes de puissance, usures anormales provenant du gaz insuffisamment épuré.

Les Usines RENAULT présentent actuellement un gazogène qui échappe à ces différentes critiques.

Dès les premières apparitions de ce matériel, le gazogène RENAULT a enregistré un succès au concours officiel des camions à gazogène, organisé en 1925, sous les auspices de la Commission Technique de l'Automobile-Club de France et de l'Office des Inventions. Dans ce concours, deux camions RENAULT, 3 tonnes 5 et 5 tonnes, se sont classés premiers, chacun dans sa catégorie.

Depuis on a travaillé constamment à l'amélioration de ces appareils; en particulier la production d'un gaz pur et très pur, a permis de réduire les appareils d'épuration à une batterie de bougies filtrantes.

Au concours militaire de 1928, deux camions 7 tonnes 5 pour transport de chars d'assaut ont été engagés. A la suite de ce concours, ils ont été déclarés aptes à être primés par le Ministère de la Guerre, pour les années 1929 et 1930.

Même succès pour quatre camions 5 tonnes et deux camions 3 tonnes 5 au concours de 1929.

Le gazomètre RENAULT fonctionne au charbon de bois ou avec des agglomérés de charbon de bois. Son entretien est très réduit et sa conduite est très simple.

L'utilisation des gazogènes pour l'alimentation des véhicules industriels se traduit par une économie très appréciable du combustible, étant donné les cours comparatifs du charbon de bois et de l'essence.

Les camions RENAULT 3 tonnes 5, 5 tonnes et 7 tonnes 5 à l'essence

sont imposés pour 19 CV ; fonctionnement avec gazogène, leur puissance fiscale a été réduite à 13 CV. De plus, pour favoriser le développement de ces véhicules en France, le Ministère des Finances a réduit de 50 $^{0}/_{0}$ la taxe applicable à ces derniers.

En dehors des camions à gazogène, les Usines RENAULT présentent toujours leur gamme incomparable de véhicules industriels à essence, allant de la camionnette 400 kilogs, au tracteur à remorque 12 tonnes de charge utile. Dans cette gamme, chacun est assuré de trouver le modèle qui lui convient exactement et de disposer ainsi d'un matériel qui ne soit ni trop faible ni trop fort.

Tracteur RENAULT à gazogène

CH. DEWALD

86 à 92, rue Denfert=Rochereau — BOULOGNE=sur=SEINE

Nos camions à gazogène ont obtenu au Concours Militaire de 1929 des résultats qui ont attiré tout spécialement l'attention du Ministère de la Guerre.

*Équipés avec un gazogène **SAGAM** marchant au bois et Rex marchant au charbon de bois, ils ont subi avec succès les épreuves de côtes et de remorquage qui leurs étaient imposées.*

Résultats des deux Camions 5 tonnes à gazogène " SAGAM "

Distance................... 2.930 kilomètres;
Vitesse maximun imposée.... 24 kilomètres à l'heure;
Vitesse moyenne réalisée.... 19 kil. 900 sur le total du parcours.

Consommation : 126 kilogs aux 100 kilomètres

Cette consommation comprend tous les arrêts moteur tournant, épreuves de côte, de remorquage et toutes les manœuvres dans les garages et parcs.

Humidité du bois : de 14 % à 18 %

ÉPREUVE DE COTE A CHANTELOUP

300 mètres de côte à 13 et 14 % en 2 minutes 05 secondes, soit 8 km. 600 à l'heure.

ÉPREUVE DE REMORQUAGE A LONGJUMEAU

Camion chargé à 5 tonnes remorquant un camion identique chargé à 5 tonnes sur une rampe de 6 % ; 700 mètres en 6 minutes 40 secondes, soit 6 km. 3 à l'heure.

Moyenne du temps mis pour le départ à froid le matin : 4 minutes

Moyenne du temps mis pour le départ après 3 heures d'arrêt : 3 minutes

(Ces temps sont comptés depuis l'allumage du gazogène ou le soufflage jusqu'au moment où le moteur tourne exclusivement au gaz).

Essence dépensée journellement pour 3 départs : 0 lit. 30

CLASSE XIII

LOCOMOBILES ET TRACTEURS

Le bois est employé directement dans les foyers des locomobiles. Des dispositifs spéciaux ont permis de tirer du bois cru et des déchets de bois, un bon rendement thermique des chaudières à vapeur.

Grâce à la mise au point des gazogènes légers, le bois et le charbon de bois ne sont pas restés les éléments énergétiques exclusifs des gros appareils de transports : camions, autobus et grosses voitures de tourisme, équipés avec des moteurs à explosion.

Les groupes gazogènes moteurs à gaz sont également montés sur des tracteurs. L'ensemble n'a plus pour mission de « *porter* », comme dans les camions à moteur, mais de « *tirer* » une charge.

Le Comité de Culture Mécanique du Ministère de l'Agriculture a pris l'initiative, il y a huit ans, d'encourager le perfectionnement de ces machines dont la diffusion rendra, dans un avenir très rapproché, les plus grands services, à l'Agriculture, à la Motorisation de l'Armée et aux Compagnies de chemin de fer.

L'Agriculture tirera, de la forêt prochaine, l'énergie de ses tracteurs, qu'elle demande encore presque entièrement, à l'essence d'importation. L'Armée pourra traîner son artillerie lourde en utilisant un carburant national. Les tracteurs à gazogène faciliteront, tant au point de vue de la sécurité que de l'économie, les manœuvres dans les gares de triage ; ils seront susceptibles de remplacer les machines à vapeur pour la traction des trains légers.

Un certain nombre de ces tracteurs fonctionnent depuis plusieurs années avec une régularité parfaite. Le déplacement des wagons amenant le matériel à l'Exposition Forestière de Lyon était assuré par un locotracteur Berliet.

Quand on passe en revue les perfectionnements apportés, depuis dix ans, à toutes les catégories de tracteurs, on est en droit de prévoir un développement considérable de leur emploi, d'ici un très court laps de temps.

LA CARBONITE

Société anonyme au Capital de 30 Millions de francs

89, Boulevard Haussmann, PARIS (VIII⁴)

Les Tracteurs agricoles
équipés à l'aide du Gazogène " REX "

Les tracteurs agricoles sont généralement construits pour utiliser au maximum, l'énergie de leurs moteurs à essence. Il s'ensuit que l'alimentation de ces moteurs par le gaz pauvre, entraine une diminution de leur puissance.

Pour palier à cet inconvénient, il est nécessaire de surcomprimer le moteur en diminuant, par exemple, la capacité de la chambre de compression.

Nous donnons ci-dessus la représentation d'un tracteur "**Fordson**" muni d'un gazogène " **Rex** ", dont le moteur a subi les transformations nécessaires et, d'ailleurs, peu coûteuses. Ce tracteur, alimenté au gaz de charbon de bois, déploie une puissance sensiblement équivalente à celle obtenue avec l'essence.

Dans le cas, où par la suite, d'un manque momentané de charbon, il devient nécessaire de revenir aux carburants liquides, le moteur surcomprimé donnera une puissance encore supérieure en l'alimentant au benzol, ou bien encore, au carburant national.

LOCOMOBILES BRELOUX

NEVERS (Nièvre)

Matériel
de Battage
pour Céréales
et pour Graines
fourragères
Travaux
de
Chaudronnerie

Fonderie de la Pique
Moulages Fonte
et
Bronze
Pièces mécaniques
à la main
et
à la machine

La Société Matériels de Battages BRELOUX à NEVERS exposait deux locomobiles, l'une d'une puissance de 20 CV, l'autre d'une puissance de 30 CV, présentant les caractéristiques suivantes :

Les foyers rectangulaires de vastes dimensions permettent l'emploi de combustibles les plus divers, notamment le bois, la sciure, etc., en un mot, tous les déchets de scierie.

Les tubes sont en acier extra-doux, sans soudure, raboutés en cuivre rouge du côté du foyer, permettant un mandrinage parfait dans la plaque tubulaire du foyer et évitant les fuites, causes de tant d'ennuis.

Le bois a été entièrement exclu de l'habillage de ces chaudières; les tôles qui constituent cet habillage sont supportées par une armature en fer très solide et qu'on n'a jamais besoin d'enlever pour visiter et entretenir l'extérieur de la chaudière. Habillage et déshabillage peuvent être faits en très peu de temps et sans frais. Le décret du 9 Octobre 1907, portant règlement sur les appareils à vapeur, qui prescrit une épreuve tous les 5 ans, donne une importance nouvelle à cette commodité.

Ces chaudières sont timbrées à 8 kilogs, après avoir été éprouvées à une pression de 14 kilogs par centimètre carré. Elles sont munies de tous les accessoires prévus par les règlements : soupapes de sûreté à charge directe, soupapes de retenue, manomètre, niveaux d'eau, etc.

LOCOMOBILES BRELOUX — NEVERS (Nièvre)

Elles sont montées sur des roues en acier indestructibles ; les roues d'avant-train tournent entièrement sous la machine, facilitant ainsi les manœuvres,

Le cylindre est entouré totalement d'une enveloppe de vapeur vierge ; la chemise intérieure, en fonte spéciale, est rapportée et, par suite, facile à remplacer en cas de besoin.

Les tiges du piston et du tiroir sont en acier.

La glissière et le coulisseau sont cylindriques.

Dans ces deux locomobiles, sauf dans le type R-5, le coulisseau est à rattrapage de jeu, détail auquel on ne manquera pas de prêter une attention toute particulière.

La bielle est en acier forgé, ses coussinets en bronze phosphoreux possèdent un moyen de réglage très simple et très sûr.

L'arbre coudé est forgé d'une seule pièce d'acier doux. Ses paliers à bague sont pourvus d'un vaste réservoir d'huile ; un graissage abondant, ne nécessitant aucune surveillance, est ainsi assuré pendant de longues journées de travail. Un simple coup d'œil sur le niveau d'huile, permet de se rendre compte si le remplissage du réservoir est nécessaire.

Les paliers reposent sur des semelles solidement fixées à des supports en tôle rivés à la chaudière. L'ensemble est d'une rigidité absolue.

Le déclavetage des volants est rendu impossible par des vis de sûreté.

Le régulateur est particulièrement simple et efficace. Les engrenages de commande sont taillés. L'arbre vertical tourne dans une douille à très longue portée, il s'appuie sur une butée à billes, supprimant ainsi toute usure.

Le clapet double de régulation est commandé par le régulateur de la façon la plus simple, sans bielle, sans presse-étoupe. Un dispositif spécial, en agissant directement sur la tige du clapet, permet avec la plus grande facilité de faire varier la vitesse de la machine même si celle-ci est en marche. Ce dispositif supprime l'antique contrepoids, cause d'usure prématurée des différents organes du régulateur.

Ces locomobiles sont à changement de marche.

La pompe alimentaire est à fonctionnement continu et à retour d'eau ; elle ne se désamorce jamais. Le détartrage du robinet d'introduction se fait d'une façon complète avec beaucoup de facilité.

Les axes du coulisseau, de la bielle de tiroir, du régulateur, sont en acier cémenté et trempé, il en est de même de l'axe du pied de la bielle de tiroir.

Ces deux locomobiles extrêmement intéressantes ont été longuement examinées par de nombreux connaisseurs qui s'accordaient à reconnaître leur simplicité et le soin avec lequel elles étaient construites, même dans les plus petits détails.

TRACTEURS LATIL

Anciens Établissements Charles BLUM et Cie,
SURESNES (Seine)

A l'Exposition Forestière, la Société des **AUTOMOBILES INDUSTRIELS LATIL** avait exposé un tracteur à quatre roues motrices, spécialement étudié pour solutionner tous les problèmes de traction sur route et terrains variés.

Cet appareil à quatre roues motrices, donc à "adhérence totale", est conçu "léger" pour avoir accès en terrain inconsistant, sans risque d'enlisement, il est à quatre roues directrices, ce qui le rend très maniable, et comporte six vitesses échelonnées de 2 à 25 kilomètres à l'heure.

Tracteur Latil TL équipé avec roues métalliques dites forestières,
et trainant une remorque montée sur chenilles pour terrains mous

Le tracteur peut être monté avec différents types de roues. suivant l'utilisation qu'on veut en faire :

1° Sur pneumatiques pour service uniquement routier et rapide;

2° Sur roues "mixtes" : pneumatiques et palettes d'adhérence à basculement rapide, pour transports en terrains variés, sur pistes coloniales, pour travaux et charrois agricoles;

Les roues permettent le passage instantané de la route au champ et inversement ;

3° Sur roues métalliques pour le travail de débardage de bois en forêt ;

4° Sur roues métalliques à grande surface portante pour terrains très inconsistants (forêts tropicales en particulier)..

Tous ces types de roues sont interchangeables sur les moyeux et se montent en quelques minutes.

Sur le châssis du tracteur existe un cabestan, pour manœuvres de force, halage à distance, chargement des bois, etc.

Tracteur Latil TL à roues mixtes pour routes et terrains variés et équipé avec gazogène à charbon de bois

Le tracteur est ainsi équipé pour répondre à tous les problèmes de traction et il est par excellence le véhicule forestier et colonial.

TRACTEURS LATIL
SURESNES (Seine)

SOCIÉTÉ ANONYME D'EXPLOITATION DES PROCÉDÉS MALBAY

1bis, Rue Billaut — LA COURNEUVE (Seine)

R. C. Seine 219.631 B

Télégrammes : **PROMALBAY-LA COURNEUVE**   Téléphone : **NORD 84-17**

Tracteur
à
gazogène
Malbay

GAZOGÈNES AU CHARBON DE BOIS

pour toutes applications

Moteurs fixes. Groupes électrogènes, Locomobiles,
Matériel de travaux publics, Locotracteurs sur voies ferrées,
Tracteurs agricoles. Camions et camionnettes.
Matériel de Navigation, etc.

TOUTES PUISSANCES DEPUIS 3 CV

Gazogène
Malbay
sur chariot

CLASSE XIV

MOTEURS A HUILES, Lourde et Végétale

Les moteurs à huile lourde sont particulièrement intéressants pour nos Colonies.

Non seulement les fractionnements lourds de la distillation du naphte coûtent actuellement moins chers que l'essence, mais encore, l'huile lourde présente l'avantage précieux dans les pays chauds de ne pas s'évaporer facilement.

Dans les régions Africaines éloignées des Côtes, les huiles végétales fabriquées sur place sont au moins aussi économiques d'emploi que les huiles lourdes et bien moins coûteuses que l'essence.

Il a été créé, dans la Haute-Volta, des usines dont les moteurs Diesel sont alimentés à l'aide d'huile d'Arachide.

Nos industriels sont parvenus à réduire considérablement le poids des Diesel, malgré leur forte compression. Ils sont adaptés maintenant à la traction sur rail et sur les bateaux à fond plat destinés à remonter les rivières.

Ces moteurs ont particulièrement attiré l'attention de personnalités coloniales, présentes au Congrès du Carbone Végétal, à Lyon.

Un groupe Moto-Pompe Peugeot Junkers à huile végétale

MOTEURS A HUILE LOURDE
" PUISSANCE "

Marque déposée

R. C. Seine 123.658   *Propriété des Établissements Gras et Sacksteder*   Brevetés S.G.D.G.

151, Avenue de la République — BAGNOLET (Seine)

Les Moteurs " PUISSANCE " sont entièrement nouveaux quant à leur principe

Les Moteurs " PUISSANCE " fonctionnent avec des pressions très modérées parce que ce ne sont pas des moteurs à explosion,

mais à combustion progressive

Ils ont la souplesse des machines à vapeur et des surcharges exagérées diminuent seulement leur vitesse sans les gêner dans leur fonctionnement.

Très robustes, leur durée d'usage est comparable à celle des machines à vapeur.

Le Moteur " PUISSANCE " est au moteur à essence

ce qu'un cheval de labour est à un poney

C'est le moteur des gens avertis qui ont besoin de force bon marché.

Il mange peu

Il tire fort — Il dure et... Il ne coûte pas cher

MOTEURS "PUISSANCE"

RENSEIGNEMENTS SUR LES PRIX

Les huiles lourdes (gas-oil) sont les résidus de distillation du pétrole brut, traité pour obtenir les essences.

Il y a donc toujours obligatoirement entre le gas-oil et l'essence, le même rapport de prix qui est d'environ 3,5.

L'essence sera toutours trois fois et demie plus chère que le gas-oil.

ESSENCE

A 10 francs environ les 5 litres, le litre pesant 710 grammes environ, le kilog d'essence coûte :

$$\frac{10}{5} \times \frac{0,710}{1} = 2 \text{ fr. } 82 \text{ le kilog.}$$

GAS-OIL

Le gas-oil coûte **0 fr. 80** le kilog.

Un Moteur " PUISSANCE " de 10 CV consomme le même poids de gas-oil qu'un moteur à essence de même force consomme d'essence. Environ 260 grammes au cheval et à l'heure.

Économie du Moteur " PUISSANCE "

Pour un moteur de 10 CV consommant 260 grammes d'essence par cheval et par heure et seulement, comme le moteur à huile lourde, 6 grammes d'huile de graissage, la dépense en essence est de :

$$0,26 \times 10 \times 2,82 \times 10 = 74 \text{ fr.}$$

en dix heures de travail à pleine charge.

Pour le Moteur " PUISSANCE ", la dépense en gas-oil est de :

$$0,26 \times 10 \times 0,80 \times 10 = 20 \text{ fr. } 80$$

pour le même travail.

L'économie réalisée est de **53 fr. 20** par jour

En 165 jours de travail, le Moteur " PUISSANCE " est payé complètement par l'économie réalisée sur l'emploi du moteur à essence.

Le Moteur " PUISSANCE " peut consommer les huiles végétales qu'on trouve sur place aux Colonies

COMPAGNIE LILLOISE DES MOTEURS (C.L.M.)

Peugeot-Diesel (Licence Junkers)

Société Anonyme au Capital de **30.000.000** de Francs

71, rue Marius-Aufan - LEVALLOIS (Seine)

En Janvier 1928, un camion chargé à 5 tonnes équipé avec un moteur Peugeot-Diesel à huile lourde, a effectué, en deux étapes. le trajet de 427 kilomètres de Paris à Strasbourg en consommant 80 litres de gaz-oïl.

Moteurs C. L. M., sans carburateurs. sans magnéto, sans bougies. sans soupapes, sans culasse, sans compresseur.

Départ à froid directement sur combustible ininflammable trois fois moins cher que l'essence.

Les avantages du moteur C. L. M. (surface réduite des parois de la chambre de combustion et possibilité d'emploi de pressions élevées) permettent l'utilisation des combustibles les plus différents, tels que : gaz-oïl, huile de schiste, lignite, fuel-oïl. ricine, etc... Mais le combustible employé normalement par ces moteurs comme par tous les moteurs Diesel est le gas-oil.

Le gaz-oil, produit par la distillation du pétrole brut, est intermédiaire entre le pétrole lampant et les huiles minérales de graissage. Par suite des demandes croissantes en essences et en huile de graissage, il en reste de grandes quantités libres sur le marché, d'où son bas prix. Le gaz-oïl employé dans les moteurs est admis aux droits réduits. On peut s'en procurer dans tous les grands centres.

CONSOMMATION
aux 100 kilomètres

Résultats obtenus au Rallye des carburants organisé sur 2.000 kilomètres par l'A. C. F. :

Gaz-oïl . . . .. 18 lit. 400

Huile . . . . . . 1 lit. 500

Poids du véhicule :
6.400 kilogrammes.

Vitesse maximum :
38 kilomètres.

Vitesse moyenne :
32 kilomètres,

COMPAGNIE LILLOISE DE MOTEURS
Moteur à huile lourde Peugeot-Diesel

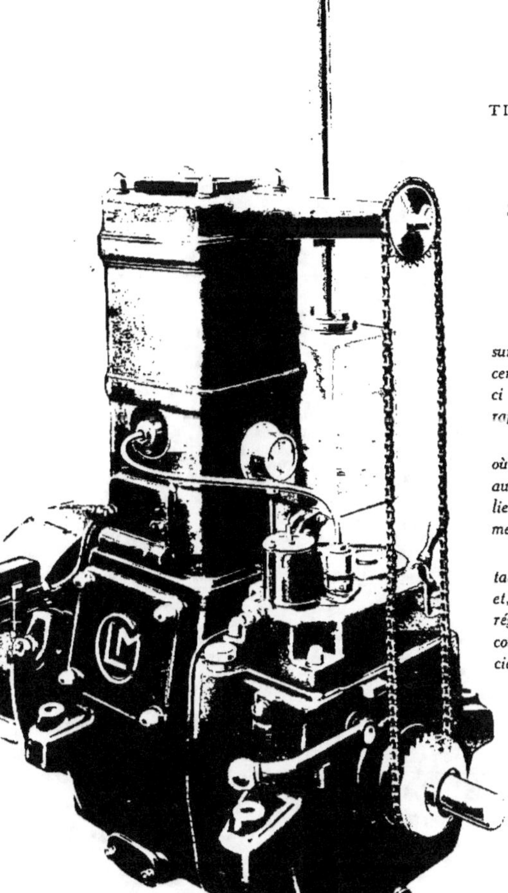

RÉFÉRENCES

TISSAGE MÉCANIQUE DE TOILES

A. MALAVAL

Saint-Laurent, par Allassac (Corrèze)

Saint-Laurent, le 17 Décembre 1929.

En réponse à votre demande de renseignements sur le moteur 1 P.-J. 60 que je possède, je puis vous certifier que depuis le mois de Mai que j'ai mis celui-ci en marche, je n'ai eu aucun ennui sous tous les rapports.

Il me fournit la force motrice pour mon atelier où il actionne 4 métiers à tisser la toile, 2 métiers automatiques, 1 ourdissoir, 10 cannetières, plus l'atelier de réparations avec tour, machines à percer, meule, etc.

Il marche huit heures par jour depuis son installation, sans avoir eu à toucher à quoi que ce soit, et, comme j'ai absolument besoin d'une marche régulière, je l'ai réglé à 800 tours contrôlés par un compteur : je n'ai pas constaté de différence appréciable de vitesse, de la mise en marche le matin, à l'arrêt du soir.

La mise en route a lieu au premier tour de manivelle par n'importe quel temps et sans aucune préparation.

Il ne chauffe pas du tout.

Comme consommation : cinq litres de Gaz-Oïl, soit 5 francs pour huit heures de marche, alors que le moteur électrique sept chevaux, que j'avais avant, me dépensait 5 francs par jour.

Signé : A. MALAVAL

Le Moteur Peugeot-Diesel-Junkers
employé comme moteur marin

Je soussigné Le Gallo Jean, patron pêcheur à Piriac, du Sloop « Le Pouvoir de l'Homme », immatriculé à Saint-Nazaire-le Croisic N° 624, déclare posséder depuis six mois un moteur P.-J. 60 Peugeot-Junkers 8-10 H.-P., lequel a tourné dans 3 4 en drague pour une consommation de 450 litres de gaz-oïl.

J'établis ma consommation gaz-oïl et huile de graissage au prix de revient net de 344 francs, se décomposant comme suit : Gaz-Oïl = 284 francs. Huile de graissage = 60 francs.

L'heure de marche revient donc à 0 fr. 573.

Mon bateau jauge 7 T. 700 et je traverse très bien un chalut de 3 mètres avec un poids de 60 kilogs plus la chaîne. Nettement satisfait de ce résultat, je vous adresse la présente en vous donnant toute liberté d'en faire ce que bon vous semblera.

Je tiens à vous signaler la bonne marche de ce moteur, ayant un bateau creux. J'ai reçu bien des paquets de mer sur ce moteur qui n'a jamais flanché.

Signé : LE GALLO Jean

CLASSE XV

FOURS PORTATIFS A CARBONISER

L'antique meule charbonnière a fait son temps parce que les charbonniers de métier se font de plus en plus rares.

Cliché Delhommeau

Le vieux charbonnier qui traîne une brouette sur cette gravure a travaillé durant cinquante ans à carboniser du bois en forêt. Il faisait par jour de 18 à 22 heures de présence quand sa meule était en carbonisation.

On trouve difficilement son pareil maintenant.

Les meules métalliques automatiques, telles que nous les montrent le cliché ci-contre, permettent de réduire le temps de présence de l'ouvrier à 8 ou 10 heures par jour.

L'ouvrier n'a plus besoin d'un long apprentissage. Quelques heures suffisent pour le mettre au courant.

Cliché Delhommeau

La photographie ci-dessus montre le résultat d'une cuisson de bois opérée en pleine exposition à l'aide d'un four.

Cliché Delbommeau

Les fours à carboniser étaient inconnus du grand public il y a huit ans. Ils ont été imaginés en France.

Plusieurs firmes importantes sont arrivées à les construire d'une façon remarquable et à répandre dans toutes les parties du monde cette invention bien française.

Une vue de l'Arboretum de l'Exposition Forestière entouré de fours automatiques de carbonisation

FOURS MAGNEIN

Brevetés S.G.D.G.

Pour la fabrication du charbon de bois en forêt

J.-E. TRANCHANT
CONSTRUCTEUR

BUREAUX ET ATELIERS

218, avenue Daumesnil; 55, 57, 59, 62, 64, rue de Fécamp

PARIS (XII\u1d49)

Le **FOUR MAGNEIN** se compose de deux éléments tronconiques superposés et d'un couvercle. L'élément inférieur pèse 120 kilogs, l'élément supérieur 70 kilogs, le couvercle 33 kilogs.

Les éléments reposent directement les uns sur les autres sans boulons, clavettes, ni appareils de serrage. Il suffit de remplir les gouttières avec quelques poignées de terre pour obtenir une étanchéité parfaite.

Deux hommes peuvent transporter facilement chaque élément, soit à bras, soit plus commodément au moyen d'une civière qui peut être construite très rapidement sur place avec quatre perches. Grâce à cette facilité de transport, grâce à la rapidité du montage et du démontage, on peut changer l'appareil de place autant de fois que la répartition des bois sur la coupe l'exige, et sans perte de temps appréciable.

Construction de la cheminée centrale

La forme tronconique du **FOUR MAGNEIN** permet de dresser complètement le bois en dehors de l'appareil, ce qui présente un double avantage : les ouvriers

FOURS MAGNEIN

peuvent circuler librement autour de la meule qu'ils sont en train de dresser. Ils ne sont pas obligés d'attendre que les fours soient refroidis et vidés pour commencer le dressage du bois, ce qui évite toute perte de temps.

Mise en place du bois sur la grille

La figure ci-contre montre l'arrimage de la première couche de bois installée sur la grille en bois au-dessous de laquelle entrera l'air et sortiront les fumées.

On voit avec quelle facilité les ouvriers opèrent le montage sans être gênés par des parois métalliques. De plus cet arrimage est bien plus parfait, l'ouvrier travaillant à son aise.

La figure ci-contre montre la première assise de bois de la meule entièrement finie, les ouvriers apportent une nouvelle charge de bois qui servira à compléter le tronc de cône.

C'est au-dessous de la grille que seront placées les entrées et les sorties des fumées, l'air froid gagnera les parties cen-

Mise en place du bois, dernière phase

trales chaudes et les gaz brûlés après être venus butter contre le couvercle redescendront en se refroidissant au contact des parois.

Une fois la meule terminée on l'entoure de ses éléments formés de deux anneaux métalliques. Le premier anneau est descendu jusqu'à la grille en bois. Ensuite le second élément sera placé au-dessus du premier.

C'est alors qu'on procédera à l'allumage de la meule en introduisant des braises

Pose du premier élément

dans la cheminée centrale. Le feu ne tarde pas à monter. On ferme alors la cheminée de bois à l'aide d'une motte de gazon et l'on place le couvercle en tôle dont on

FOURS MAGNEIN

laisse ouvert l'orifice central. Lorsque la meule est bien allumée, on ferme cet orifice puis on remplit de terre le petit fer en U sur lequel repose le tampon ainsi que les deux gouttières.

Les fumées ne pouvant plus s'échapper par le haut, sont refoulées et sortent par les quatre cheminées après avoir traversé la grille sur laquelle le bois est dressé. A partir de ce moment, l'appareil ne nécessite aucune surveillance jusqu'à la fin de l'opération.

Avantages du Tirage Renversé

1° Température plus uniforme dans l'appareil; cuisson plus régulière;

2° Utilisation de la chaleur des fumées pour réchauffer l'air de combustion;

3° Réglage automatique de la combustion. C'est le principal avantage du **FOUR MAGNEIN**. Lorsque la combustion est trop active et les fumées trop abondantes, le débit des cheminées devient insuffisant et les fumées sortent non seulement par les cheminées mais tendent à sortir par les évents d'introduction d'air, ce qui provoque automatiquement un ralentissement de la combustion, puisque l'air entre dans le four en quantité moindre.

Deux hommes peuvent mettre en marche cinq fours et carboniser par jour 20 stères de bois

ÉTABLISSEMENTS C. DELHOMMEAU
CLÉRÉ (Indre-et-Loire)

Appareils de Carbonisation

Les Établissements **C. DELHOMMEAU**, de Cléré (Indre-et-Loire), dont les usines de construction sont à Tours, ont exposé au Congrès du Carbone, à Lyon, une série de 7 fours de capacité de 1 à 28 mètres cubes, adaptés aux usages les plus courants.

Cette maison, la plus ancienne et la plus importante dans cette spécialisation, a créé ses appareils dès 1908 par suite d'une construction devenue indispensable à cette époque; leurs usines de sciages étant encombrées de déchets de sciages sans emploi. Après quelques années de mise au point, afin de donner à ces fours un rendement avantageux, l'extension de leur emploi se fit dans leurs exploitations forestières (on sait que ces Établissements sont des exploitants forestiers à l'origine de leur industrie). Enfin, pendant la guerre, ils purent ainsi ravitailler l'Intendance en charbon lors de la carence des charbonniers en forêts par suite de la mobilisation et apporter la dernière main à leurs fours métalliques portatifs.

Le charbonnier lit son journal tandis que sa meule métallique " l'As standard " est en pleine carbonisation.
Du coin de l'œil, il surveille la couleur de la fumée.

Leur premier appareil présenté au public fut exposé à Selommes (Eure-et-Loir) lors d'une manifestation dont M. Jagerschmidt avait pris l'initiative afin de donner à ce procédé un essor en collaboration avec l'utilisation des charbons dans les Gazogènes. Depuis lors, la Maison dut — sur la demande de sa clientèle — créer de nouveaux genres qui devinrent les modèles exposés actuellement et dont les prototypes restent définitivement établis comme suit :

1o Fours en ANNEAUX **"NILMELIOR"** les plus simples, les plus faciles

Etablissements C. DELHOMMEAU à Cléré (I.-et-L.)

à monter, puisqu'ils se composent d'éléments annulaires superposés de manière à former une cuve légèrement conique. Ce genre de fours eut, dès le début, un succès mérité et est encore celui qui obtient la préférence des industriels, lorsqu'il s'agit de traiter des bois de scierie, de forêts, etc., placés dans des chantiers à déplacements faciles.

2° Fours en PANNEAUX **"l'AS "**, constitués par des panneaux verticaux à emboîtement instantané (breveté S.G.D.G) qui permettent un montage et un déplacement très rapides; ces appareils sont adaptés plus particulièrement aux forêts onduleuses, aux chantiers coloniaux, par suite de leur colisage réduit et à toute exploitation nécessitant des déplacements très fréquents. Cette série se fait d'ailleurs en toutes capacités de 2 à 100 stères.

3° Fours en PANNEAUX **" AS STANDARD "**, du même genre que les fours précédents; ils ne s'en différencient que par la division des pièces constituant l'ensemble d'un four. Les panneaux divers sont de poids réduit, de manière à être facilement manutentionnés à la main lors des déplacements dans les forêts ou montagnes très abruptes.

4° Fours **" INDUSTRIELS "** en tôles épaisses, avec revêtement réfractaire intérieur, spéciaux pour postes fixes, bien que pouvant être facilement démontés et remontés.

5° Fours **" REMANENTS "**, spéciaux pour la carbonisation économique et rapide des menus bois : bourrées, délignures de scierie, ajoncs, épines, etc.

Un four Nilmelior à anneaux en début de carbonisation

Il a paru à ces Établissements que seule une gamme variée de leurs fours pouvait arriver à satisfaire les demandes les plus dissemblables des usagers; aussi n'ont-ils pas hésité à construire les types indiqués qui permettent de résoudre les problèmes les plus divers de la carbonisation dans tous les pays du monde entier; ces appareils ont carbonisé avec succès : des déchets de scierie, des bois de toutes essences provenant des houppiers, des bois coloniaux les plus durs (teck, palissandre, etc.), des noix de coco ou de babassu, de la tourbe, etc.

Les gravures accompagnant cet article montrent les différents modèles de ces fours.

LA CARBONITE

Société Anonyme au Capital de 30 millions de francs

89, Boulevard Haussmann, PARIS (VIII")

BILAN D'EXPLOITATION
d'une batterie de 4 fours "Automatic" de 4 mètres cubes carbonisant du Hêtre à 30 %/₀ d'eau

Une batterie de carbonisation de 4 fours de 4 mètres cubes peut être dirigée par un homme, qui peut réaliser une opération tous les deux jours.

Chaque opération demande :

$$4 \times 4 = 16 \text{ stères de bois}$$

soit en comptant le stère à 350 kilogs,

$$350 \times 16 = 5.600 \text{ kilogs,}$$

le rendement dans les 4 mètres cubes pour ce genre de carbonisation, est de 19,7 %/₀.

Chaque opération produit donc en charbon de bois :

$$5.600 \times 19,7 = 1.103 \text{ kg. } 20.$$

Chaque opération coûtera :

prix du bois + prix de la main d'œuvre et amortissement.

En comptant le hêtre à 30 %/₀ d'eau à 12 francs le stère, le prix du bois est de :

$$12 \times 16 = 192 \text{ francs.}$$

En évaluant à 12 le nombre d'opérations mensuelles et à 1.000 francs par mois la solde des ouvriers, le prix de la main-d'œuvre pour une opération est donc :

$$\frac{1.000}{12} = 83 \text{ fr. } 33$$

LA CARBONITE

Un four de 4 mètres cubes coûte 5.500 francs pris nu sur wagon départ, en le comptant à 6.000 francs rendu franco, le prix d'une batterie est donc de :

$$4 \times 6.000 = 24.000 \text{ francs.}$$

Avec cette batterie on peut effectuer 12 opérations par mois pendant 3 ans, soit :

$$12 \times 12 \times 3 = 432 \text{ opérations.}$$

Les frais d'amortissement pour une opération s'élèvent donc à :

$$\frac{24.000}{432} = 55 \text{ fr. } 55.$$

Coût de chaque opération :

$$192 + 83,33 + 55,55 = 330 \text{ fr. } 88.$$

Par conséquent, 1.103 kg. 20 de charbon de bois coûtent, ensachés sur le lieu de carbonisation, 330 fr. 88, soit la tonne :

$$\frac{330,88 \times 1.000}{1.103,20} = 299 \text{ fr. } 95.$$

Il y a lieu, de compter en plus le prix du transport du lieu de carbonisation à la gare d'expédition.

Le transport et le chargement peuvent être faits par l'ouvrier, il n'y a donc à compter exclusivement que les frais de transport.

La tonne de charbon de bois peut être comptée à 450 francs pris sur wagon départ, chaque tonne laissera donc un bénéfice de 150 francs, duquel il y aura lieu de déduire le transport.

Ce calcul prouve que, là où les taillis sont exploitables à proximité des exploitations rurales, ce qui est assez fréquent dans la plupart de nos régions agricoles, les cultivateurs possédant des tracteurs réaliseront une grosse économie en remplaçant l'essence par le gaz mixte des gazogènes.

L'emploi des meules métalliques automatiques les mettra à même de fabriquer le charbon de bois nécessaire sans ouvriers spécialisés.

═══ "CONVERTOR" ═══

convertit vos Bois en Charbon

Pour améliorer les bénéfices de l'industrie charbonnière en forêt, il fallait substituer aux pelles et aux rateaux, seuls outils employés depuis des siècles, une machine à grand rendement. Les **"CONVERTOR"** permettent de nouvelles possibilités, avec n'importe quelle main-d'œuvre.

En principe, le **"CONVERTOR"** est constitué par une cuve T, à l'intérieur de laquelle repose une cuve plus petite F. Cette dernière, en tôle spéciale épaisse, sert de distributeur d'air et peut facilement être changée après un long service. Les jus pyroligneux, qui d'ordinaire retombent incessamment sur le bois à carboniser, trouvent passage dans un matelas d'air qui sépare les deux cuves T et F. On obtiendrait ainsi un bon rendement thermique de l'ensemble et, dans une certaine mesure, une carbonisation indépendante de l'humidité ambiante et de l'humidité des bois.

TYPE 4 stères

Le **"CONVERTOR"** monté sur deux roues de grand diamètre a l'avantage de pouvoir être amené, tout monté, au pied du bois à carboniser. Pour la cuisson, l'appareil est basculé les brancards en l'air et se trouve ainsi isolé du sol par quatre pieds.

Le **"CONVERTOR FOLDING"**, 7 stères, composé de panneaux facilement transportables, permet d'accéder aux endroits les plus difficiles. Arrivé sur place, il est rapidement monté grâce à son système d'emboîtement instantané.

Une équipe de deux hommes chargeant et déchargeant trois fours produit, suivant les bois, de 750 à 1.500 k. de charbon par jour.

❧ ❧ ❧

Documentation gratuite : P. CARQUILLAT ═══════════
═══════════ **Ingénieur, avenue Carpentier, NOYON (Oise)**

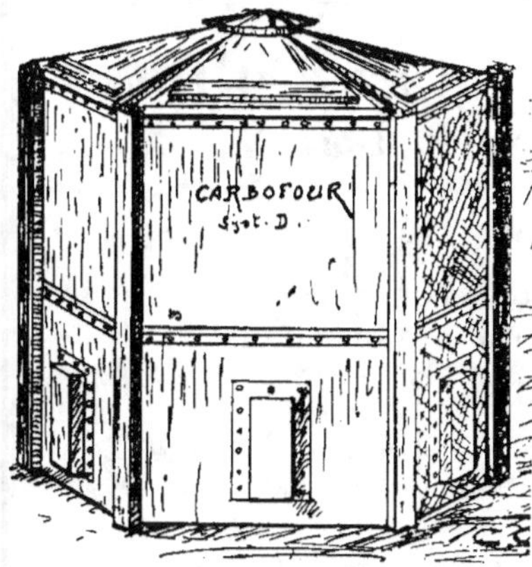

CARBOFOURS
Système D.

CONSTRUCTION

en acier de haute résistance. Éléments standardisés

TRANSPORT AISÉ

sur toutes les coupes
par un homme **de force moyenne**
des Carbofours de toute capacité, la pièce la plus lourde
pesant 38 kilos

CHARGEMENT

DEPUIS L'EXTÉRIEUR -:- SANS ESCALADE! -:- GAIN DE TEMPS
EMPILAGE SOIGNÉ -:- CONTROLE FACILE

MODÈLES
de toutes capacités

Les plus courants :

5 Stères en	6	panneaux	750 k.
7 »	7	»	875 »
9,2 »	8	»	1.000 »
12 »	9	»	1.125 »
15 »	10	»	1.250 »

MODÈLES
pour carboniser des bois
de grandes longueurs
sans tronçonnage

FONCTIONNEMENT

scientifiquement automatique
par
Diffuseurs Siphoïdes
brevetés

ALLUMAGE

en 5 minutes, aucun raté,
réussite absolue au premier
essai, sans apprentissage

ON ALLUME, ON S'EN VA! -:- ON REVIENT, LE CHARBON EST FAIT

Demandez

DOCUMENTATION et PRIX

à

Carbofours-Gazos-Charbons

4, rue Louis-Blanc, 4

La Garenne=Colombes (Seine)

APPAREILS DÉMONTABLES TRIHAN
Pour la Carbonisation du Bois
(B. S. G. D. G.)

SIÈGE SOCIAL : Ateliers et Dépôt à VERNON (Eure), 55, route de Paris

BUREAUX ET MAGASINS D'EXPOSITION :
22, Rue de Civry, à Paris (Téléphone : Auteuil 0157)

Les fours "**Trihan**" sont l'œuvre de spécialistes de la carbonisation. Ils ont été créés par des exploitants forestiers connaissant les difficultés du métier, les qualités requises pour les produits ; ils répondent, par conséquent, à des besoins précis.

Un four "**Automatic**" Trihan en pleine marche

Trois types : **Automatic**, **Simplex**, **Tunnel**, utilisables aussi bien dans la Métropole que dans les Colonies. La gamme de modèles depuis 1^{mc} jusqu'à 110^{mc} les met à la portée de tous les producteurs et consommateurs de charbon de bois : usagers de gazogènes, propriétaires forestiers, scieries mécaniques, entrepreneurs.

Ils carbonisent tous les bois : durs, tendres ou résineux de toutes dimensions, depuis les ramilles jusqu'aux rondins de 15 à 20 centimètres de diamètre et même les souches.

Ils donnent un charbon de première qualité et d'une grande pureté.

Les Établissements TRIHAN

VERNON (Eure) et PARIS, 22, rue de Civry (XVIᵉ Arrᵗ)

Un four "Automatic" en montage

Les fours "**Automatic**" sont de forme cylindrique. Ils possèdent un dispositif breveté d'introduction d'air et d'évacuation des fumées qui leur assure une marche régulière et automatique, d'où économie de personnel, facilité de conduite, sécurité quant aux résultats.

Avec ces fours il est facile de carboniser les bois les plus divers et de donner une possibilité d'utilisation à des matières considérées comme encombrantes et sans valeur.

Une équipe de deux hommes suffit pour assurer la marche des deux appareils de 17ᵐᵉ, quatre de 11ᵐᵉ, cinq de 7ᵐᵉ et huit de 4ᵐᵉ, pour une production journalière de 1.200 kgs à 1.400 kgs de charbon de bois.

Ils peuvent fonctionner au centre des agglomérations à l'aide d'une cheminée spéciale pour l'évacuation des fumées.

Les Établissements "**Trihan**" construisent également le type "**Simplex**" plus facile d'installation plus léger, d'un colisage réduit. Dépourvu de sole métallique, l'admission de l'air se fait par le bas des panneaux.

Il possède la plupart des avantages du type "**Automatic**", mais réclame une certaine surveillance des arrivées d'air. Étant plus simples de fabrication, les **Simplex** sont par conséquent moins coûteux.

Les appareils de Trihan fonctionnent aux usines Renault, chez Citroën, chez Quillet d'Auxerre, Fournisseurs du Ministère des Colonies, des Établissements Panhard et Levassor, de la Société " La Carbonite " E.C.D.E.C., 89, boulevard Haussmann.

Pour la carbonisation des bois non débités, les Établissements Trihan construisent le Four "**Tunnel**"

CLASSE XVI

FOYERS A DÉCHETS

Les foyers à déchets sont de plus en plus perfectionnés. On peut y brûler maintenant toutes sortes de détritus forestiers et même des sciures humides.

Ces foyers peuvent être adaptés à différents types de chaudières fixes et mobiles.

Chaudière Leroux et Gatinois

LE "FOYER WANS"
pour la combustion des sciures et déchets de bois
Ch. MONIN, Constructeur — NEVERS

On serait tenté de croire que les fours à carboniser et les fours à sciures et déchets sont deux frères ennemis. Il n'en est rien. Ces deux appareils font partie d'une famille très unie.

Le Four à carboniser peut être, **grâce au Foyer à Sciures**, le complément lucratif d'une exploitation forestière ou d'une importante scierie.

Un Foyer à sciures et déchets de bois, comme le **FOYER WANS**, utilise tous les déchets, secs ou humides tels que sciures, copeaux, écorces, débris de tranchage, etc... Il rend ainsi disponible, pour la carbonisation, les chutes de sciage ou de délignage employées dans les scieries pour le chauffage des chaudières ou machines à vapeur.

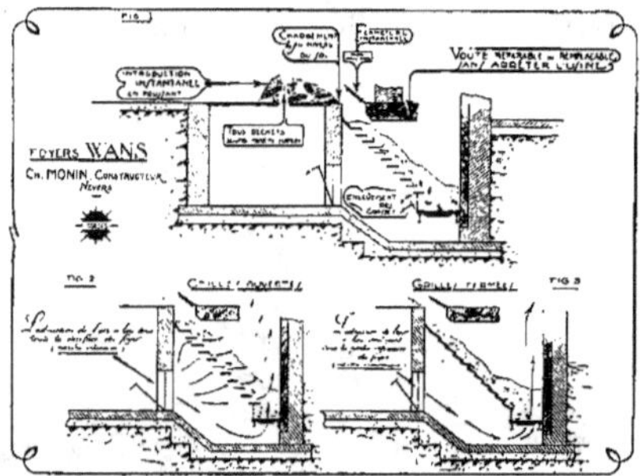

Une opinion généralement répandue était que ce Foyer réputé convenait surtout aux gros générateurs de vapeur.

M. MONIN fit, à l'Exposition Forestière de LYON, une remarquable démonstration d'adaptation de son **FOYER** à une locomobile forestière. Malgré une difficulté imprévue provenant de l'emplacement, situé sur un parapet des anciens quais remblayés du Rhône, parapet qu'il fallut démolir à la masse pour pouvoir placer le foyer, l'installation totale fut effectuée en TROIS JOURS. Non pas une installation factice, mais bien RÉELLE avec voûte, briquetage réfractaire.., le tout en ordre de marche, absolument comme dans une exploitation forestière, puisque la locomobile fut mise en pression.

Cette installation suscita un vif intérêt et obtint un succès considérable. M. MONIN n'eut aucune peine à convaincre ses nombreux visiteurs des avantages de son Foyer pour son emploi dans les Exploitations forestières, fixes ou temporaires.

Sans entrer dans une description détaillée, voici en résumé, les particularités techniques du **Foyer WANS** :

Il est constitué par une grille articulée ayant pour fonctions : d'égaliser la couche de combustible, de faciliter la descente de celui-ci, au fur et à mesure de la combustion, de régler l'air SOUS TOUTE LA SURFACE DE GRILLE exactement selon les besoins de la combustion.

Toutes les pièces de cette grille sont d'un montage très simple et rapide.

Le chargement de ce foyer est d'une facilité extraordinaire. Il se fait *au niveau du sol*, soit par déversement direct des brouettes dans la bouche du foyer qui est très large, soit en poussant le combustible en tas.

Un ingénieux système d'équilibrage de la porte du Foyer assure à celle-ci une douceur et une instantanéité de manœuvre incomparables.

Mais ce qui frappa le plus l'attention de tous les connaisseurs, ce fut le système de voûte de ce foyer. Tous ceux qui ont éprouvé les déboires qu'occasionnent les voûtes de fours (construction difficile et longue, exigeant un spécialiste, réfections périodiques et coûteuses nécessitant l'arrêt de la machine et, par conséquent de toute la scierie) ont immédiatement saisi les avantages de la VOUTE PLAFOND-ARMÉ du FOYER " WANS".

Elle se pose en *une heure* sans ouvrier spécialiste. Elle ne risque pas de s'effondrer en plein feu au passage intempestif d'un ouvrier. Elle ne nécessite presque jamais de réparations. Dans ce cas exceptionnel, la réparation peut être faite très rapidement sans immobiliser la machine à vapeur.

L'emploi du **Foyer WANS** n'est pas limité à la combustion des sciures et déchets de bois. Il utilise également tous les déchets végétaux : la tourbe, la tannée, le marc de raisin, les grignons d'olive, les coques d'arachides, le pignon d'Inde, la balle de riz, etc... De nombreuses applications en ont été faites en France, aux Colonies et à l'étranger.

A noter que son expédition aux Colonies a lieu sous le minimum de volume et avec le maximum de sécurité.

Une impressionnante liste de références, dont beaucoup à commandes multiples (une seule firme a commandé successivement NEUF FOYERS) atteste la valeur du **Foyer WANS** lequel contribue, dans une sensible mesure, par les économies de combustible qu'il fait réaliser, au maintien de l'économie nationale.

LES ÉTABLISSEMENTS LEROUX & GATINOIS

PARIS, (IXe), 175, Rue du Faubourg-Poissonnière

Les Établissements LEROUX et GATINOIS se sont spécialisés dans la construction des générateurs de vapeur à haut rendement particulièrement intéressants lorsqu'on ne peut employer que des combustibles relativement pauvres.

Ses chaudières à tubes Field perfectionnés, favorisent la circulation rapide des fluides et facilitent la vaporisation.

Elles sont munies d'un foyer à gradins pouvant brûler du bois, des copeaux et des déchets.

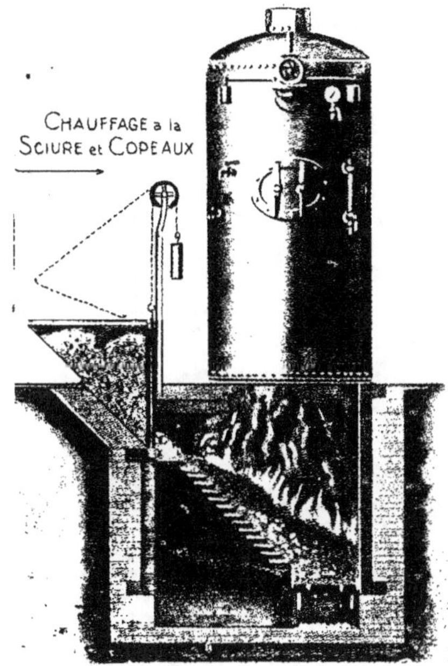

Grâce au registre vertical et au couvercle de la trémie tout retour de flamme est impossible (voir figure à gauche).

Les Établissements LEROUX et GATINOIS construisent également des foyers spéciaux pour la chauffe à l'aide de déchets végétaux de leurs chaudières semi-tubulaires. Ces deux types de chaudières sont particulièrement économiques lorsqu'il s'agit de chauffer économiquement les séchoirs à bois à l'aide de la vapeur détendue provenant d'un moteur thermique.

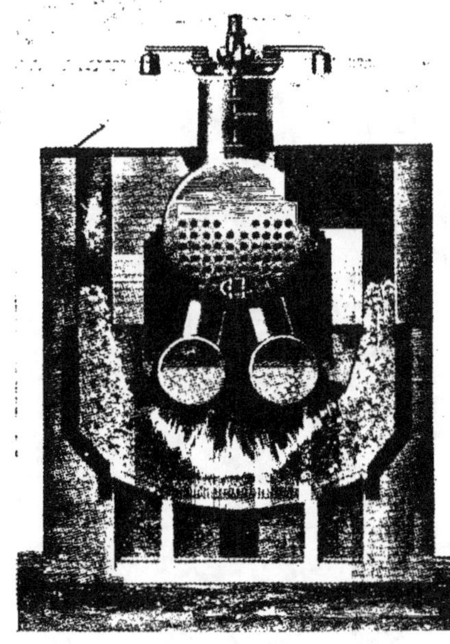

CLASSE XVII

LA FORÊT COLONIALE

Comité National des Bois Coloniaux.

L'Indo-Chine.

Association Colonies-Sciences.

Madagascar.

Afrique Équatoriale Française.

La Mission Panhard en Afrique.

La Maison Gillet.

COMITÉ NATIONAL
des Bois Coloniaux

60, Rue Taitbout — PARIS (IX⁹)

Téléphone : TRINITÉ 32-29

Le **Comité National des Bois Coloniaux** est un groupement affilié à l'Association COLONIES-SCIENCES et à l'ASSOCIATION NATIONALE ET INDUSTRIELLE DU BOIS, qui a pour but l'étude de toutes les questions concernant les matières ligneuses des colonies et des pays de protectorat ou sous mandat français.

Il est présidé par M. le Général MESSIMY, Sénateur, ancien Ministre, Président de l'Association COLONIES-SCIENCES.

Grâce au concours que lui ont apporté les organismes déjà existants, le Comité National a pu mettre en œuvre une formule nouvelle et réaliser une collaboration confiante et féconde des producteurs, importateurs, négociants, consommateurs, des transporteurs et représentants des ports, des techniciens et de l'Administration.

Des recherches techniques indispensables pour vulgariser utilement les bois coloniaux sont poursuivies en collaboration avec l'Association COLONIES-SCIENCES.

Elles donnent lieu à une double série de publications : monographies scientifiques et fiches de vulgarisation, dont un certain nombre ont déjà paru (1).

---

(1) Ont paru :

I. Monographies scientifiques : N° 1. Étude physique et mécanique des bois coloniaux; N° 2. Le Bossé; N° 3. L'Okoumé.

II. Fiches de vulgarisation : Bossé, Evino, Iroko, Limbo, Okoumé, Angélique, Badi-Bilinga, Banlang, Samba-Ayous.

(Pour tous renseignements, s'adresser 60, rue Taitbout, PARIS-9ᵉ)

COMITÉ NATIONAL DES BOIS COLONIAUX

Parallèlement, le Comité National aborde l'étude des problèmes que soulèvent l'exploitation, le transport, le commerce et l'utilisation des ressources forestières coloniales.

Il examine les mesures économiques et les réformes législatives propres à développer et à faciliter la production tout en ménageant l'avenir.

A cet effet, il agit en étroite liaison avec le *Groupement Général du Commerce et de l'Industrie du Bois en France* et les organismes syndicaux qui le constituent, en particulier, avec la *Chambre syndicale des Producteurs de Bois Coloniaux africains*.

Enfin, le Comité a été officiellement chargé d'organiser l'Exposition de Synthèse des bois coloniaux à la prochaine Exposition Coloniale Internationale de Paris.

En résumé, la méthode du Comité consiste à coordonner les initiatives privées et à collaborer avec l'Administration pour faire adopter des mesures d'intérêt général. Pour qu'il puisse la mettre en œuvre utilement, il est indispensable qu'il ait non seulement l'appui des Gouvernements coloniaux et des organisations syndicales mais reçoive aussi *l'adhésion personnelle* des exploitants, transporteurs, importateurs, négociants et consommateurs de bois coloniaux. Il ne pourra que puiser une activité nouvelle dans le concours de ces derniers.

L'INDO - CHINE

à

l'Exposition Forestière, Métropolitaine et Coloniale

de LYON (1929)

L'Exposition organisée par l'Agence Economique de l'Indo-Chine occupait à Lyon, en 1929, trois travées de Stands magnifiquement garnies de pièces sculptées à plein bois et incrustées de matières précieuses, ivoire et nacre.

La grande distance qui sépare notre France d'Extrême-Orient de la Métropole, empêchera encore, durant de longues années, l'importation des produits communs de la Forêt Indo-Chinoise, dont les frondaisons sont comparables à celles de nos plus luxuriantes forêts africaines.

Les deux photographies que nous reproduisons donnent une idée de la richesse ligneuse de ces massifs forestiers.

En dehors du bois de teck et de quelques essences destinées à l'Ebénisterie de grand luxe, l'Indo-Chine est actuellement dans l'impossibilité d'exporter en France ses bois œuvrables de faible valeur; mais il n'en est pas de même des produits tirés des plantations d'Hevea qui alimentent copieusement nos industries du caoutchouc.

Les plantations d'Hevea constituent de véritables forêts artificielles qui font songer à nos forêts de pins maritimes.

L'exploitation des Heveas et des Pins est analogue, l'un et l'autre sont exploités durant leur existence pour leur sève. Leur culture diffère en ce sens que les plantations d'Heveas tiennent plutôt de l'Agriculture que de la Sylviculture.

Une forêt Indo-Chinoise en exploitation

Si l'Exportation des bois en grumes Indochinois n'est encore qu'une exception, la Colonie nous envoie par contre de plus en plus de bois œuvrés sous la forme de meubles et d'objets d'art.

A ce point de vue les productions tirées de la Forêt Indo-Chinoise sont incomparables. Les superbes collections exposées à Lyon, en ont été une très belle démonstration.

AGENCE ÉCONOMIQUE

du

Gouvernement Général de l'Indo-Chine

20, Rue la Boétie, PARIS (VIIe)

Créée en 1918 à Paris, l'Agence économique de l'Indo-Chine représente à Paris le gouvernement général.

Met en relations le producteur Indo-Chinois et le consommateur Européen ; **provoque** la réunion des capitaux, le groupement des capacités par la création d'affaires agricoles, industrielles et commerciales ; **appuie** les Français de France et d'Asie dans leurs démarches administratives ;

Réunit et tient à jour une documentation complète sur toutes les questions et les produits de l'**Indo-Chine** :

Rassemble et communique tous les renseignements commerciaux et industriels sur toutes les affaires existantes et sur toutes les affaires à créer :

Étudie scientifiquement et techniquement les plantes, minerais et tous produits du sol et du sous-sol en vue de leur exploitation et de leur production :

Ouvre au public sa bibliothèque spéciale aux ouvrages sur l'Asie, et lui procure toutes les publications qui ressortissent à la librairie Indo-Chinoise.

Tous les Colons, Capitalistes, Hommes d'affaires, Savants, Écrivains, Orateurs, Conférenciers, Touristes, Bibliophiles ont intérêt à consulter les Services commerciaux, techniques, scientifiques, de propagande, de presse, de tourisme et de librairie.

ASSOCIATION COLONIES-SCIENCES

60, rue Taitbout, PARIS (IXᵉ).

Téléphone : Trinité 32-29

L'Association COLONIES-SCIENCES, présidée par le Général Messimy, Sénateur, ancien Ministre, a pour but de coordonner les recherches scientifiques et techniques susceptibles de mettre en valeur les colonies françaises.

A cet effet elle groupe en Comités d'Études permanents, en vue de réalisations immédiatement pratiques, les consommateurs, les industriels, les producteurs, les transporteurs et les scientifiques. Leur collaboration méthodiquement organisée est susceptible de mettre au point des méthodes modernes de culture dans nos colonies et d'y rendre possible l'exploitation de leurs richesses.

L'Association collabore avec les Pouvoirs publics et intervient auprès d'eux pour l'exécution des mesures qui lui paraissent propres à atteindre ce but. Elle s'efforce par une liaison étroite avec tous les groupements qualifiés, d'obtenir une coordination des efforts.

Elle a largement contribué à la formation du Comité National des Bois Coloniaux qui lui est affilié et avec lequel elle poursuit la publication de monographies et de fiches de vulgarisation consacrées aux principales essences coloniales.

L'Association COLONIES-SCIENCES a publié en outre de nombreux livres et brochures sur les matières premières originaires de nos colonies et sur les problèmes que pose la production de celles-ci. La liste de ces publications sera envoyée gratuitement sur demande.

L'Association assure à tous ses membres le service de ses Actes et Comptes Rendus mensuels. Elle met en outre, à leur disposition sa documentation sur les produits agricoles et elle peut faire effectuer pour leur compte toutes les recherches et analyses dans des laboratoires officiels et privés.

L'Association comprend, outre des membres d'honneur et des correspondants honoraires qui sont élus, des membres adhérents (particuliers) et des membres souscripteurs (collectivités, entreprises, sociétés et particuliers).

MADAGASCAR

L'Ile de Madagascar était dignement représentée à l'Exposition Forestière Métropolitaine et Coloniale de Lyon, par l'Agence Economique du Gouvernement général de Madagascar.

Si la longue distance qui sépare le Continent Européen de l'Ile

Stand de Madagascar à Lyon

Sud-Africaine, paralyse les échanges de matières pondéreuses et de faible valeur, la production forestière de Madagascar intéresse la métropole par ses sous-produits.

L'Exportation des bois en grume est faible et ne dépasse pas 3.000 tonnes dont 50 % de bois précieux. Par contre les sous-produits de la Forêt, fibres, écorces textiles et tinctoriales représentent une *sortie de plus de 20.000 tonnes presque exclusivement dirigées vers l'Europe.*

A ces produits, il y a lieu d'ajouter la gomme Copal et le Caoutchouc dont 30.000 kilogs sont exportés chaque année.

M. le Directeur de l'Agence Economique de Madagascar avait envoyé à Lyon des échantillons de produits poussant à l'abri de la Forêt.

Dans ces régions au soleil ardent, de nombreuses cultures ne réussissent que sous la protection des grands arbres.

Pour ces cultures à l'ombre, vivant en symbiose avec la Sylve, le gouvernement de Madagascar accorde des concessions spéciales.

Parmi les denrées exportées dont la production est plus ou moins tributaire de la Forêt, on peut citer : manioc et fécules, 45.000 tonnes; légumes secs, 12.000 tonnes; raphia, 8.000 tonnes.

En dehors de ces produits bruts, la Forêt Malgache fournit des objets provenant de l'industrie autochtone : Rabanes, chapeaux de paille tressés, dont plus de deux millions de pièces sont envoyées chaque année en Europe.

Débardage d'une grume
et chargement mécanique à l'aide d'un seul homme

AGENCE ÉCONOMIQUE

du

Gouvernement Général de Madagascar

et Dépendances

(Diego-Suarez, Nossi-Bé, Ste-Marie de Madagascar. Mayotte, Les Comores et Anjouan)

40, Rue du Général-Foy, PARIS (8e)

Téléphone : WAGRAM 44-71

L'Agence représente à Paris le Gouvernement général de Madagascar; met en relations le producteur Malgache et l'acheteur Européen ; fournit gratuitement tous renseignements d'ordre économique sur la grande Ile.

On y trouve les échantillons d'un très grand nombre de produits indigènes. Les cartes du pays les plus détaillées sont mises à la disposition du public.

Les textes des règlements concernant les concessions agricoles et forestières, les concessions minières, sont expliqués aux intéressés et la marche à suivre leur est indiquée pour obtenir soit des concessions agricoles, forestières ou d'utilisation des eaux par dérivation, soit des concessions minières ou des permis de recherches.

L'Agence économique de Madagascar possède une sous-agence

à LYON, 31, Rue Ferrandière

AFRIQUE ÉQUATORIALE
FRANÇAISE

Gabon, Moyen-Congo. Oubanghi-Chari, Tchad, Camenvon sous mandat

Le Gabon : Source intarissable de Bois d'œuvre

L'Afrique Équatoriale Française comprend la colonie du Gabon dont le rivage borde l'Océan. Cette province est actuellement plus favorisée que les autres parties de l'A. E. F. Non seulement le voisinage de la mer facilite l'exportation de ses productions, mais encore sa forêt tropicale à peu près vierge est, pour cette partie de notre France coloniale, une source de richesse inépuisable.

La Forêt Gabonnaise fait vivre le Gabon.

Le Gabon fut grandes Sociétés mais ce n'est qu'en de fin d'année tement la déli- d'exploitation. sement des exploi- dérées, une régle- vère intervient et A partir de 1925, de main - d'œuvre des redevances. tensifie.

Pour remédier d'œuvre, l'arrêté 1927 prescrit l'em- mécaniques d'ex-

autrefois livré à de concessionnaires, 1919 qu'un arrêté réglementa stric- vrance des permis Devant l'accrois- tations inconsi- mentation plus sé- réprime les abus. malgré le manque et l'augmentation l'exploitation s'in-

à la crise de main- du 28 Novembre ploi de moyens ploitation. Un

(Cliché Méniaud)
Une exploitation en A. E. F.

droit de transport est créé qui assure à la colonie une participation aux bénéfices réalisés par les exploitants qui vendent leurs permis de coupe à des prix élevés.

Le tableau de l'Exportation des bois dressé en 1929 pour le premier semestre par les différents bureaux de la Colonie du Gabon, donne une idée suffisante de l'activité forestière de la Colonie. On y trouve la nomenclature suivante :

Bois d'ébénisterie : 2.800 tonnes.

Bois de menuiserie et de charpente : 140.500 tonnes.

Traverses : 1.700 tonnes.

Soit plus de 145.000 tonnes pour un semestre seulement.

Actuellement, l'exportation des bois manifeste une tendance à se ralentir. Tout particulièrement pour les bois de menuiserie dont la tenture différente de celle des bois de la métropole déroute les habitudes des ouvriers.

Cette difficulté se trouvera palliée par le perfectionnement de l'outillage.

AGENCE ÉCONOMIQUE

de

l'Afrique Équatoriale Française

217, Rue Saint-Honoré, PARIS

Directeur de l'Agence : M. Léon MIRABEL

Créée en 1919, l'Agence Économique centralise et met à la disposition du Commerce métropolitain tous les renseignements agricoles, commerciaux et industriels.

Renseigne les colons. Fait connaître en France les ressources de la Colonie.

Vulgarise ses produits en vue de leur utilisation industrielle et commerciale.

Documente les Initiatives et les Capitaux français.

L'Agence de Paris avait présenté à l'Exposition forestière de Lyon une remarquable collection de bois et de documents concernant le Gabon, le Moyen-Congo. l'Oubanghi, Chari et le Tchad qui forment un ensemble de territoires d'une superficie dépassant cinq fois celle de la France.

LA MISSION PANHARD EN AFRIQUE

Manifestation d'intérêt national et colonial
pour la diffusion des gazogènes et des fours à carboniser dans les Colonies

Pour la première fois des véhicules à gazogène traversent Sénégal, Soudan, Haute Volta, Côte d'Ivoire, Cameroun, Moyen Congo, Oubangui Chari, malgré les dures épreuves de la saison des pluies, en consommant les charbons de bois du pays.

Démonstrations de carbonisation à Dakar, avec les fours TRIHAN

Un gué au Congo

La fête du 14 Juillet à Banfora (Haute Volta)

Le long des routes pourrissent des arbres géants représentant des millions d'hectolitres d'essence

ARBORETUM de la FORÊT FRANÇAISE

organisé par M. LACARELLE

Pépiniériste à PARAY-LE-MONIAL

———◇———

Cette collection de toutes les essences ayant droit de cité dans les Forêts de la Métropole, formait deux bosquets séparés par le groupe de Stands consacrés aux Initiatives Officielles et Privées.

Cette création n'a pas eu pour but un simple effet décoratif; il exista cependant, par surcroît, ainsi qu'on peut s'en rendre compte sur la photographie reproduite ci-dessous.

L'ARBORETUM DE L'EXPOSITION FORESTIÈRE a été organisé spécialement pour montrer aux visiteurs les meilleures essences résineuses qui entrent dans la composition des massifs forestiers français, ainsi que les arbres destinés à la plantation des avenues et des vergers.

CLASSES XIX ET XX

Exemple d'utilisation des Bois Coloniaux
dans la décoration intérieure
des voitures de luxe de Chemins de fer

Le service du Matériel de la Compagnie P.L.M. utilise pour l'ébénisterie de ses compartiments de luxe toute une gamme de bois exotiques d'un riche coloris.

Étude d'un compartiment de lit-salon
à deux lits

Aménagement

d'un compartiment

du type "Single"

des voitures récentes

de luxe

de la

Compagnie P. L. M.

Les photographies

ci-contre

représentent

En haut et à gauche,

le compartiment

dans sa disposition de jour

—

En bas et à droite

le compartiment

dans sa disposition de nuit

CONSORTIUM FORESTIER ET MARITIME
des Grands Réseaux Français

5, Rue Jules-Lefebvre
PARIS (9ᵉ)

Téléphone : Louvre 38-70

Vue générale de la Scierie de Foulenzem

Le "**Consortium Forestier et Maritime des Grands Réseaux Français**" exploite, au Gabon, une forêt de 150.000 hectares, qui lui a été concédée par Décret. Les produits de l'exploitation comprennent, notamment, des traverses standard, dont plusieurs échantillons d'essences diverses figuraient à l'Exposition Forestière de Lyon, des traverses de joint, des pièces d'appareil, des plateaux et pièces débitées pour les Ateliers de la Traction et les constructions.

La Scierie de **FOULENZEM** couvre 10.000 mètres carrés et la force motrice utilisée est de 500 chevaux.

Train de bois quittant le chantier forestier

LA PRESSE

et le

Congrès du Carbone Végétal

Métropolitain et Colonial

De nombreux comptes rendus du Congrès du Carbone Végétal Métropolitain et Colonial de l'Exposition Forestière de Lyon ont été publiés dans la Grande Presse et dans les Revues Scientifiques.

Nous avons tenu à reproduire deux des principaux articles ayant trait à la Manifestation de Novembre 1929.

L'une est signé du Professeur Matignon, membre de l'Institut, qui avait présidé le Congrès, l'autre de M. Georges Kimpflin, dont l'autorité scientifique est bien connue de tous ceux qui s'intéressent aux questions d'économie industrielle.

Le Congrès du Carbone Végétal
de Lyon

par Camille **MATIGNON**

Membre de l'Institut, Professeur au Collège de France

Le Congrès du Carbone végétal qui s'est réuni à Lyon, les 10 et 11 novembre, a montré une fois de plus l'intérêt incontestable que présentent le bois et le charbon comme carburants.

Ce Congrès, qui avait été organisé par la Compagnie P.L.M. sous le patronage des ministres de l'Agriculture et des Colonies, était heureusement complété par une importante exposition forestière, installée dans le palais de la Foire de Lyon. Cette exposition eut le plus brillant succès, comme l'atteste le nombre de visiteurs dans la journée du 11 novembre, journée qui détient le record du chiffre des entrées depuis l'existence de la Foire de Lyon.

L'exposition comportait d'abord un magnifique jardin à la française, où se trouvaient réunies les espèces les plus variées des arbres feuillus et des conifères ; on avait rassemblé dans la suite des bâtiments qui côtoient le Rhône, la plupart des industries qui utilisent le bois comme matière première ainsi que les différents procédés de cabonisation du bois. Un grand nombre de camions, de moteurs agricoles, etc., etc., fonctionnant au gaz de gazogènes alimentés par du charbon ou du bois, complétaient cet ensemble.

Le Congrès de Lyon marquera une étape dans l'histoire du charbon carburant ; l'intérêt des rapports et communications qui y furent présentés, le nombre et la qualité de congressistes, les vœux émis et votés à l'unanimité, établissent d'une façon manifeste que le problème du charbon carburant continue à passionner savants, inventeurs et industriels, et que les perfectionnements ayant pour but d'augmenter l'écart entre les prix de l'énergie fournis par l'essence et le charbon devront, à la longue, imposer, tout au moins dans certains cas, l'emploi du charbon.

Un premier point à préciser, qui est à la base du problème, est de faire le dénombrement de nos ressources forestières, tant métropolitaines que coloniales, et l'étude de leurs conditions d'exploitation. MM. Charles Colomb, conservateur des Eaux et Forêts, et Grand-Clément, président du groupe du bois à la Foire de Lyon, nous ont apporté sur ces deux points une documentation précise ; nous avons dans le bois une matière première suffisante pour faire du charbon l'un de nos carburants nationaux, mais il convient d'organiser l'artisanat forestier de manière à disposer d'un personnel suffisant, convenablement adapté, tant à l'exploitation de la forêt qu'à la carbonisation du bois.

De nos forêts françaises, qui couvrent 10 millions d'hectares, on prélève, chaque année, 20 millions de stères de charbonnette qui, convertis en charbon, pourraient fournir, avec les remanents qui sont abandonnés ou incinérés sur le terrain, l'équivalent de 1 million de tonnes d'essence. Nos forêts coloniales occupent une superficie environ six fois plus grande, soit 60 millions d'hectares, mais elles ne sont exploitables qu'en bordure des voies fluviales ou flottables ou bien des voies ferrées.

M. GRAND-CLÉMENT a décrit tous les petits métiers dérivés du bois qui peuvent être pratiqués dans la forêt en les facilitant par l'emploi de petits moteurs à gazogènes apportant l'énergie nécessaire et, par suite, un meilleur rendement de la main-d'œuvre. On pourrait d'ailleurs adjoindre à ces artisaneries l'élevage des animaux à fourrure, la sécherie des champignons ou des plantes médicinales, etc., et créer ainsi de véritables villages forestiers. C'est évidemment là une œuvre de longue haleine, mais il paraît certain qu'il est possible de concevoir un retour à la forêt facilité par l'emploi des outils modernes et par la diffusion de la force produite par l'électricité ou par les moteurs à gazogènes. C'est à l'enseignement technique à créer et développer cet artisanat forestier qui ramènera à la forêt la main-d'œuvre qui l'a quittée parce qu'elle ne trouvait plus les moyens d'y vivre.

M. MENIAUD, chef du Service des bois coloniaux de l'Agence générale des Colonies, et M. ÉTESSE, du Ministère des Colonies, nous ont apporté des contributions hautement appréciées, en raison même de leur compétence et de leur qualité, sur les meilleures méthodes de création, de protection et d'utilisation du carbone aux colonies pour la production du gaz pauvre ; élargissant d'ailleurs le problème, M. MENIAUD nous a montré toutes les possibilités offertes par les colonies pour la production de bois d'œuvre, de la pâte à papier, du charbon de bois et des sous-produits de la carbonisation et il a insisté sur la nécessité de procurer à nos colonies des moyens de transport économiques pour assurer leur développement. Le charbon de bois, dans beaucoup de cas, peut apporter la solution.

La Compagnie minière du Congo, par exemple, assure toute sa force motrice par des gazogènes à charbon de bois, aussi bien pour ses camions que pour ses générateurs fixes. Le charbon de bois revient à la Société, qui le fabrique elle-même, à 0 fr. 15 le kilogramme et 1.200 grammes de ce charbon suffisent pour assurer la production d'un kilowatt.

M. MENIAUD a montré que les forêts coloniales, rationnellement exploitées, pourraient largement satisfaire aux besoins de la métropole en bois d'œuvre, besoins qui correspondent à une importation annuelle de 2 millions de tonnes de bois ; il a émis sur l'aménagement de ces forêts et leur exploitation des suggestions pratiques dont tiendront compte, il faut l'espérer, les sociétés exploitantes.

L'utilisation des bois coloniaux dans les diverses industries chimiques, matières tinctoriales, matières tannantes, pâte de bois, carbonisation, commence à peine. M. MENIAUD a exposé tout ce qui a été réalisé jusqu'ici dans ces directions, mais surtout ce qui pourrait être fait.

L'emploi des fours mobiles à carboniser, dont la construction est maintenant bien au point, permet d'obtenir du charbon sans main-d'œuvre spécialisée ; l'essence coûte aux colonies 5 à 6 francs le litre, le charbon de bois s'impose donc comme source d'énergie, en le transformant en gaz pauvre. On obtient ainsi un rendement mécanique trois fois plus élevé que le rendement fourni par la même quantité de charbon ou de bois alimentant directement une machine à vapeur.

En dehors des régions forestières, M. PERROT, professeur à la Faculté de Pharmacie, propose, comme carburant colonial, les matières grasses d'origine végétale, huile d'arachide, huile de palme, etc. Dans le centre africain, un litre d'huile d'arachide revient à 1 fr. 25, et l'essence importée dépasse 5 francs.

MM. DARZENS et Pierre GIRARD, au nom de la Société Chimique des Dérivés du Pin, exposent les principes des procédés établis par cette société pour extraire la cellulose des bois résineux tels que le pin sylvestre et le pin maritime. On peut utiliser aussi bien les rondins que les costellans et les souches et obtenir, suivant les conditions, la pâte Kraft ou bien des pâtes parfaitement blanches. Nous importons chaque année pour 600 millions de cellulose et pâte de bois ; l'utilisation des pins des Landes, de la Gironde, doit nous libérer partiellement de ce lourd tribut en nous fournissant 45 à 50 % de pâte Kraft avec, comme produits secondaires, une production de 0,75 % d'essence de térébenthine et de 24 % de colophane.

M. BETOURNÉ, ingénieur, a montré la nécessité de planter des arbres en bordure des routes et des canaux.

M. DUPONT, directeur de l'Institut du Pin, a rédigé un long rapport sur les emplois du goudron de bois, aussi bien pour le goudron des bois résineux que pour celui des bois durs ; cette belle étude relate toutes les applications du goudron de bois déjà connues ou en voie d'études. Je me contenterai de citer ici un emploi original du goudron de vinaigre, c'est-à-dire de la fraction du goudron qui passe en dissolution dans le jus pyroligneux brut. Ce goudron soluble possède la propriété de fixer l'acide arsénieux en engendrant un produit de grande puissance antiseptique et d'un pouvoir tout à fait remarquable de pénétration du bois. Ce produit arsenical paraît constituer le meilleur agent de conservation du bois. Des essais poursuivis pendant deux années confirment jusqu'ici la valeur industrielle de cet incrustant et permettent tout espoir dans les résultats qui seront fournis par des essais prolongés.

Le comte D'ALVIELLA, président du Conseil des Forêts belges, nous a apporté des bilans financiers très étudiés, fixant le prix de revient du charbon préparé avec les fours mobiles de carbonisation automatique. Ces chiffres constituent des documents de base très importants pour le problème des charbons carburants.

L'état actuel des gazogènes pour camions nous a été exposé par M. AUCLAIR, président du Comité de mécanique de l'Office National des Recherches et Inventions M. AUCLAIR a suivi, depuis ses débuts, le camion à gazogène et, comme membre de la commission de divers concours, a été conduit à les soumettre lui-même à des épreuves variées. Son rapport constitue un document capital sur l'évolution des types de gazogènes, sur l'adaptation du moteur au gaz pauvre, sur les perfectionnements dont l'un et l'autre, gazogène et moteur, ont été l'objet. Au point de vue technique, on est arrivé à d'excellents appareils ; c'est du côté du carburant que doivent se porter tous les efforts en vue de réaliser par rapport à l'essence une économie telle, que l'emploi du gazogène s'impose aux poids lourds. M. Charles Roux, président du Centre d'Études et d'Informations du Carbone, l'un des premiers qui ait eu foi dans le carburant végétal, a apporté lui-même des contributions très importantes à la solution du problème, il nous a fait une communication pleine d'intérêt sur les bases de conditionnement du carburant national économique, par l'utilisation de carbones minéraux et végétaux en mélanges équilibrés. On n'a pu jusqu'ici utiliser les charbons minéraux et le coke dans les gazogènes mobiles, à cause de la lenteur de leur réaction sur l'oxygène ; M. Roux a réussi à maintenir une vitesse d'oxydation convenable en réalisant des mélanges appropriés de charbon de bois avec des houilles maigres ou même avec des semi-cokes ; ces mélanges, auxquels il a donné le nom de synthocarbones, vont permettre d'étendre le champ d'action du charbon de bois par son adjonction à la houille et surtout d'abaisser notablement le prix du carburant. M. Roux a ouvert là une voie nouvelle qui paraît appelée à accroître sensiblement l'économie réalisée par la substitution du charbon à l'essence et, par suite, à contribuer au développement du camion à gazogène.

M. Guiselin, sous le titre humoristique « Propos de Jardinier sur la Catalyse », a fait une communication dans laquelle il propose de copier la nature en utilisant les catalyseurs qu'elle met en œuvre dans les plantes.

Aussi avait-il pensé à entreprendre des essais en vue de faire agir le bois, seul ou imprégné de matériaux à réputation catalysante sur certaines substances comme les huiles minérales lourdes, les résidus, en faisant intervenir si possible des atmosphères gazeuses avec des pressions et des températures croissantes.

Les circonstances ne lui ont pas permis de procéder à ces recherches, mais quelques essais fort incomplets auxquels il a procédé, lui ont démontré qu'il y avait peut-être là une voie intéressante à suivre.

Le Congrès s'est terminé par une visite du Centre expérimental de carbonisation créé par l'Administration des Eaux et Forêts à Cadarache, aux environs d'Aix-en-Provence.

(Extrait de « Chimie et Industrie ».)

COMPTE RENDU

du

Congrès du Carbone Végétal
Métropolitain et Colonial

par Georges KIMPFLIN

Docteur ès Sciences, Professeur à l'École Nationale des Travaux Publics

Les 10 et 11 novembre dernier s'est tenu à Lyon un Congrès du carbone végétal, métropolitain et colonial. Ce titre un peu énigmatique ne cachait rien de bien mystérieux. Il s'agissait d'inventorier les ressources en énergie et en création de matières premières que nos forêts, tant sur le territoire continental qu'aux colonies, mettent à notre disposition sous forme de bois, de charbon de bois ou de produits de transformation de l'un ou de l'autre.

Sans doute ne connaît-on pas de charbon minéral dont la production, de près ou de loin, ne se puisse rattacher à l'origine sylvestre. Le mot *végétal* était là pour délimiter l'objet du Congrès et marquer l'intention des organisateurs de faire tenir études et discussions dans un cadre parfaitement défini : celui du carbone en provenance de la forêt *actuelle*. L'effort du congrès ne devait pas se borner à la prospection du domaine, mais aussi s'appliquer à son exploitation. Il ne s'agissait pas seulement d'inventorier des ressources, mais d'aviser aux moyens les plus convenables d'en tirer le meilleur parti, de rechercher les formes d'utilisation les plus appropriées au développement d'un rendement énergétique maximum.

Les organisateurs avaient donc agi sagement en indiquant, dès son titre, les limites dans lesquelles allaient se développer les travaux du Congrès.

Qui étaient les organisateurs? La Compagnie des chemins de fer Paris Lyon Méditerranée. Qui présida le Congrès ? Un savant éminent, M. Camille MATIGNON, membre de l'Académie des sciences, professeur au Collège de France. C'est un signe que l'appel à la liaison entre la science et l'industrie, si souvent lancé depuis dix ans, n'a pas été perdu pour tout le monde.

La séance inaugurale eut lieu à l'Hôtel de Ville de Lyon sous la présidence de M. HERRIOT qu'entouraient de nombreuses personnalités parmi lesquelles on remarquait M. CARRIER, directeur général des eaux et forêts, représentant le ministre de l'Agriculture ; M. PINEAU, directeur de l'Office National des Combustibles liquides. les représentants du ministre de la Guerre, MM. les généraux MAURIN, inspecteur général de l'artillerie, CLEREAU, inspecteur général du matériel automobile, MM. Gabriel CORDIER, président du Conseil d'administration, et MARGOT, directeur général de la Compagnie P.L.M., Mugniot, ingénieur en chef de l'exploitation de la Compagnie P. L. M., président du Comité d'organisation, MM. Chaplain, inspecteur général des eaux et forêts, Grand-Clément, président du groupe du bois à la Foire de Lyon, Raybaud, inspecteur principal, chef du service agricole de la Compagnie P. L. M., vice-présidents du comité, F. Le Monnier, délégué du comité central de culture mécanique, commissaire général de l'Exposition forestière, Cancel, inspecteur du service agricole de la Compagnie P. L. M., secrétaire général du Congrès, Barthe, député de l'Hérault, le marquis de Vogué, président de la Société des Agriculteurs de France, le vicomte de Rohan, président de l'Automobile-Club de France, MM. Barbet, ancien président de la Société des Ingénieurs civils, Pradel, président de la Chambre de Commerce de Lyon, Chaix, président du Touring-Club de France, etc.

Après avoir, au nom des congressistes, remercié la Compagnie P. L. M. et félicité ses dirigeants, toujours attentifs à mettre à la disposition du pays les puissants moyens d'action dont ils disposent pour coopérer à l'enrichissement de la nation par une amélioration de la production et une plus parfaite valorisation des produits de notre sol et de l'activité de nos industries, M. Camille Matignon a, au cours de cette séance, dégagé, de façon saisissante, les directives inspirées des travaux scientifiques les plus récents, qui lui paraissent devoir conduire logiquement à l'élaboration d'un carburant dérivé du bois, bien adapté aux besoins de la motorisation et du meilleur rendement énergétique.

Le problème de l'utilisation du bois ou du charbon de bois dans ce sens est techniquement résolu.

La forêt, a dit M. Matignon, doit donc apporter sa contribution à l'élaboration des carburants d'origine indigène, susceptibles de satisfaire à nos besoins nationaux à la fois pendant la paix et pendant la guerre.

Évidemment, en cas de conflit, nos forêts seraient appelées à satisfaire à bien des besoins, non seulement elles devraient approvisionner le front en bois, comme elles l'ont fait pendant la dernière guerre, mais encore fournir la matière première pour la fabrication de nos poudres, la cellulose de bois devant se substituer à la cellulose de coton qui pourrait éventuellement nous manquer par suite de notre isolement. Cette fabrication exigerait une importante consommation de bois de qualité.

Ce sont donc surtout les déchets provenant du bois des tranchées et du bois pour cellulose qu'il conviendrait alors de mettre en œuvre pour la production de carburants. En temps de paix la forêt pourrait fournir une quantité considérable de ces carburants.

La production du charbon de bois en France et aux Colonies

Quelles ressources la forêt française offre-t-elle en bois de carbonisation ? A cette question M. Charles Colomb, conservateur des eaux et forêts au ministère de l'Agriculture, a répondu par des chiffres et des évaluations raisonnées.

A défaut de statistiques de la production, on peut évaluer celle-ci par ce que l'on sait de la consommation, des importations et des exportations.

La consommation intérieure est évaluée approximativement à 200.000 tonnes par an. Les exportations se sont montées à 119.500 tonnes en 1928 tandis que les importations — portant d'ailleurs sur du charbon industriel épuré — n'ont pas dépassé 1.200 tonnes.

Sur ces données, M. Colomb estime que la production doit osciller autour de 300.000 tonnes, ce qui paraît en effet une estimation très raisonnable.

A quelle quantité de bois carbonisé correspond ce tonnage de charbon de bois ? A 60 kgs de charbon par stère de charbonnette, on voit que la carbonisation est pratiquée annuellement sur 5.000.000 de stères de bois.

Ne quittons pas ces chiffres sans souligner l'importance de nos exportations, sans noter qu'elles suivent une courbe ascendante rapide et que nos meilleurs clients sont en l'espèce l'Espagne (68.000 tonnes) et l'Italie (47.000 tonnes).

Cette production pourrait-elle être accrue ? M. Colomb pense qu'elle pourrait être quintuplée, et il s'en est expliqué en ces termes :

« On admet que la production annuelle normale du bois de chauffage, pour l'ensemble des forêts françaises, est voisine de 30 millions de stères, dont la répartition peut être fixée approximativement de la façon suivante :

« Bois de moulée : 10 millions de stères ;

« Charbonnette : 20 millions de stères.

« Le bois de moulée, dont la vente est rémunératrice, ne saurait pratiquement être employé à faire du charbon, mais les 20 millions de stères de charbonnette peuvent fournir à raison de 60 kilogrammes de charbon par stère de bois, 1.200.000 tonnes de charbon de bois.

« A cette charbonnette, il faut ajouter les « rémanents », constitués par les ramilles et déchets divers abandonnés généralement ou incinérés sur place et qui peuvent, grâce aux fours mobiles de carbonisation, être transformés en charbon de faibles dimensions, utilisable dans les gazogènes.

« L'importance de ces résidus est loin d'être négligeable; dans les forêts de la région des Landes, on estime à une tonne par hectare le poids des rémanents; ces forêts pourraient donc fournir à elles seules près de 1 million de tonnes; il ne paraît pas excessif, dans ces conditions, d'évaluer à environ 3 millions de tonnes l'ensemble des rémanents de toutes les forêts françaises. Avec un rendement réduit de 10 % de charbon utilisable, on peut tirer des rémanents 300.000 tonnes de charbon.

« L'utilisation des menus bois, jusqu'à présent sans valeur, pourrait être très précieuse pour les forêts françaises en rendant aux taillis la valeur qu'ils ont perdue et en incitant les propriétaires à effectuer en temps utile les opérations culturales, telles que nettoiements et éclaircies, ainsi que le débroussaillement contre l'incendie, que la non-valeur des produits fait trop souvent ajourner. Mais pour arriver à un tel résultat, il importe que l'exploitation et le transport en forêt soient industrialisés, que l'utilisation du charbon de bois comme carburant prenne de l'extension, que la carbonisation en forêt à l'aide de fours mobiles se généralise et enfin que les constructeurs de gazogènes, de fours, de machines à exploiter, aient la certitude que la matière première, à savoir le bois de carbonisation, ne fera pas défaut.

« Cette certitude doit naître des chiffres et des faits suivants :

« Si aux 1.200.000 tonnes de charbon que peut produire annuellement la charbonnette, on ajoute les 300.000 tonnes qu'on peut tirer des rémanents, on arrive à une production annuelle possible de 1.500.000 tonnes, cinq fois plus forte que la production annuelle de 300.000 tonnes.

« La marge est donc très grande et le développement de la production ne saurait être entravé par le défaut de la matière première, pratiquement surabondante. »

Il faut bien dire cependant que le ramassage des rémanents — qui serait assurément fort utile, ne serait-ce qu'à raison de la facilité que ces brindilles, abandonnées sur le sol, procurent à la propagation des incendies de forêts, en Provence notamment — soulève une objection, qui vient immédiatement à l'esprit, et qui a d'ailleurs été faite en séance par M. AUCLAIR : quel serait le coût de cette opération ?

*
* *

Quoi qu'il en soit, voici ce qu'est et ce que pourrait être la production en charbon de bois sur notre territoire continental.

Aux colonies que fait-on? M. MÉNIAUD, administrateur en chef des colonies, chef du service des bois coloniaux, en informa très complètement le Congrès. La matière première est excessivement abondante dans certaines de nos colonies et pourrait servir facilement au ravitaillement des colonies voisines moins favorisées. Par contre la carbonisation n'est pas très développée. Voici des précisions :

« Un peu partout, dans nos colonies, a déclaré M. MÉNIAUD, les indigènes fabriquent, en petites meules forestières, du charbon de bois pour leurs besoins personnels. En Indochine cette industrie a même pris une assez grande extension et certaines régions de Cochinchine et du Cambodge fabriquent au surplus pour l'exportation sur les pays malais ou chinois du voisinage. La carbonisation constitue donc, dès maintenant, en Indochine, un débouché sérieux pour l'utilisation des sous-bois et des déchets d'exploitation de bois d'œuvre.

« La Guyane exporte également quelques centaines de tonnes de charbon de bois sur les Antilles; par contre la consommation locale est infime.

« Nos autres colonies fabriquent très peu et n'exportent rien.

« En Cochinchine existe par ailleurs une importante installation industrielle, organisée pour produire quotidiennement 15 à 20 tonnes de charbon de bois et en tirer les sous-produits (acétone, alcool méthylique, goudron, etc.). Pendant la guerre, l'usine a envoyé en France des pyroligneux, mais actuellement toute sa production est écoulée sur place.

« C'est la seule organisation à signaler dans nos colonies pour la fabrication industrielle du charbon de bois.

« La carbonisation, dans nos principales colonies forestières, est donc très loin d'avoir pris un développement en rapport avec les possibilités offertes par les bois dont on peut actuellement tirer parti.

« Si, pour l'Indochine, pour la Guyane et pour Madagascar, la fabrication peut être développée pour l'exportation, en raison du voisinage de pays à population dense et à boisements insuffisants, il n'en est pas de même pour l'Afrique occidentale française, l'Afrique équatoriale française et le Cameroun, à proximité desquels ne se trouve aucun pays importateur.

« On peut retenir cependant comme débouchés possibles pour ces colonies, les îles Canaries et Madère, le Sénégal et la zone côtière du Maroc; bien qu'ils doivent être assez restreints, ces débouchés doivent retenir notre attention. »

Et M. MENIAUD de penser que si les meilleures méthodes de création, de production et d'utilisation du carbone végétal aux colonies peuvent différer des procédés métropolitains, les forestiers coloniaux pourront néanmoins, dans bien des cas, s'inspirer de l'expérience métropolitaine.

*
* *

Se demande-t-on comment la carbonisation pourra être intensifiée tant en France qu'aux colonies. C'est vers l'effort industriel fait en vue de perfectionner les procédés de carbonisation qu'il faut se tourner. De ces efforts, M. GRAND-CLÉMENT, président du groupe du bois à la Foire de Lyon, a fait en deux mots l'historique dans un rapport intitulé *Le bois et l'artisanat de la forêt*.

« Jusqu'à ces dernières années, a-t-il dit, l'industrie de la fabrication du charbon de bois demandait une main-d'œuvre spécialisée, qui, chaque année, devenait en France de plus en plus rare. Cette profession exige, en effet, un apprentissage assez long, et dans beaucoup de régions il n'est plus possible de trouver des charbonniers capables de mener à bien la carbonisation d'une « meule ».

« De 1914 à 1918, alors qu'il était nécessaire pour les fabrications de guerre d'obtenir d'assez grosses quantités de charbon de bois, on a cherché un procédé plus rapide et plus facile que celui par meule.

« A cet effet, on a utilisé des appareils portatifs, sortes de grandes cuves cylindriques en tôle, dans lesquelles on dispose le bois destiné à être carbonisé. Une fois remplie, la cuve est fermée par un couvercle également métallique, de forme légèrement conique, au centre duquel une ouverture permet l'évacuation des gaz. De nombreux évents réglables, disposés à la partie inférieure de la périphérie de la cuve, permettent de régler l'entrée de l'air à l'intérieur.

Et, préoccupé de la question du développement de l'artisanat forestier, M. GRAND-CLÉMENT suggère cette idée qu'il emprunte à la conclusion d'une étude de M. MAGNIEN, conservateur des eaux et forêts :

« Pourquoi ne verrait-on pas des entrepreneurs d'exploitations forestières possédant un matériel complet d'abatage, de façonnage, de transport et de carbonisation travaillant pour le compte des marchands de bois, comme on voit dans les campagnes des entrepreneurs de battage, transportant leur matériel de ferme en ferme, chez les petits cultivateurs. Il existe déjà, en Normandie, des entrepreneurs de transports forestiers possédant tracteurs et camions. L'avenir montrera sans doute des entrepreneurs munis d'un outillage mécanique, grâce à quoi les travaux seront exécutés dans le minimum de temps, avec le minimum de main-d'œuvre. »

Quant aux résultats de l'effort industriel dont nous parlons, le public a eu déjà maintes occasions de les connaître et de les apprécier. En dernier lieu le concours de carbonisation organisé, l'an dernier, au bois des Gonards, à l'occasion de l'Exposition forestière de Versailles, avait donné sur ce sujet des précisions intéressantes. Plus complète fut encore la documentation mise à la disposition des congressistes du carbone végétal.

D'abord à Lyon, dans le palais de la Foire, une Exposition forestière due, elle aussi de l'initiative de la Compagnie des chemins de fer P. L. M., admirablement ordonnée, présentait, comme pour servir d'illustration aux travaux du Congrès, toutes les manifestations de l'activité scientifique, industrielle et agricole liée à l'exploitation des produits forestiers et notamment une Exposition des procédés modernes de carbonisation.

Ensuite les congressistes visitèrent dans la journée du 13 novembre la station d'essai de carbonisation installée à Cadarache, dans les Bouches-du-Rhône.

L'État possède là un domaine de 1.800 hectares dont 1.200 en bois, où il procède à des essais méthodiques des principaux types de fours actuellement construits par l'industrie. Ces fours, dont les capacités varient de 3 1/2 à 5 stères, sont au nombre de 15. Chacun travaille tous les deux jours et les essais durent déjà depuis quelques temps, si bien que l'on peut espérer, pour un avenir prochain, des résultats qui seront très précieux pour les producteurs.

Si l'on réfléchit à l'emploi qui se multipliera de jour en jour du charbon de bois comme carburant de gazogènes, on mesure toute l'importance de cet effort industriel qui, on en a eu la preuve à ce Congrès, intéresse vivement divers pays voisins du nôtre et notamment la Belgique, la Suisse et l'Italie.

La Belgique avait, en la personne du comte GOBLET d'ALVIELLA, un délégué fort sympathique, qui exposa comment la question de la carbonisation se posait dans son pays et qui convia tous les savants et techniciens français qui s'intéressent au problème général du carbone, à participer au *Premier Congrès international du Carbone* qui se tiendra à Liége en 1930, à l'occasion du centenaire de l'Indépendance de la Belgique.

Notons ses conclusions qui tirent un intérêt spécial du fait qu'elles sont le fruit d'une expérience personnelle.

Techniquement la carbonisation est au point. Il n'y a pas, a déclaré M. GOBLET d'ALVIELLA, à craindre de difficultés pour trouver la main-d'œuvre nécessaire, les prix de revient sont établis, le charbon de bois peut rapporter des bénéfices, cependant, actuellement, au point de vue commercial la carbonisation doit faire faillite en Belgique, parce que les distances étant petites et les moyens de communication extrèmement développés. les prix de revient ne sont pas lourdement grevés, comme en France. par les prix des transports. Si bien que le gazogène ne s'impose pas. L'avenir de la carbonisation serait dans l'exportation.

Restent deux aspects de la question qui justifient la poursuite des expériences sur la carbonisation. c'est la traction aux colonies et l'équipement éventuel de l'armée en camions à gazogènes.

Carbone-carburant et gazogènes

Quelle valeur énergétique représentent les 1.500.000 tonnes de charbon de bois qu'à l'estimation de M. COLOMB on tirerait sans peine de la forêt française

Ils équivalent à un million de tonnes d'essence a déclaré M. MATIGNON. Ils équivaudraient à deux millions de tonnes d'essence (et pour peser la valeur de ce chiffre, il faut se rappeler que notre consommation actuelle en essence est de 1.250.000 tonnes) si, au lieu d'opérer la carbonisation par les méthodes habituelles, on préparait un charbon roux emmagasinant une quantité d'énergie double de celle du charbon ordinaire. En effet, d'après les recherches entreprises à l'*Institut du Pin de l'Université de Bordeaux* sur l'initiative de l'*Office national des combustibles liquides*, le maximum de rendement énergétique du bois serait obtenu en l'utilisant sous la forme d'un de ces charbons roux étudiés autrefois en vue de la préparation des poudres noires améliorées. Ce serait, par conséquent, le produit obtenu par simple torréfaction à 275°.

« Non seulement, dit M. MATIGNON, le rendement énergétique du bois est alors maximum, le double de celui qui correspond à l'utilisation du charbon ordinaire, mais ce qui est capital au point de vue de l'application, c'est que ce charbon roux fournit théoriquement le gaz de pouvoir calorifique le plus élevé. et pour un même volume de carburant, le volume gazeux le plus grand.

« Il y a donc là un terme de la carbonisation d'un intérèt primordial, puisqu'il correspond à la fois à la meilleure récupération de l'énergie captée au soleil par la forèt et à cette récupération dans les meilleures conditions de fonctionnement du gazogène. »

Mais le chimiste peut faire mieux encore. Par l'intervention de catalyseurs, il peut modifier l'allure des réactions et espérer ainsi créer un nouveau type de charbon, conservant la plus grande fraction de l'énergie interne du bois initial et, en même temps, satisfaisant dans les meilleures conditions possibles à la bonne marche du gazogène et du moteur.

Cette question est également étudiée à l'heure actuelle.

Et M. MATIGNON d'ajouter :

« Certes, je me place ici dans l'hypothèse extrème, où le bois de moule serait seul réservé au chauffage, et où toute la charbonnette serait carbonisée. Sans atteindre cette limite maxima de production du charbon, nous pourrions obtenir l'équivalent de un million de tonnes d'essence en ne carbonisant que la moitié de la charbonnette. Nous disposons donc d'une marge très grande pour la production du charbon et nous sommes assurés de pouvoir garantir à nos véhicules de poids lourd le carburant dont ils ont besoin. »

*
* *

La question du carbone-carburant national économique de remplacement a été exposée par M. Roux qui a fait connaître ce qui a été fait jusqu'à ce jour dans ce sens.

« Techniquement et pratiquement la question est au point.

« En plaçant sur un véhicule automobile un gazogène après avoir procédé à une adaptation du moteur, on est certain d'obtenir un fonctionnement normal du véhicule en alimentant le gazogène avec du charbon de bois de bonne qualité concassé et calibré aux dimensions de 15 × 50, c'est-à-dire en morceaux allant de la grosseur d'une petite noix à celle d'un œuf moyen, et ce résultat est obtenu avec une économie moyenne de 50 % sur la dépense en carburant, économie allant parfois jusqu'à 70 %. »

Mais le résultat est-il parfait et complètement assimilable à celui qu'on obtient avec l'essence ?

L'auteur répond non et expose les inconvénients du procédé.

« Nous remplaçons, dit-il, le carburateur à essence qui pèse quelques centaines de grammes et tout au plus un ou deux kilogrammes par un appareillage dont le poids moyen est de 250 kgs, qui ne peut descendre, pour les petites puissances, à moins de 150 kgs, et qui va parfois jusqu'à 400 kgs sur les camions de 5 à 7 tonnes.

« Il serait stupide de nier que l'on augmente ainsi le poids mort du véhicule, mais la diminution de capacité du transport du fait du gazogène n'est qu'apparente. En effet, il y a lieu de remarquer qu'un camion est rarement chargé à son maximum de charge utile, la marchandise transportée étant, sauf pour les matériaux lourds, presque toujours trop encombrante pour permettre ce résultat, si bien qu'en général un camion est chargé au maximum aux 3/4 ou aux 4/5 de sa capacité en poids. — Les 250 ou 300 kgs du gazogène n'ont alors aucune influence sur la capacité de transport du véhicule, d'autant plus que l'emplacement occupé par le gazogène n'est pas pris sur l'emplacement réservé aux marchandises.

« Ensuite obtenons-nous la même puissance qu'avec l'essence ?

« Théoriquement non, si nous laissons le moteur pour cette utilisation tel qu'il est pour le fonctionnement à l'essence. Dans ce cas, en effet, suivant que nous avons un moteur à plus ou moins forte compression, à admission plus ou moins étranglée, à régime plus ou moins élevé, nous avons une perte de puissance, toutes choses égales, qui peut aller de 30 à 50 %.

« Pratiquement oui, car il nous suffit de surcomprimer et réaliser le moteur, de modifier dans certains cas la distribution, pour obtenir avec le même véhicule une utilisation à peu près équivalente à celle obtenue avec l'essence sans transformation du moteur.

« Il est bien évident que dans ce cas on peut nous objecter que théoriquement la perte de puissance subsiste puisque le moteur ainsi tranformé donnerait à l'essence une puissance de 30 à 40 % supérieure à celle qu'il faisait avant sa transformation, mais comme ce moteur ainsi transformé donne au gaz la puissance-essence du moteur primitif et que de ce fait la transformation du moteur n'a entraîné aucune modification dans le reste du mécanisme du véhicule, celui-ci a donc *pratiquement* alors le même rendement au gaz qu'à l'essence. »

Sur cette question de la perte de puissance, M. AUCLAIR, président du Comité de mécanique de l'Office national des Recherches et Inventions, s'expliqua dans un rapport sur les derniers progrès accomplis dans la construction des gazogènes et ses explications sont d'autant meilleures à connaître qu'il suit la question depuis son début et que, dès le premier concours de gazogènes transportables organisé par l'*Office national des Recherches et Inventions*, il avait soulevé contre les camions à gazogène cette objection de la perte de puissance qui paraissait assez justifiée, puisque la perte de puissance entraîne une perte plus élevée de capacité de transport, d'où résulte la disparition de l'économie sur les frais d'exploitation que produit l'emploi d'un combustible meilleur marché. La perte de puissance était d'ailleurs prohibitive dans certaines applications où les groupes moteurs fonctionnent d'une manière continue à puissance maxima comme dans les appareils agricoles. C'est elle qui a été la cause du peu de succès des gazogènes dans les applications à la motoculture.

« Mais si l'on regarde de plus près la question, a-t-il déclaré à Lyon, il faut se rendre compte que ce défaut est une maladie d'enfance. Le gazogène transportable n'a pas été créé par de grands industriels, mais par des inventeurs ingénieux, aux ressources modestes, qui n'ont pas pu construire à la fois le camion et le gazogène. Il leur a donc fallu l'adapter à des camions existants, accepter par suite un moteur construit pour, dont il pouvait modifier seulement le taux de compression et, dans de faibles limites, le réglage. L'industrie a aujourd'hui évolué : en présence des premiers succès, de grands constructeurs se sont attachés à résoudre le problème ; aujourd'hui le camion à gazogène n'est plus un véhicule adapté, mais un véhicule spécialement construit dans toutes ses parties ; il en suit qu'il a le moteur qui convient, donc un moteur d'un alésage un peu plus élevé. Le camion à gazogène devient aussi un véhicule de tous points comparable aux camions à essence et s'il est question de la perte de puissance, ce n'est peut-être que celle due à la surcharge de l'appareil et de l'approvisionnement de combustible. Elle devient assez faible pour ne plus être un élément dominant la question. »

Avec cette emprise de constructeurs importants sur l'établissement des gazogènes, voici que les modèles se sont transformés. On aperçoit cette évolution vers un type standard caractéristique de toutes les constructions mécaniques qui approchent du moment où elles seront consacrées par une large diffusion pratique.

Quelle est la condition dernière de cette diffusion pratique, nous le verrons plus loin.

Notons pour l'instant, dans les termes dont s'est servi M. Auclair, les modalités de cette évolution qui a eu raison de sa prévention première.

« Les premiers gazogènes se sont inspirés nettement des gazogènes fixes. Ils ont été des appareils à combustion ascendante avec épuration par lavage, lavage à eau, lavage aux huiles ; on est même allé jusqu'au lavage mécanique pratiqué dans l'épuration des gaz de hauts fourneaux. Malgré ces dispositifs la charge en cendres et poussières est toujours demeurée élevée.

« Le premier progrès décisif dans cette voie a été réalisé par l'introduction de l'épuration par filtration à sec.

« Ce mode d'épuration est aujourd'hui à peu près universellement employé. Lorsqu'on trouve encore l'épuration par lavage, c'est que l'on est en présence d'appareils utilisant le bois, avec lequel, pour certaines raisons, l'épuration par filtration à sec est difficilement applicable.

« Il faut en effet que le filtre ne se colmate pas par dépôt de poussières, d'humidité ou de goudrons. L'essentiel des impuretés doit donc être de la poussière sèche. Cela a conduit à un mode de tranformation des gazogènes transportables : l'emploi à peu près universel de la combustion renversée. On conçoit qu'avec le bois, en raison du lest de vapeur important du gaz, la combustion renversée même ne permet pas l'épuration par filtration à sec.

« On est donc aujourd'hui en présence d'un type en quelque sorte standard caractérisé par un groupe d'appareils formés d'un gazogène à combustion renversée placé d'un côté du siège du conducteur, d'un faisceau refroidisseur disposé sous le camion, d'un épurateur à sec placé de l'autre côté. »

Cette standardisation a-t-elle marqué un arrêt dans les perfectionnements ? Nullement. Les constructeurs se sont attachés à la recherche d'un fonctionnement plus économique et à celle d'une grande rapidité de reprises.

« A ce dernier point de vue se rattache, a dit M. Auclair, la grande diffusion de l'introduction d'air par tuyère. Ce dispositif figurait presque au début de l'histoire du gazogène dans un appareil qui n'a pas persisté, le gazogène Imbert-Berliet, à charbon de bois, dont l'allumage et les reprises étaient remarquables

« Un très grand nombre d'appareils aujourd'hui pratiquent l'injection par une tuyère centrale, appareil difficile à organiser tant en raison des suggestions qu'impose sa protection contre les températures élevées que le réglage de la descente du combustible.

« L'injection de vapeur a un double but :

« 1° Une augmentation légère du pouvoir calorifique du gaz, la réduction de la température dans le gazogène. Elle a été au début très étudiée et très employée, mais elle constitue une arme à double tranchant en ce sens que mal réglée elle crée des perturbations et peut amener la production d'un mauvais gaz chargé en acide carbonique qui détermine l'extinction de l'appareil. On y a donc renoncé à peu près complètement pendant une certaine période ; aujourd'hui, certains constructeurs paraissent y revenir mais en pratiquant une injection de vapeur très modérée, dont le but principal est moins l'enrichissement du gaz que la réduction de la température dans le gazogène; avantage réel, car une température trop élevée et des charbons alcalins produisent des composés cyanurés ayant pour inconvénient de faciliter le colmatage des filtres.

« Cette réduction de la température du foyer a donc une réelle importance, aussi certains constructeurs se sont efforcés de parvenir à ce résultat sans l'emploi de vapeur. Ces tentatives ont conduit à la réintroduction dans le gazogène d'une portion des gaz brûlés, lesquels agissent par réduction de l'acide carbonique, absolument comme la vapeur d'eau au point de vue de l'abaissement de la température. »

On peut signaler aussi d'ingénieux dispositifs de mise en route qui consistent dans le fonctionnement parallèle du gazogène et du carburateur avec succion coordonnée sur les deux alimentations par un robinet spécial, qui conduiront à un allumage rapide des appareils, allumage plus ou moins pénible et incertain lorsqu'il faut l'opérer par soufflage à la main et passage brutal au gaz.

*
* *

Le gazogène dorénavant libéré des accusations qui pesaient initialement sur lui, il faut bien ramener l'avenir du carbone-carburant au problème des combustibles.

Comment les divers combustibles se comportent-ils en gazogènes ? M. AUCLAIR a résumé la question en ces termes :

« A un moment donné on s'est préoccupé beaucoup de l'influence sur le fonctionnement des gazogènes, de la composition du combustible. Des expériences ont été faites en vue de contrôler l'action de cette composition au point de vue de la teneur en gaz, de l'inflammabilité et de la réactivité du combustible sur le fonctionnement des gazogènes.

« Ces expériences ont montré que la teneur en gaz du combustible n'a qu'une influence extrêmement minime sur la composition du gaz produit, que l'inflammabilité et la réactivité, sans être des critères dénués de toute importance, ne sont cependant pas absolument déterminants de la façon dont se comportent les combustibles en gazogène.

« D'une manière précise, on peut diviser les combustibles pour gazogènes en trois catégories :

« Les combustibles naturels ou artificiels provenant du charbon de bois carbonisé à température relativement élevée et à un taux de carbonisation faible ou du moins ne s'élevant pas trop. Ces combustibles donnent des gaz à peine différents les uns des autres par leur composition chimique et leur pouvoir calorifique. Ils sont donc équivalents au point de vue de l'emploi au gazogène.

« Les combustibles carbonisés à basse température, 250 à 350°, et à des taux de carbonisation un peu élevés, 25, 30 %, etc. Ils donnent des gaz d'une richesse calorifique remarquable et se comportent assez bien en gazogène. Il y a là un point à étudier. »

Cette réflexion est à rapprocher des suggestions de M. Matignon rapportées plus haut.

« Les combustibles constitués en totalité ou en partie à l'aide de combustibles minéraux. Ils sont généralement et presque fatalement caractérisés par une teneur en cendres un peu élevée, dépassant 5 %. Ils se comportent parfois assez bien en gazogène quoique avec des allumages et des reprises un peu lents, mais au bout d'un certain temps, ils donnent généralement lieu à des encrassements du foyer.

« On peut donc dire que, si bien, la technique du gazogène est parvenue à un degré de perfection suffisant en ce qui concerne les combustibles naturels ou artificiels dérivés du charbon de bois, la question des combustibles minéraux reste encore entière tant du côté de la préparation du combustible même que du côté du gazogène

« La conclusion à laquelle nous devons nous arrêter est donc la nécessité d'un effort dans cette voie en vue d'amener le gazogène à être un appareil d'une économie à ce point élevée que son emploi s'impose en concurrence avec l'essence. »

Il faudrait, avait déjà déclaré M. Auclair au cours de la discussion qui suivit la lecture du rapport de M. Colomb, que le charbon de bois se vendît par exemple 200 francs la tonne ; alors, on verrait les camions à gazogène se développer. Or le prix de vente pratiqué en France serait de 450 francs la tonne, déclare un congressiste, qui affirme ce prix déficitaire, car d'après sa propre expérience le prix de revient serait de 550 francs.

Sur les deux points : participation du charbon minéral à la fabrication d'un carbone-carburant et conditions de prix, la réplique vint de M. Roux :

« Le charbon de bois est au point de vue de sa structure le charbon qui se prête le mieux à la gazéification parce que cette structure cellulaire est celle qui est la plus propice au développement des phénomènes de réactivité qui conditionnent la formation rapide et complète du gaz par une transformation complète de l'acide carbonique en oxyde de carbone. Dans les gazogènes qui procèdent par injection complémentaire de vapeur d'eau, le charbon de bois porté au rouge réalise également aussi complètement qu'il est désirable la transformation de cette vapeur d'eau en hydrogène.

« Malheureusement, le charbon de bois étant extrêmement léger et ayant une forme de mauvais remplissage, son rayon d'action est très faible. Comparé à l'essence, il ne représente à égalité de calories qu'environ un sixième de litre d'essence dans l'encombrement d'un litre d'essence, ce qui revient à dire que, pour remplacer un réservoir d'essence de 10 litres, il faut au-dessus du gazogène proprement dit un réservoir de charbon de bois de 60 litres, soit pour une capacité normale équivalente à 30 litres d'essence : 180 litres de charbon de bois. C'est là le véritable vice rédhibitoire du charbon de bois. »

On a pu, partiellement, remédier à cet inconvénient en faisant des agglomérés de charbon de bois pulvérisé et voici comment ces produits se présentent sur le marché des carburants :

« A la base du prix de l'aggloméré de charbon de bois, il y a le prix du charbon de bois lui-même. Donc si nous voulons produire 1.000 kgs d'agglomérés, il nous faut d'abord 1.000 kgs de charbon de bois ou plutôt de 1.050 à 1.100 kgs de charbon de bois du commerce, car celui-ci contient toujours de 5 à 10 % d'humidité. A ce jour le charbon de bois vaut environ 600 francs la tonne sur wagon départ, mais comme on peut prendre pour l'aggloméré des brisures de charbon de bois valant moins cher, on peut admettre le prix moyen du charbon de bois rendu à l'usine d'agglomérés à 500 francs la tonne (prix actuel). Comme avec l'humidité et la perte à la fabrication il faut compter 1.100 kgs de charbon de bois pour avoir une tonne produit fini, on a 550 francs de matière première de charbon de bois.

« La plupart des procédés d'agglomération, en y comprenant l'agglomérant, la pulvérisation, le malaxage de la pâte, le passage à la presse, la cuisson du produit pour en transformer ou extraire les goudrons, reviennent à un maximum de 250 francs la tonne, ce qui amène le tout à un prix de 550 + 250 = 800 francs la tonne. Si l'on y ajoute les frais généraux, le conditionnement, on arrive facilement à 900 francs la tonne; comme il faut bien admettre un bénéfice industriel de 100 francs la tonne, cela fait 1.000 francs la tonne au prix de gros sur wagon départ usine.

« Or tous ceux qui ont étudié le mécanisme commercial de la distribution des carburants aux consommateurs savent que pour un produit coûtant 1 franc le kilog à l'usine il faut prévoir un prix de vente de 1 fr. 50 au détail. — Pour une généralisation du carbone-carburant ce serait trop cher, car ce prix de 1 fr. 50 étant à la parité de l'essence poids lourd à 2 francs, l'économie de 0 fr. 50 réalisée par litre d'essence, qui serait fort intéressante s'il s'agissait seulement de remplacer un carburant liquide X par un carburant liquide Y, n'est plus intéressante pour le consommateur qui a dû au préalable munir son camion d'un gazogène et effectuer la transformation de son moteur, car il n'y a plus de marge d'amortissement, ou plutôt son économie de 0 fr. 50 par litre va être absorbée par l'amortissement du gazogène et de la transformation et alors son carburant lui revient exactement au prix de l'essence poids lourd.

« Par contre même à prix égal, ce qui n'est pas intéressant pour l'usager devient intéressant au point de vue national, car les 2 francs que représente alors la dépense en carburant et amortissement sont 2 francs qui restent en France, tandis que dans le cas essence sur les 2 francs il reste seulement 1 franc en France et 1 franc part à l'étranger et, ce qui est plus grave, doit servir à acheter du dollar, de la livre anglaise ou du florin. »

Mettons que le point de vue d'économie nationale passionne médiocrement l'usager, il reste le point de vue militaire et le point de vue colonial auxquels on ne se place pas sans apercevoir immédiatement l'intérêt de la question. Pour la défense nationale c'est l'évidence, pour le développement de la traction automobile aux colonies peut-être n'est-il pas inutile d'insister: aussi bien le Congrès, sur le rapport de M. MENIAUD, analysé plus haut, a-t-il émis le vœu :

a) que des encouragements soient donnés sous des formes diverses, dégrèvement de taxes d'importation ou d'impôt, par exemple, aux entreprises coloniales utilisant des moteurs fonctionnant économiquement à l'aide de gazogènes, non seulement pour les véhicules automobiles, mais aussi pour les chemins de fer, la navigation intérieure et les usines de toutes sortes.

b) que les administrations coloniales donnent elles-mêmes l'exemple, en substituant peu à peu des automotrices et des moteurs à gaz pauvre aux locomotives et diverses machines assurant les services publics et fonctionnant soit à la vapeur, soit aux essences ou pétrole ;

c) que les facilités les plus grandes, en zone de grande forêt, soient accordées aux entreprises de carbonisation ; en premier lieu, que la coupe des bois nécessaires, sous le contrôle des services forestiers, soit exonérée de toutes taxes ou redevances

Que les charbons minéraux se prêtent mal, en l'état actuel, à être utilisés en gazogène transportable. M. Charles ROUX doit en tomber d'accord avec M. AUCLAIR, mais il affirme que sa technique du syntho-carbone déjà exposée et analysée ici (1) lui permettrait de ne faire appel que pour une part au charbon de bois. Par un dosage approprié des constituants suivant leurs qualités et défauts, il ramènerait la teneur en cendres, matières volatiles et calories à une constante dans le combustible composé, qui est le fruit de cette technique.

Revenant sur la question de prix, M. ROUX établit, en tablant sur les cours actuels, et en tenant compte des variations locales, la comparaison suivante de la valeur du cheval-vapeur-heure suivant que celui-ci est de l'essence, de l'huile lourde ou du gaz pauvre :

A l'essence de 0 fr. 90 à 1 franc ;

A l'huile lourde de 0 fr. 30 à 0 fr. 35 ;

Au gaz pauvre de 0 fr. 35 à 0 fr. 50.

Mais en améliorant la qualité des charbons de gazogènes, en s'inspirant notamment des directives données par M. MATIGNON, dans son discours inaugural du Congrès, on parviendra à abaisser encore le prix de revient du cheval-vapeur-heure carburant.

L'huile végétale carburant colonial

Dans un ordre d'idées connexe, le Congrès a entendu encore des communications sur l'emploi direct du carbone dans les moteurs à combustion interne, sur les meilleures méthodes de création, de protection et d'utilisation du carbone aux

---

(1) GEORGES KIMPFLIN. — Du gaz à la tourbe en passant par le rallye des carburants. *Chimie et Industrie*, décembre 1928.

colonies pour la production du gaz pauvre, sur le carburant colonial en dehors de
la zone forestière.

Sur ce dernier point, l'opinion émise par le rapporteur, M. Perrot, est que
l'huile — huile d'arachide, de palme, de sésame, de kapok, etc. — est le véritable
carburant colonial. La question ne soulève pas de difficultés techniques puisque
déjà, au Congo belge, les remorqueurs sont actionnés par des appareils type semi-
Diesel alimentés à l'huile et que l'on a construit en Allemagne une locomotive
Diesel à 5 essieux, longue de 17 mètres, alimentée à l'huile et dont la consommation
en eau est pratiquement nulle. Quant au prix de revient : « Dans le Centre africain.
en Haute-Volta, déclare M. Perrot, un litre d'huile d'arachide revient à 1 fr. 25 et
l'essence importée s'y vend 5 francs et plus.

Les goudrons de bois conviennent-ils aux voyers ?

Un rapport de M. Dupont, professeur à la Faculté des Sciences de Bordeaux.
directeur de l'Institut du Pin, dressa un inventaire des emplois des goudrons de
bois classés par catégories : goudrons de décantation et goudrons de vinaigre, et,
dans la première catégorie, suivant les applications : goudrons de bois résineux et
goudrons de bois durs.

Par la discipline exclusivement chimique dont il s'inspire, ce rapport s'écarte
de la technique du chauffage industriel et sort par suite du cadre de cette revue.
Nous nous bornerons donc à mentionner l'importance qu'il présente pour les spécialistes et — à raison de son intérêt général — un point particulier de la discussion
qu'il souleva. M. Dupont ayant exprimé l'avis que les qualités inférieures des
goudrons de résineux pouvaient être employées pour le goudronnage des routes
concurremment avec les goudrons de houille, la question s'est posée de savoir si cet
emploi était désirable et si la haute teneur en phénol de ces goudrons n'excluait pas
cet emploi, à raison des dangers que ce phénol peut faire courir à la végétation et
à la pisciculture quand, entraîné par les eaux des pluies, il parvient dans les
rivières. M. Dupont ne le pense pas car la toxicité de ce phénol est faible. Néanmoins
le Congrès s'est rallié à l'idée que le goudron de bois ne devrait être introduit dans
les usages voyers qu'après une étude très complète permettant de fixer ses spécifications comme cela a été fait pour le goudron de houille. Un vœu dans ce sens a été
émis.

Le bois générateur d'alcool

En dehors de la carbonisation, il est un autre moyen de demander au bois une
contribution à l'approvisionnement en carburants, c'est d'en tirer de l'alcool par
saccharification.

Après avoir rappelé les tentatives faites en France dans ce sens et les résultats
obtenus par l'acide chlorhydrique, qui produit une excellente hydrolyse de la
cellulose, avec un rendement de 25 litres d'alcool pur par 100 kgs de sciure de bois,
mais qui se heurte à une difficulté d'application par suite de l'attaque des récipients,
M. Matignon a signalé qu'en Allemagne un nouveau procédé qui échapperait à cet

inconvénient aurait donné de bons résultats industriels. Il s'agit d'une attaque des déchets de bois sous pression par une solution sulfurique au millième. Le monopole allemand aurait autorisé l'introduction annuelle sur le marché de 35.000 hecto-litres d'alcool ainsi fabriqué et le procédé permettrait de retirer 150 litres d'alcool absolu à la tonne de bois.

*
* *

En résumé, très profitable journée de travail pour les techniciens de la carbo-nisation végétale et du carbone-carburant, qui s'associèrent ainsi, à leur manière, à la fête du 11 novembre. Une manière qui en vaut d'autres puisqu'aussi bien, tenter d'affranchir son pays de sujétions étrangères dans les domaines économiques qui commandent son indépendance, c'est travailler pour la paix, pour que soit écarté du destin de la nation le retour des événements douloureux auxquels le 11 novembre 1918 mit fin et qu'évoquèrent les congressistes durant la solennelle minute de silence qui, à la onzième heure de la matinée, interrompit leurs discussions.

(*Extrait* de « Chimie et Industrie »).

PLAN DE L'EXPOSITION FORESTIÈRE

MÉTROPOLITAINE ET COLONIALE

LYON, 10 au 17 Novembre 1929

Longueur de l'Exposition du Pont de la Boucle au Palais de la Foire : 765 mètres
Surface occupée : 14.445 mètres carrés

125 FIRMES ADHÉRENTES — 120 EXPOSANTS

Quai de la Tête-d'Or, au Palais de la Foire

LISTE DES SECTIONS

III. — Secrétariat

I. — Enseignement

II. — Utilisation des sous-produits

III. — Industrialisation forestière

IV. — Initiatives officielles et privées

V. — Artisanat forestier

VI. — Outils et Machines à bois

VII. — Protection de la Forêt

VIII. — Industrie des dérivés du bois

IX. — Injection des bois

X. — Bois métropolitains et coloniaux

XI. — Appareils de transport

XII. — Gazogènes et Camions

XIII. — Locomotives, tracteurs

XIV. — Moteurs à huiles lourdes et végétales

XV. — Fours portatifs à carboniser le bois

XVI. — Foyer à déchets

XVII. — Exposition coloniale

XVIII. — Arboretum de la Forêt française

XIX. — Wagons de luxe de la Cie P.L.M.

XX. — Traverses de chemin de fer

Tracteurs sur rails

Voies portatives et Bois en grumes

Les Sections, I, II, III, IV, V, VI, VII, VIII, XVII, IX, X, XVIII, étaient sous des Stands couverts et clos au nombre de 110

TABLE DES MATIÈRES

CONGRÈS

EXPOSITION FORESTIÈRE

Description des stands

45245 Soc. An. de l'Imp. MAULDE et RENOU, rue de Rivoli, 144, Paris.